| 新媒体与社会论丛 |

环境风险与公共沟通：基于媒介变迁的视角

HUANJING FENGXIAN YU GONGGONG GOUTONG:JIYU MEIJIE BIANQIAN DE SHIJIAO

黄月琴 著

華中師範大學出版社

新出图证（鄂）字 10 号

图书在版编目（CIP）数据

环境风险与公共沟通：基于媒介变迁的视角 / 黄月琴著. --武汉：华中师范大学出版社，2024.11.（新媒体与社会论丛）. --ISBN 978-7-5769-0659-2

Ⅰ. X820.4

中国国家版本馆 CIP 数据核字第 2024JT5940 号

环境风险与公共沟通：基于媒介变迁的视角

编辑室：学术出版分社　　**电话**：027-67863280

责任编辑：王中宝　　**责任校对**：肖　霞　　**封面设计**：罗明波

出版发行：华中师范大学出版社有限责任公司

社址：湖北省武汉市洪山区珞喻路 152 号　　**邮编**：430079

电话：027-67863426（发行部）

网址：http://press.ccnu.edu.cn　　**电子信箱**：press@mail.ccnu.edu.cn

印刷：湖北新华印务有限公司　　**督印**：刘　敏

开本：710mm×1000mm　1/16　　**印张**：15.25

字数：250 千字

版次：2025 年 2 月第 1 版　　**印次**：2025 年 2 月第 1 次印刷

定价：78.00 元

欢迎上网查询、购书

序　言

随着科技与社会发展的加速，世界进入一个风险冲突多发时期。自20世纪90年代以来，我国学术界就开始对社会转型所引发的种种风险进行总结，辨识出当代中国所面临的结构性风险和挑战，主要分布在“自然-社会”和“国际-国内”这两个轴所组成的四个象限内，其中环境危机、快速城市化过程中的管理体制、腐败和地方治理危机、贫富分化和福利不足等问题，已经成为诱发风险的最主要因素①。

环境风险的产生，是社会系统的局部失调所引起的，而且具有多重复杂的因素和作用机制②。一方面，多年来经济高速发展导致环境污染加剧，引发社会瞩目；另一方面，环境问题关乎空气、土壤、水体等这些基本生存条件，与个人的生存安全与生命健康息息相关，是社会公约数和最基本的公共利益。环境问题在日常生活中具有不言而喻的优先性，所引起的污染风险容易引起群体共鸣与极化情绪的发生，对社会秩序构成冲突和挑战。这凸显了环境风险沟通的重要性。尤其是风险舆论的形成具有复杂的社会学、政治学和传播学维度，亟待研究其中的规律性，以优化解决路径。

在当代媒介化社会，任何公众性议题的形成与话语运作都难以脱离媒介系统的中介。大众传媒对于环境风险议题的建构一直是媒介社会学、环境传播研究以及传媒话语研究的重要课题，因为这一课题本身具有多重而综合的研究视域。一方面，它是自然与社会关系框架内的生态问题；另一方面，它又关涉社会秩序与经济发展、话语权力与风险分配以及社会公平正义的问题。大众传媒如何建构环境风险和环境冲突，不仅显著影响公众的风险感知和环境意识，还关系着话语权力的调配、利益的竞逐和观念意识的生成，以及国家与社会关系在其中如何展开的重要问题。环境风险议

---

① 刘能. 当代中国群体性集体行动的几点理论思考：建立在经验案例之上的观察 [J]. 开放时代，2008 (3)：110-113.

② 汉尼根. 环境社会学 [M]. 2版. 洪大用，译. 北京：中国人民大学出版社，2009：1-3.

题转换成为社会公众议题，必然要经过媒介的聚集、扩声和形塑。在这个过程中，各种言说者和行动者在其中相互竞逐成为消息来源，展开各种传播策略和话语实践，以使自己能够借用媒介并向社会发声。这个过程是媒介资源动员的过程，也是话语争夺和观念意识再造的过程。大众传媒自身在议题化和框架化环境风险问题时，也必然会展开自身的权力实践，在宣传机制、专业价值、市场要求和文化理想之间与外部力量进行协商和权衡，判断和选择合适的报道路径和话语策略。因此，大众传媒对环境风险的建构形成一种混合着权力、资源、知识和观念交往的话语政治，即所谓“再现的政治”。改革开放以来，我国大众传媒在环境风险报道、推动环境风险沟通方面做出过卓越贡献。到了互联网时代，大众传媒面临公众注意力的分散转移和传媒公信力、影响力削弱的困境，如何重新获得对风险舆论场的主导权和引导力成为一个重要挑战。

随着通信技术的迅猛发展、社交媒体的普及和数字基础设施的日新月异，环境风险的传播范式、沟通渠道和人们的交往实践都出现了重要转型。一方面，媒介资源极大丰富，公众不再依赖传统的大众传媒渠道表达对环境风险的关切，而是可以通过各种平台、在线论坛、微博、长短视频等渠道和多模态媒介资源实现个体化表达；另一方面，在新媒体技术条件下，公众能够迅速聚拢一个交互性更强的表达空间，分享观点与信息，直接参与到环境风险沟通之中，形成更加丰富而立体的风险网络。这种传播转型给环境风险沟通带来极大便利，也形成巨大的挑战，出现风险感知的扩大化、风险表达的极端化、风险认知的非理性和风险行动的动员化等不良后果，风险阴谋论和情绪化传播四处蔓延。如何理解和应对这种新型的环境风险表达情境，如何在媒介持续变迁的基础上构建风险沟通的新秩序，成为当前传播学研究的重要课题。

与此同时，国家与政府部门致力于推动环境制度的完善，重视环境风险的制度性表达和行政吸纳，鼓励公众通过环境的公众调查环节、环保座谈会、公民听证会等实体活动来表达对环境风险的关切，扩大制度化参与。这些体制渠道建设对于环境风险沟通至关重要。随着我国经济社会水平的发展，公众的环境素养也在稳步提升，环境公共信息可以在不同渠道、层级间充分流动，有助于形成全方位的社会反馈网络。“青山绿水”战略和众多惠民环境工程建设提振了公众对我国环境事业的信心。这些政策设计与制度因素同样塑造着新时代的环境风险沟通。

环境风险沟通是一个综合性的研究领域。它既是乌尔里希·贝克所说的风险的生产、传播与分配的问题，也是社会参与和话语实践问题，链接着观念意识发展与社会文化生产秩序等复杂命题。长期以来，环境风险难以沟通的原因复杂：一方面，在信息和知识不对称的情境下，公众容易在风险想象中放大感知焦虑；另一方面，在认知成本考虑下，公众被动依托政府或专家信任来评估环境风险，但一旦社会信任降低或崩塌就会陷入更加茫然和恐慌的境地，容易诱发风险冲突。人类的风险认知本身也存在局限性。研究证明，除了风险特征、群体特征和社会文化的影响，公众的风险感知高度依赖于直觉思维和经验思维，同时也受到情感进程的引导。公众在风险信息处理过程，包括对风险发生可能性的估计、对后果的危险性评估以及对风险决策的权衡过程，每一步骤都有可能采用非理性的决策习惯，难以形成理性判断。因此，环境素养与媒介素养是显著影响风险沟通的因素。有些环境风险问题得不到有效解决，原因之一就在于环境知识和理性沟通能力的缺失。特别是在网络媒体和移动技术广泛渗透到日常交往的今天，政府部门、企业与个体的环境素养不仅影响自身的行动与判断，还影响到更大范围内的社会与网络公众的判断和行动。如今，环境风险沟通面对的是一个数字化的“扩展的媒介生态系统”，多元社会主体一方面得到新传播技术的赋权，另一方面面临新技术传播的挑战。督促地方政府与各企业遵守环境法规，优化风险决策，培育拥有环境知识和新媒介素养的理性公众是环境风险沟通与环境传播研究的重点。在这一过程中，智能传播技术和基础设施媒介理应能够发挥更大作用，它们在影响与调节公众环境态度和国家环境行为关系中具有广泛的沟通潜能。我国近年开始制定提升公众环境素养的工作计划和行动纲要，但这一计划纲要如何落实，如何充分吸纳新媒介技术的赋能功效，需要相应的经验性研究为支撑，亟待学界对此问题展开系统研究。

本书以传播学为基础视角，以媒介变迁为切入点，围绕环境风险沟通问题展开全面而深入的探讨。全书兼顾理论梳理与实践分析，一共分为八章，基本按照大众传媒、社交媒介、智能媒介三个媒介技术发展阶段展开内容安排。第一章主要介绍环境传播理论与风险沟通理论的概要、发展脉络与研究进展。第二章和第三章分别解析大众传媒和社交媒介两种不同的媒介在环境风险沟通中的角色，以及环境风险传播模式的变迁。第四章是案例研究，采用社会学过程-关系-事件的方法对四个研究案例作详细描摹，突出环境风险沟通的实践性经验。第五、六、七章继续深化案例分析，以多种实证的社会科学研究方法介入相关主题，对风险传播框架、话语修辞策略、风险沟通的多元主体及其传播网络结构、新媒体时代环境风险的公众认知与表达等问题进行详尽研究。第八章以智能媒介技术的发展为线索，对数字时代的环境风险沟通进行评估，并提出构建数字融通的风险传播体系作为理论总结。本章着重突出在媒介基础设施化和数字平台崛起的当下，环境风险沟通所展开的新视野，对智能媒介如何赋能我国沟通现代化进行了展望。

总而言之，在不断涌现的新媒介技术条件下，面对传播范式更新和网络公众形态的重构，环境风险的生成、传播和治理出现了新的态势和规律，风险沟通面临着诸多的不确定性。不过，挑战与机遇始终同在，新媒介技术，特别是数字技术、算法与大数据平台为风险沟通提供了新的可能，并蕴含着丰富的可挖掘的社会治理潜能。构建一个适应新技术时代的以数字融通为基础的风险沟通体系，充分发挥媒介基础设施的优势和技术可供性，关系到环境善治，也影响到中国式现代化进程中的生态文明建设新战略。对这一课题的持续拓深是传播研究者与媒介社会学者的重要使命。

本书的写作缘于我在攻读博士学位的学习阶段对风险沟通与公共传播问题的关注，其中部分主题与研究框架脱胎于我的博士学位论文，但经过了大幅度的改写和扩充，特别是添加了对社交媒介与智能媒介新技术的追踪观察与研究，最终形成本书的全部内容。岁月匆匆，时光荏苒，这一过程竟经历十年有余。其间，华中师范大学新闻传播学院几位研究生参与了部分章节的资料收集与数据分析工作，他们是章沫嘉、黄宪成、肖忆南、赵俊利、许梦洁、夏雨、管宇菲等，在此致谢。全书内容如有错漏或不足之处，责任在于本人。

在本书写作的同时，我国媒介处于激烈的技术变革之中，从传统媒体到数字平台，从智能媒介到大语言模型，新媒介技术中介下的传播生态与社会沟通的新特征不断涌现，新问题层出不穷，而新的可能性也在此间应运而生。本书的努力在于呈现这种新技术变迁带来的复杂性与挑战性，剖析它所嵌入的社会场景和新型传播实践，总结其规律教训，并探知媒介所提供的多种潜能。其宗旨既对技术变革促进公共沟通寄予希望，又对新的技术风险保持必要的警惕和批判性反思。

未来已来。在即将降临的数字文明和赛博智能时代，人人都是数字化的参与者，也都是智慧贡献者与建设者。让我们共同关注新媒介变迁及其关联的社会实践，慎思明辨，体悟“媒介决定我们的境遇”这一理论哲思照见的生存图景，同时保持主体能动性，去观察、认知和介入这一技术断语所指向的媒介化社会进程，引导技术积极向善，使之服务于文明进步与公众福祉。

黄月琴

目　　录

第一章　环境传播与风险沟通理论 …… 1
第一节　环境传播理论及其研究进展 …… 1
第二节　风险沟通：环境传播研究的重要领域 …… 5
一、沟通问题的产生：风险感知、表达与认知冲突 …… 8
二、风险沟通范式的转变 …… 14
三、环境风险传播系统的研究 …… 17
第二章　环境风险的沟通机制：大众传媒 …… 29
第一节　环境风险沟通中的传媒角色 …… 32
第二节　大众传媒的利益综合与协调机制 …… 38
第三节　议程设置：传媒对风险沟通过程的影响 …… 41
第三章　社交媒介与环境风险传播 …… 45
第一节　社交媒介兴起与传播革新 …… 45
第二节　环境风险传播模式的变迁 …… 50
一、风险争鸣："不确定"中的风险认知 …… 50
二、情感动员："后真相"时代的感性表达 …… 55
三、关系连接：风险传播中的强连接与弱连接 …… 60
第四章　案例研究：环境风险的产生与沟通实践 …… 65
第一节　邻避事件中的风险传播与沟通过程 …… 67
一、厦门 PX 环境风险的披露 …… 67
二、网络、手机短信的风险传播效应 …… 70
三、公众座谈与迁址决策：风险沟通的成效 …… 71
第二节　体制内的环境风险沟通实践 …… 73
一、环境风险的公开化：两会讨论与媒体关注 …… 73
二、地方政府间的风险争议与媒介议题设置 …… 75
三、项目高调迁址与媒介宣传 …… 77
第三节　环境风险沟通的对照：两个地方案例 …… 77
一、积极的风险沟通：九江案例 …… 78

二、错位的风险沟通：茂名案例 …… 80
三、PX 词条“保卫战”：科学理性与邻避情结的对冲 …… 86
第五章 环境风险传播的话语框架与修辞 …… 90
第一节 环境风险传播的框架类型 …… 90
一、媒介框架类型及其变迁：以《南方周末》的报道为例 …… 92
二、媒介框架中的观念冲突 …… 95
第二节 环境风险传播中的隐喻修辞 …… 99
一、PX 风险议题的继续再生产 …… 99
二、环境风险报道中的隐喻分析 …… 104
第六章 环境风险沟通多元主体及其传播网络 …… 116
第一节 环境风险沟通主体的多元性 …… 116
第二节 环境风险的传播关系网络分析 …… 121
一、研究方法与数据 …… 122
二、主体行动者构成与整体网络结构 …… 124
三、不均衡参与和无规则互动 …… 133
第七章 新媒体时代公众风险认知与环境素养 …… 137
第一节 环境风险的公众认知 …… 140
一、公众态度和情绪探究 …… 143
二、公众的风险认知程度 …… 143
三、风险认知的纵深：互文与历史关联性 …… 145
第二节 环境风险公众表达的网络特征 …… 146
一、网络表达的强邻避性 …… 148
二、情绪话语驱动 …… 149
三、对知识价值理性的排斥 …… 150
第三节 风险利益表达与环境素养 …… 151
一、公众环境素养类目建构 …… 153
二、风险利益表达与环境素养表征 …… 156
三、环境素养的缺陷及影响 …… 159
第八章 智能媒体来临：环境风险沟通的新视野 …… 166
第一节 智能媒介及其可供性 …… 169
一、智能媒介传播的新特征 …… 170
二、智能媒介的多元可供性 …… 173

三、作为技术“行动者”的智能媒介 …… 176
第二节　智媒时代的环境风险传播 …… 181
一、视觉表达：智能时代的风险影像 …… 182
二、具身传播：虚拟现实中的风险体验 …… 185
三、算法控制：风险认知的核心环节 …… 188
第三节　媒介基础设施化与环境风险沟通 …… 196
一、数智媒介成为基础设施：平台媒体的兴起 …… 196
二、环境治理新进展与基础设施媒介赋能 …… 205
三、构建数字融通的风险沟通体系 …… 214

第一章　环境传播与风险沟通理论

环境传播是传播学研究的一个分支。近年来，随着环境问题不断出现，有关环境议题的研究在我国新闻传播学领域得到重视。

环境传播最初是一个笼统的概念：凡是人类传播的类型或议题涉及环境问题，就是环境传播[①]。在世界范围内，最早关于环境传播的研究可以追溯到20世纪60年代末[②]，1972年克莱・舍恩菲尔德（Clay A. Schoenfeld）发表第一篇有关环境传播的论文，环境传播研究领域被正式提出[③]。从20世纪80年代起，环境传播概念开始进入公众视野，经过不断的发展和完善，如今环境传播已经成为一个跨学科的新兴研究领域，得到学术界的广泛认可。环境传播吸收了环境科学、危机管理、新闻传播学、政治学、社会学等学科理论，发展成为与健康传播、科学传播、风险传播相提并论的传播学分支领域。目前，环境传播理论出现了绿色传播、环境风险传播、生态传播、环保传播、气候传播、生态文明传播等一系列“家族相似性”新兴领域，而且仍在不断深化、扩展与演进之中。

第一节　环境传播理论及其研究进展

1979年，勒妮・吉列尔雷（Renee Guillierie）和舍恩菲尔德一同梳理了早期环境传播的研究文献，出版《环境传播研究与评论的文献注释（1969—1979）》一书。在书中，他们将环境传播定义为：“围绕环境、环境管理、环境议题方面的文字、语言或视觉信息，对其进行策划、生产、

① 刘涛.“传播环境”还是“环境传播”?：环境传播的学术起源与意义框架［J］.新闻与传播研究，2016，23（7）：110-125.

② 周怿，张增一.环境传播：一个新的学术领域［J］.科普研究，2017，12（1）：34-40.

③ SCHOENFELD C A. Irruption in environmental communications［J］. America forests，1972：20-22.

交流或研究的过程与实践。”① 这是学术界最早关于环境传播的定义。不过，该定义带有明显的实用主义色彩，主要强调传播实践对于环境问题应对的现实意义②。

1989 年，德国社会学家尼克拉斯·卢曼（Niklas Luhmann）出版了《生态传播》一书。卢曼在书中将环境传播阐述为：“旨在改变社会传播结构与话语系统的任何一种有关环境议题表达的交流实践与方式，”③ 重点强调话语结构主义和系统论视角。1995 年，戴维·巴克斯（David Backes）在《传播学刊》上发表了《生态社会学视角与环境传播研究》一文。在梳理环境传播文献的基础上，巴克斯定义环境传播是“关于环境新闻生产、环境议题的知识与态度，以及环境-社会冲突的内在机制的一个传播学研究领域”，并提出“生态社会理论”（biosocial theory），在理论层面将环境传播阐释为“自然”与“社会”之间的互动机制④。2006 年，罗伯特·考克斯（Robert Cox）总结前人的研究成果，出版了《环境传播与公共领域》这一产生重大影响的著作。考克斯对环境传播概念进行更明确的定义：“环境传播是我们理解环境以及人与自然之间关系的一种实用性和建构性工具，是我们用以建构环境问题以及呈现不同社会主体之间环境争议的一种符号化的媒介途径。”⑤ 考克斯还将环境传播研究划分为环境修辞和话语研究、媒介与环境新闻研究、环境决策与公共参与研究、社会营销与环境动员研究、环境合作与冲突应对研究、风险沟通研究、流行文化与环境表征研究七大领域，指出能源再生环境议题和气候变化问题是当时的焦点领域，同时关注新的环境问题所引发的环境运动。罗宾·格列佛（Robyn Gulliver）研究了澳大利亚环境运动中基层环境组织的特点、活动、目标，

---

① GUILLIERIE R，SCHOENFELD C A. An annotated bibliography of environmental communication research and commentary：1969-1979［R］. Columbus，Ohio：ERIC，1979.

② 刘涛. “传播环境”还是“环境传播”?：环境传播的学术起源与意义框架［J］. 新闻与传播研究，2016，23（7）：110-125.

③ LUHMANN N. Ecological communication［M］. Chicago：University of Chicago Press，1989：28.

④ BACKES D. The biosocial perspective and environmental communication research［J］. Journal of communication，1995，45（3）：147.

⑤ 考克斯. 假如自然不沉默：环境传播与公共领域［M］. 纪莉，译. 北京：北京大学出版社，2006：21.

他通过分析澳大利亚环境运动组织的网络传播，指出环境保护议题仍然占据着网络主导地位①。

在国内，学者纪莉等对2007—2020年发表的1 233篇英文文献进行了主题词聚类分析，全面总结环境传播研究在国际国内的进展，归纳出环境传播研究发展脉络中四次显著的概念演进阶段（图1）：第一阶段（2007—2011年）的环境传播研究以修辞理论的驱动和建构为重心，锚定基础且重要的概念集群展开论述，包括什么是自然、如何建构对自然的表述、谁决定了对人与自然关系的定义等问题。第二阶段（2011—2015年），互联网发展促使环境新闻中媒介责任的重要性被更多地强调。互联网与信息技术带动了新的媒介议题和公众参与研究，媒介责任研究多以重大环境风险和危机事件为对象，增加了对多元主体的媒介参与分析。第三阶段（2015—2018年），社交媒体发展赋予公众表达意见和观点的公共空间，公众参与政策讨论的机制成为环境议题与政治传播的交叉地带。第四阶段（2018—2020年），互联网、新媒体和社交媒体的合力使科学议题不再停留于小众和专业层面，科学传播受到广泛关注，面向未来的环境危机与科学议题的交叉研究出现显性增长②。

以上文献梳理可以揭示，环境传播研究的学术脉络与媒介变迁密不可分，且始终受到媒介技术的驱动。在当下，互联网的发展使环境传播进入大众化阶段，随着复杂性网络媒介的崛起，环境修辞的重要性和传播范围扩展带来的问题极大显露；社交媒体驱动的平台化出现，更使公众线上参与的可见性和现实影响力增强。而智能媒体的发展使包括环境传播在内的科学传播议题得以非线性涌现，与科学、环境有关的信息内容正以技术个体化和“千人千面”、精准触达的方式被公众感知和解释。伴随着媒介的演进和变迁，公众对环境风险的理解充满着不确定性。正是因为这种不确定性激增，我们更应该把握这条媒介变迁的线索，理解不同类型和属性的媒介是怎样影响着公众的感知、思维、情绪与认知表达，从而优化环境风险的公共沟通。

---

① GULLIVER R, FIELDING K S, LOUIS W. The characteristics, activities and goals of environmental organizations engaged in advocacy within the Australian environmental movement [J]. Environmental communication, 2020, 14 (5): 614-627.

② 纪莉，程筠瑶. 问题意识与知识自觉：环境传播研究发展脉络的回望与反思 [J]. 新闻与传播研究，2023，30 (4)：34-49.

回顾我国环境传播的历史，多认为始于 20 世纪 80 年代前后，以环境新闻的崛起为开端①。1972 年，我国代表团参加了联合国在斯德哥尔摩举行的人类环境会议，并陆续翻译出版《只有一个地球》《寂静的春天》等经典文献，北京大学和清华大学相继设立环境科学专业；1973 年我国第一份环境研究期刊创刊；1979 年《中华人民共和国环境保护法（试行）》颁布。这一系列进展与举措拉开了我国环境传播研究的历程②。

经过近四十年的发展，国内环境传播研究已经蔚为大观。在早期，我国环境传播研究主要关注自然生态意义的环境报道，注重环境新闻策略研究，有重“术”轻“学”的偏向③。近年来，随着生态政治学、风险社会学等相关理论的应用，环境传播研究开始以跨学科的理论视角来拓展研究，集中到以人为主体、以媒介为手段、以生态为对象、以和谐发展为目标的议题上来④。学者李淑文、刘涛相继总结了我国环境传播研究现状，提出环境传播理论化路径。在《环境传播的审视与展望——基于 30 年历程的梳理》一文中，李淑文受到信息论与拉斯韦尔传播模式的影响，将环境传播总结为：“传受环境信息的行为或过程，或者说是环境信息在传者与受者之间的流动过程。”⑤学者刘涛在《“传播环境”还是“环境传播”？——环境传播的学术起源与意义框架》一文中发现在概念发展过程中，学者们不断扩大环境传播的内涵和外延。他通过辨析“传播环境观”与“环境传播观”的区别，认为传播环境是基于环境问题的话语表达，而

---

① 张威. 绿色新闻与中国环境记者群之崛起［J］. 新闻记者，2007（5）：13；贾广惠. 中国环境新闻传播 30 年：回顾与展望［J］. 中州学刊，2014（6）：168.

② 李淑文. 环境传播的审视与展望：基于 30 年历程的梳理［J］. 现代传播（中国传媒大学学报），2010（8）：39-42.

③ 刘涛. 环境传播：话语、修辞与政治［M］. 北京：北京大学出版社，2011：39-42.

④ 陈杰. 环境传播语境下社交媒体平台垃圾分类议题建构研究：以微博和知乎为例［D/OL］. 南京：南京林业大学，2021：15［2025-01-31］. https://kns.cnki.net/kcms2/article/abstract?v=32-8vZI681LX91ET2JTnIhjG8Zcmyl6noZDe_ODuoAhK-HJ3qN8etZZ6Kzgci7R2d-DUxzzCxsPxmcxNfOij4ZlOaZmf0seUTHXsQLRYz_RHibpfzgaKDcyWgPR_pzEBOA8Y8uff8Ie9G0iZMFr6vSpsgShy9ohmcDtQaGCZzW84r0cf_TggctfQp59oCGnjmB8e0-afX7E=&uniplatform=NZKPT&language=CHS.

⑤ 李淑文. 环境传播的审视与展望：基于 30 年历程的梳理［J］. 现代传播（中国传媒大学学报），2010（8）：39-42.

环境传播则是关于环境议题的象征①。

总体来看，我国环境传播研究在理论建构方面仍不完善，有较大的努力空间。一方面，环境传播研究与现实的环境实践密切相关，始终处于动态发展状态。另一方面，国内学者关注的重点和范围也在不断变化，多数学者沿着尼克拉斯·卢曼和考克斯的阐述路径，重点讨论环境传播在实践过程中的问题，并关注当下的发展，体现出浓郁的现实主义和实用偏向，相应的，理论化提升和世界化视野稍显不足。

第二节 风险沟通：环境传播研究的重要领域

随着现代社会生产力过剩和日益涌现的风险危机，社会学家贝克（Ulrich Beck）提出“风险社会”的概念，指出财富分配逻辑被风险分配逻辑取代，人类文明已坐落在风险的火山口上②。“风险（risk）”与“危机（crisis）”相对，“危机”通常指即刻的紧急状态下的危险时刻，多与自然灾害相关；“风险”则是还未发生但可能发生的危机或危险，与人的各项决定紧密相连，暗含着“自然处于人类支配和控制之下”的现代性意涵。因此，风险社会是现代性后果的体现。环境传播研究的演进始终与现代社会的风险挑战紧密相连，从关注单一的技术层面逐渐深化为跨学科的研究领域，关切点扩展到人类与环境的综合互动，最终触及风险社会的核心。同时，风险社会理论为环境传播研究提供了全新的视角，引发对现代社会风险化特征的深刻反思。这两个理论框架相辅相成，共同构建对当代社会复杂性的深刻认识，并交织出“环境风险传播”的特定领域。

环境风险是指“在自然界运动过程中主要由人类活动引起、通过环境介质传播的能对人类社会及其赖以生存、发展的环境产生破坏、损失乃至毁灭性作用等不利后果的事件的发生概率”③。在贝克看来，风险会平等地

① 刘涛.“传播环境”还是“环境传播”?：环境传播的学术起源与意义框架 [J]. 新闻与传播研究，2016，23 (7)：110-125.

② 贝克. 风险社会：新的现代性之路 [M]. 张文杰，何博闻，译. 南京：译林出版社，2018：1-3.

③ 王莉. 我国环境新闻报道的公众参与及调整：环境风险的视角 [J]. 新闻知识，2011 (1)：42.

袭击每一个个体，不因阶级关系而改变。但每个个体承担风险的能力不同，从而致使“财富在上层积聚，风险在下层积聚”的情况出现。环境风险尤为如此，经济社会地位、知识与话语权的差距促使环境风险在生产、分配与传播环节上呈现诸多层面的道德冲突，而媒体作为社会现实的建构者，也成为风险制造模式的一部分[①]。在当前，环境风险传播研究处于风险传播研究、环境传播研究、危机传播研究三大领域的交叉地带，而风险传播与危机传播已然形成了相对成熟的理论体系。

国内对环境风险传播的研究多以风险传播理论为框架来分析具体的环境议题[②]。学者王刚总结出环境风险的四个研究维度：关注环境，而非风险的生态维度；侧重关注风险，从成本收益的角度去关注风险防治的经济维度；秉承预防原则，关注环境风险的安全维度；关注环境引发的社会风险，而非生态环境的社会维度。总的来看，人们对环境风险内涵及特性的认知，是“有关环境的风险”以及“因由环境引发的社会风险”两个方面的综合[③]，这种综合视角和多维度研究方法为深入理解环境风险传播提供了有益的路径。

环境风险传播关注的是“媒体和传播过程如何影响和塑造公众对环境及其风险的理解和认知”[④]，大量环境风险研究讨论了大众媒体在环境风险事件中的角色。比如通过分析传媒的文本或话语，学者们探究大众媒体在放大或削弱公众对于环境风险感知的作用。但这种对新闻生产和实践的过分关注忽视了媒体生态系统的丰富性，以及媒介信息生产者的多样性，这一问题在互联网兴起后更为突出[⑤]。学者 Chung 在一项互联网的风险研究中发现，通过评论等行为参与到风险事件讨论中的公众数量与该风险事件

① 郁乐. 环境风险分配、传播与认知机制中的道德冲突［J］. 吉首大学学报（社会科学版），2014，35（2）：34.

② 何蕾，王威. 环境风险传播议题研究的适用方法［J］. 青年记者，2019（14）：8.

③ 王刚. 环境风险：思想嬗变、认知谱系与质性凝练［J］. 中国农业大学学报（社会科学版），2017，34（1）：59-68.

④ HANSEN A，COX R. The Routledge handbook of environment and communication［M］. 2nd ed. London：Routledge，2022：10-13.

⑤ COMFORT S E，PARK Y E. On the field of environmental communication：a systematic review of the peer-reviewed literature［J］. Environmental communication，2018，12（7）：862-875.

随时间推移而获得的媒体报道数量存在明显差异[1]。换言之，在互联网背景下，大众媒体的覆盖面很难再体现出公众对某个风险问题的关注或兴趣，公众的网络表达成为更活跃、更具影响力的"风险放大站"。与传统新闻媒体相比，互联网建立了一个信息共享和公众参与的开放空间，媒体、普通公众、政府、环保 NGO、企业等多方行动者都可以参与到环境议题的建构中。不同行动者根据他们的经验和文化知识储备，更动态地处理环境风险信息，并将制度化/非制度化的知识和经验融合到环境风险的认知和管理中。在既有研究中，消除风险不确定性的方法是专家通过媒体普及专业知识、消除公众知识赤字来实现的，但在新媒介条件下，这一知识赤字模型已被广泛诟病[2]。这些研究都提示，大众媒体的重要性和影响力在不同程度上被削弱了，环境风险传播需要被纳入一个更广泛的、扩展了的媒体生态系统。

生活在风险社会背景下，风险已内化为人们认知世界的思维方式之一[3]。而公众的风险认知有赖于风险议题的呈现，在中介机制的建构下或者借助专家话语与媒体报道，人们才能获知风险的可能性及其危险程度[4]。正因如此，早期的风险沟通研究将风险视为专家的客观评估过程，公众的观点则被视为主观和非理性的[5]，专家话语可以改变公众对风险的认知。著名的风险社会放大框架（SARF）就强调了专家和大众媒体的强大作用，"风险传播者，尤其是大众媒体，是风险放大和减弱的主要因素"[6]。贝克也曾指出大众媒体在风险社会中的强大作用，既充分肯定它积极的传播功能，也指出传媒对事实揭示的欺骗性，加剧了人们对环境、健康等与日常

---

① CHUNG I J. Social amplification of risk in the Internet environment [J]. Risk analysis，2011，31（12）：1883-1896.

② 邓理峰. 风险治理中的常民知识生产、传播及影响：基于我国内陆核电争议中反核群体的研究 [J]. 全球传媒学刊，2022，9（2）：37-59.

③ 黄懿慧. 风险社会中的危机传播 [J]. 全球传媒学刊，2015，2（3）：60-63.

④ 郭小平. 论"风险社会"环境传播的媒体功能 [J]. 决策与信息，2018（7）：55-65.

⑤ BOHOLM A. Speaking of risk：matters of context [J]. Environmental communication，2009，3（3）：335-354.

⑥ KASPERSON R E，RENN O，SLOVIC P，et al. The social amplification of risk：a conceptual framework [J]. Risk analysis，1988，8（2）：177-187.

生活息息相关事物的不安全感，增加风险的不确定性①。但是，这些框架和论述提出的背景均属于大众传媒时代，在彼时，大众媒体几乎是人们借用媒介的唯一渠道和资源。当时的学者尚无法预见到风险传播将如何随着信息通信技术和网络技术的飞速发展而产生翻天覆地的变化，也难以想象今天的风险沟通会面临何种复杂的局面和挑战。

一、沟通问题的产生：风险感知、表达与认知冲突

风险沟通作为一种信息交流的互动过程，是个体、群体和公共机构之间就风险问题进行信息和意见交换的复杂互动②。在学术界，由于英文词communication既翻译为“传播”，又可译作“沟通”，“风险沟通”和“风险传播”常被视为同一概念，两者只是译法和使用习惯上的不同，实质内涵并无差异。本书同意这一看法，对其含义不做区分与辨析，但将视不同语境与上下文选择更恰当的概念。

风险沟通问题的产生具有多重背景和复杂因素，既与媒介技术发展所释放的社会主体动能有关，更与人们对风险的感知差异、表达鸿沟和对理性的不同理解和利益侧重有关。

（一）环境风险感知及其影响因素

在诸多的现代性风险面前，环境风险因人与自然的密切关系和环境灾害的显著可见性而被社会凸显。美国学者 Fischer 等人在调查中发现，相较于其他风险，公众对环境风险的感知最为强烈。这与环境风险直接关系到人们日常生活品质和自然生存环境有关。然而，尽管公众对环境风险有较高的感知度，却普遍存在认知与态度上的矛盾。在认知上，由于环境风险分散承担的特点，公众愿意支付的风险代价和行动意愿并不迫切，没有对其他直接构成威胁的风险的态度积极③。这一矛盾体现了现实中“环境风险问题应该由政府主导、个人无能为力”的消极观念，不利于环境风险的公共沟通。

---

① 汤景泰，巫惠娟. 风险表征与放大路径：论社交媒体语境中健康风险的社会放大［J］. 现代传播（中国传媒大学学报），2016，38（12）：15-20.

② 刘铁忠，韩笑，李慧茹，等. 美国政府风险沟通实践及其启示分析［J］. 防灾科技学院学报，2016，18（2）：72.

③ FISCHER G W，MORGAN M G，FISCHHOFF B，et al. What risks are people concerned about［J］. Risk analysis，1991，11（2）：303-314.

环境风险感知的研究起源于“风险感知”研究。“风险感知”是指“公众对潜在危险及其附带收益所持有的信念、态度、判断、情绪以及更为广泛层面上的文化和社会倾向”①。在理论体系和研究方法上，环境风险感知与风险感知研究一脉相承，只是环境风险感知将研究对象限定为各类环境问题及由环境引发的各类社会问题②。环境风险感知是一个跨学科分析的领域，不同学科的融合使其发展出不同的研究偏向。由于环境风险研究范式经历了从“技术决定”到“社会建构”，再到“技术-文化”综合的进路转换③，学界已达成“环境风险感知是个体对外界环境中各种客观风险的主观感受和认识”的共识④。这种范式转换也造成了环境风险研究在关注对象上的变化，形成风险特征、群体特征和社会文化三个主题的研究布局。研究者认识到，环境风险感知不仅是一种技术问题，更是社会文化、群体心理等多因素综合影响的结果，其领域存在技术决定论、社会建构论和心理学等不同的研究范式。

技术决定论主张研究者把注意力集中在风险本身的特征上，比如风险的可控制程度、危害程度等。费施霍夫（Baruch Fischhoff）等人发表的风险评估量表就概括了九种影响人们对实际风险和可接受风险的感知维度，包括风险知识、风险控制、自愿程度、是否导致即时死亡、新奇性、长期性、寻常程度以及严重性⑤。随后，研究者将风险特征从九个扩展到十八个。人们从中提取出了三个特征因子：风险的可怕程度、熟悉程度和暴露程度⑥。这些风险因子的归纳有助于更准确地理解公众对风险的感知和

---

① PIDGEON N F，HOOD C C，JONES D. Risk perception [M] //Royal society. Risk analysis，perception and management：report of a Royal Society study group. London：Royal Society，1992：89-134.

② 王晓楠. 国外环境风险感知跨学科研究的知识谱系 [J]. 河海大学学报（哲学社会科学版），2020，22（1）：64.

③ 王刚，宋锴业. 西方环境风险感知：研究进路、细分论域与学术反思 [J]. 中国人口·资源与环境，2018，28（8）：169-176.

④ 王晓楠. 国外环境风险感知跨学科研究的知识谱系 [J]. 河海大学学报（哲学社会科学版），2020，22（1）：70.

⑤ FISCHHOFF B，SLOVIC P，LICHTENSTEIN S，et al. How safe is safe enough? a psychometric study of attitudes towards technological risks and benefits [J]. Policy sciences，1978，9（2）：133.

⑥ VASSIE L，SLOVIC P，FISCHHOFF B，et al. Facts and fears：understanding perceived risk [J]. Policy and practice in health and safety，2005，3（sup 1）：65-102.

评估。

社会建构论认为仅了解风险的本体特征不足以理解人们对环境风险的感知，还应将群体特征纳入研究范围。比如，有学者认为社会底层或者受教育程度较低的人更难感知到环境风险，女性普遍比男性对环境风险更为敏感，或者认为性别其实并不构成显著的感知差异①。

社会文化论则主张风险感知应包含更广泛的社会因素，比如文化、价值观和信任。其中，玛丽·道格拉斯等人提出的风险文化理论是奠基之作，该理论将社会群体分为平等主义者、宿命论者、等级主义者与个人主义者，不同文化影响下的人群风险感知存在差异②。学者 Stern 等人研究发现，超越自我的生物圈利他主义价值观取向在个体对环境条件的信念和采取行动的意愿具有强大解释力③。除此之外，信任也是影响风险感知差异的重要因素。斯洛维奇（Paul Slovic）对比公众在核辐射与放射治疗之间的风险感知差异，指出公众对风险的接受程度是由直接收益的感知以及对技术管理人员的信任所决定的，并非简单的恐惧驱使下的非理性判断④。

心理学发展出的心理测量范式是环境风险感知领域最常用的研究工具。心理测量范式由费施霍夫等人在 1978 年首次提出，其方法是运用问卷直接调查人们对风险和收益的感知，通过人们在评估风险概率、频率和结果中起作用的一系列风险特征来解释和预测公众对下一次风险可能的反应⑤。心理测量范式也有局限性，比如研究假设中过于强调理性在风险评估中的重要作用，忽略了风险感知和决策是理性与情感互相作用的结果；另外，往往事先向被试提供风险感知特征，容易使其受直觉引导干扰调查

---

① FLYNN J，SLOVIC P，MERTZ C K. Gender，race，and perception of environmental health risks [J]. Risk analysis，1994，14（6）：1101-1108.

② WEINSTEIN G，DOUGLAS M，WILDAVSKY A，et al. Risk and culture：an essay on the selection of technological and environmental dangers [J]. American political science review，2014，77（1）：185-204.

③ STERN P C，KALOF L，DIERZ T，et al. Values，beliefs，and pro-environmental action：attitude formation toward emergent attitude objects [J]. Journal of applied social psychology，1995，25（18）：1630.

④ SLOVIC P. Perception of risk from radiation [J]. Radiation protection dosimetry，1996，68（3）：172.

⑤ 张海燕，葛怡，李凤英，等. 环境风险感知的心理测量范式研究述评 [J]. 自然灾害学报，2010，19（1）：79.

信度①。

虽然环境风险感知研究已然囊括了各种范式与各个维度的影响，但维度之间并未实现有效融合，还存在因子分析路径的罗列式堆叠、相关性不明确以及影响比重不清晰等问题，有待进一步克服。

（二）风险表达差异

早期的研究者倾向于用量化的风险评估方法，通过建立模型来估计风险在统计意义上的发生概率，以帮助风险决策。比如，在“预期效用最大化”决策理论中，研究者将某一行动方案的预期效用等于每一行动后果概率与该后果的主观价值乘积的和，通过对比预期效用来降低决策风险②。但在现实情境中，“每一行动后果”其实是难以穷尽的，且主观价值难以衡量。即便假设所有决策者都坚持理性人原则，“预期效用最大化”公式仍面临行动多样性和后果多重性的问题，完全准确地表达风险几乎不可能。对此，“有限理性”决策模型把决策者感知能力与认知能力的局限性考虑在内，以“满意”作为有限理性的基本原则③。

“有限理性”模型常见于政府或专家的风险引证逻辑，即一定标准内风险可以被忽略不计。有学者在对比食品安全事件中政府和专家的风险论述差异时发现，二者都习惯于引用国际规范和科学证据来表达风险，不过政府更注重合法性、合规性建构，关注当下即时的健康风险，而专家则更偏向关注长期风险的存在④。然而，现实中公众的风险表达远远超出理性的范畴，呈现出情感动员、知识解构、具象化等多维度的表达策略。

情感唤起是公众风险表达的一大策略。研究者发现在某地核电风险事件里，公众的风险表达就建构了一个“弱者对抗强者”的道德框架，成功吸引了多方媒体报道和社会关注⑤。音乐与歌曲通常也是情感动员的重要

① 黄懿慧，王啸，方慧妍，等. 政府信任对公共健康风险管理的影响：基于长生生物疫苗事件的创设情境研究［J］. 公共管理学报，2019，16（4）：83-95.

② 斯洛维奇. 风险的感知［M］. 赵延东，林垚，冯欣，译. 北京：北京出版社，2007：3-4.

③ 斯洛维奇. 风险的感知［M］. 赵延东，林垚，冯欣，译. 北京：北京出版社，2007：5-6.

④ 邱玉蝉，游丝涵. 食品安全事件的风险建构与沟通：新闻媒体 VS. 政府［J］. 中华传播学刊，2016（30）：179-220.

⑤ 邓理峰，贾鹤鹏. 利益方抗争作为宏观协商的潜力和局限：基于内陆核电争议中“望江四老”个案的考察［J］. 传播与社会学刊，2019（49）：158-160.

元素，台湾学者发现地方居民对科技议题的风险抗争逐渐由过去的悲情叙事转向文化活动路线，经常以流行文化元素来传递风险，影响民众对于科技活动的不同理解①。

在风险知识不对等或者风险知识理解存在差异的情况下，对主流风险论述话语的解构也是一种风险表达方式，目的是重新获得风险表达空间②。一方面，环境风险的不可见性使公众往往在风险想象中放大风险感知焦虑；另一方面，也促使公众在认知成本考虑下转而依托政府信任，但一旦信任崩塌，公众就会陷入更加茫然和恐慌的境地。因此，以可视化方式表达风险、促使公众亲身体验环境风险，正是国内外环保团体重视的风险策略。此种具象化风险表达提升了公众对环境风险的感知敏感度，促使有关部门转变单一的量化风险表达方式，更全面地进行环境风险的治理③。大众媒体的风险表达有时也受到科技视野的影响，做出不同的风险判断或偏误的风险论述，甚至本身成为风险的放大站。此种情形更增添了风险沟通的难度④。

（三）风险认知理性不足

风险之所以难以沟通，除了上述的感知因素差异外，还有人类认知本身的局限性原因。在受到风险特征、群体特征和社会文化的影响之外，公众的风险感知还高度依赖直觉思维和经验思维，同时也受到情感进程的引导。正如“预期效用最大化”决策模型所揭示的那样，风险信息处理过程包括对风险发生可能性的估计、对应后果的危险性评估以及对自己判断的权衡。其中每一步骤都有可能来自非理性的决策习惯，比如采用直觉捷思法，依赖直觉和既往经验简化现状。直觉捷思法是指人们在风险决策时仅凭直觉快速作出判断，包括采用小数法则和负近因效应评估可能性，采用虚假相关关系、可获得性评估风险后果，以及判断权衡时依据兼容性偏见

---

① 黄俊儒. 你唱的是什么科技争议？台湾反核音乐人传播的科学知识民主化意涵［J］. 传播与社会学刊，2017（41）：152-153.

② 范玫芳. 谁的风险？谁的管制与检测标准？兰屿核废料争议之研究［J］. 传播研究与实践，2017，7（1）：107-139.

③ 杜文苓，施佳良. 挑战空污：初探社区行动科学的在地实践［J］. 传播研究与实践，2019，9（1）：12-20.

④ 郭文平. 缓慢开展的危害再现：媒介报导中的旱灾、风险及气候变迁论述之语料分析［J］. 传播研究与实践，2017，7（1）：37-70.

和重要属性依序挑选法等等①，即便是专家在风险决策时也无法完全摆脱直觉思考②。愿景理论指出，风险的伪确定性叙述更容易被受众的具体思维接收，即只接受表面上的风险确定性降低，不考虑推导后的总体风险是否改变③。麦克尼尔等人通过对比实验医疗风险的不同叙事框架，发现生存概率描述比死亡概率描述更容易被病人接受④。这种因表述差异引起的感知差异被称为风险的框架化效应。框架化效应不但指出了日常生活中风险感知被建构的可能，也使得心智认知模型面临可信度的质疑。除此之外，在情感对风险感知的影响研究中，有学者提出“情感-情景”双因素理论，认为影响公众环境风险感知的因素应包括情感与情境两个基本维度。情感因素包括环境亲和感与系统信任感，情境因素包括信息丰富性与利益趋向性，其中情感因素对风险感知呈负向相关⑤。

不过，即便已知直觉、情感对风险感知的影响，风险决策过程也不能拒绝公众参与。诸多环境风险事件证明，环境风险演化成社会风险的主要原因之一就在于公众参与的不足⑥。环境风险治理的实质是不同类型的知识的生产与运用，技术治理主义主张用科学管理社会，其背后是技术专家接管社会的潜在权力现实，普通公众被排挤出决策过程，公众智慧被贬低和遮蔽⑦。有学者因而主张风险知识的合作生产模式，由传统科层式中自

---

① SLOVIC P，KUREUTHER H，WHITE G F. Decision processes，rationality and adjustment to natural hazards [M] //WHITE G F. Natural hazards：local，national，global. New York：Oxford University Press，1974：16-38.

② TVERSKY A，KAHNEMAN D. Belief in the law of small numbers [J]. Psychological bulletin，1971，76 (2)：105.

③ SLOVIC P，FISCHHOFF B，LICHTENSTEIN S. Response mode，framing，and information-processing effects in risk assessment [M] //BELL D E，RAIFFA H，TVERSKY A. Decision making：descriptive，normative，and prescriptive interactions. Cambridge，England：Cambridge University Press，1988：152-166.

④ MCNEIL B J，PAUKER S G. On the elicitation of preferences for alternative therapies [J]. New England journal of medicine，1982，306 (21)：1261-1262.

⑤ 王刚，宋锴业. 环境风险感知的影响因素和作用机理：基于核风险感知的混合方法分析 [J]. 社会，2018，38 (4)：212-240.

⑥ 高山，李维民. 环境风险到社会风险的转化机理 [J]. 中国行政管理，2020 (7)：127-133.

⑦ 杨建国. 从知识遮蔽到认知民主：环境风险治理的知识生产 [J]. 科学学研究，2020，38 (10)：1736.

上而下的关系模式改变为互动式合作生产的关系模式①。公众拥有的知识资源虽不及专家，但融合了地方的文化背景和每日生活经验，对特定情境有针对性的效用。因此，公众的情境知识以及与此相关的实践知识应当与专家知识共存，并且在决策中被同等对待，这也被称作“认知正义”价值理念②。综上所述，要使风险沟通更具备社会理性，首要对策是促进公众参与。在现代社会框架下，鉴于风险科学的局限性和风险认知的主观性质，必须拓展风险决策的参与主体，以实现决策过程的民主化③。即便在灾害应对中，为了提高灾害调控的关键能力，也需要拓展风险决策的方案。这涉及如何吸纳公众的认知，运用有限理性知识进行风险决策，以及在不同方案中做出更完备的选择的能力④。

二、风险沟通范式的转变

（一）从危机公关到风险沟通

与危机不同，风险强调的是可能出现的威胁或危险，是一种危险和灾难的可能性。风险具有向危机转化的趋势，因此有学者把风险沟通看作危机沟通的前端延伸，日常化的风险管理实际就是危机预警的一部分⑤。风险沟通与危机沟通的区别在于关注中心的偏移，危机沟通以组织为中心，更关注组织危机以及化解组织危机的措施；而风险沟通关注公众对风险的认知以及公共政策的制定。从危机公关的角度来看，危机最重要的影响是当事者的名誉和公众形象的损失，因此形象修复是危机沟通的核心之一，而风险沟通更强调风险对相关各方造成的伤害，以及如何让伤害降低或者均衡化。

长期以来，风险管理机构的沟通惯性是采取危机公关的思路。风险管理者往往在危机事件发生后才通过采取降低伤害、善后处理、否认等一系

---

① 张海柱. 科技论争与公众参与：环境风险研究中的公民身份议题［J］. 公共行政评论，2017，10（5）：86-104.

② 张海柱. 环境风险治理中的知识生产与公众参与［J］. 人文杂志，2018（1）：108.

③ 斯洛维奇. 风险的感知［M］. 赵延东，林垚，冯欣，译. 北京：北京出版社，2007：20.

④ SLOVIC P. Do Adolescent smokers know the risks?［J］. Duke law journal，1998，47（6）：1133-1141.

⑤ 郭小平. 风险传播与危机传播的研究辨析［J］. 媒体时代，2013（2）：24-27.

列危机反应策略进行危机回应。但以事后沟通为特点的危机公关，往往容易导致公众对风险项目的彻底质疑，甚至引发恐慌和愤怒，出现情绪扩散，继而引起感知风险显著高于实际风险的“风险放大”现象[①]。苏婧等人针对公共卫生事件的不确定性、风险存续、风险共担和多元主体等特点进行研究，认为风险沟通比危机沟通更具理论适用性与实践应用性[②]。环境风险事件也同样具有这些特征，以日本福岛核泄漏事件为例，核辐射的不确定性、辐射的长期存在、核污染物随洋流遍及全球海岸，以及各国渔民、本地居民等多元主体的损害问题都凸显着进行风险沟通的必要性。

风险与危机相伴相生，风险孕育着危机，危机也会带来新的风险。除了把风险沟通等同于危机沟通，国内传播学界还存在完全割裂两者的误区[③]。事实上，风险沟通与危机沟通的隶属关系难以彻底厘清；危机传播也同样涉及风险预防、风险沟通和新风险形成的过程。在日常语用习惯中，风险传播与危机传播还一并被人视作负面，仅仅采用单向、粗暴的控制逻辑来简单处理，不少人对二者的理解、实践与“沟通”意涵相差甚远。

（二）风险沟通范式：从科学到民主

风险沟通经历了研究范式的转变。早期风险沟通以“缺陷模式”为主，形成专家风险评估、政府风险管理、采取单向线性信息传播模式等局面，把风险定义的主体限定在专家范围内，公众仅是被告知、说服和教育的对象；同时，也忽略了媒体在风险议题中的参与和建构能力[④]。专家被定义为“在某一特定领域受过专业训练、从事专业性科学技术研究工作的人员”[⑤]，他们具备良好的科学素养，在现代化社会中手握知识的权力。在这种模式下，环境风险沟通形成对专家的依赖和所谓“技治主义”。比如戴佳等人梳理《人民日报》《科技日报》和《南方都市报》有关转基因技

① 曾繁旭，王宇琦，戴佳．超越危机公关：参与式沟通作为新范式［J］．新闻界，2015（5）：18．

② 苏婧，张镜．从危机传播到风险沟通：突发公共卫生事件的传播转型［J］．新闻与写作，2020（4）：5-13．

③ 曾来海．风险传播与危机传播关系的辨析［J］．新闻世界，2011（11）：20-21．

④ 林爱珺，吴转转．风险沟通研究述评［J］．现代传播（中国传媒大学学报），2011（3）：37．

⑤ 戴佳，曾繁旭，郭倩．风险沟通中的专家依赖：以转基因技术报道为例［J］．新闻与传播研究，2015，22（5）：33．

术报道的信源时发现，媒体对转基因技术的报道高度依赖专家信源，且大体上与专家保持态度一致①。

在专家的科学定义中，风险是可量化的。经济学家奈特曾得出风险计算的公式，并区分风险和不确定性之间的差别：风险是已知发生概率的事件，不确定性是未知发生概率的事件。然而这种基于科学的风险计算并不能恰当描述生活中的风险情况，因为风险既包括物理性的、可被量化的技术风险，也包括心理认知层面的、不可量化的感知风险。由于受众的知识背景、环境偏好呈现主体差异化，统一的科学阐释并不能全然化解民众的风险感知，反而会在信息不对称的焦虑下产生对抗性解读。这种以专家为主体的单向线性的风险信息传播模式虽然有助于人们在一定程度上理解风险议题，但却无法制造同意②。

环境风险沟通的民主范式就此出现。与强调风险的统计学分析、以损害发生概率高低为判断标准的科学范式不同，民主范式注重风险的社会学分析，以个体的风险意识强弱为判断依据③，指明风险传播是在个体、团体、机构间交换信息和意见的互动过程，包括对风险信息或针对风险管理所进行的合法的机构性安排的关注、意见和反映。这一范式扩充了风险传播沟通的主体，体现了传播的双向交互性。不过，环境风险沟通的民主范式虽然纳入了更多的言说主体，但并不意味着环境事件会因此消失。Grabill 等人认为风险是社会构建的，如果不能正视各方言说主体在知识、利益上的不平衡和权力地位的不平等，风险评估与风险沟通将出现人为分离，这种分离往往会导致不道德和压迫性的风险沟通实践④。参与环境议程的公众从专家设定的风险模型中难以得到完整清晰的认知，在风险构建中就只能发挥有限的作用，风险知识生产制度和风险决策将走向固化。

各方参与主体感知风险还会受到情绪催动，在想象中产生风险的社会

---

① 戴佳，曾繁旭，郭倩. 风险沟通中的专家依赖：以转基因技术报道为例［J］. 新闻与传播研究，2015，22（5）：41.

② 张洁，张涛甫. 美国风险沟通研究：学术沿革、核心命题及其关键因素［J］. 国际新闻界，2009（9）：97.

③ 全燕. 技术与民主：风险在科学与环境报道中的传播进路与思考［J］. 国际新闻界，2015，37（5）：95.

④ GRABILL J T，SIMMONS W M. Toward a critical rhetoric of risk communication：producing citizens and the role of technical communicators［J］. Technical communication quarterly，1998，7（4）：416.

放大效应。学者 Sandman 认为愤怒是感知风险的主要决定因素，并提出“风险=危险+愤怒”的表达式。其中，“危险”用来衡量风险的可能性与重要性，是风险的技术性构成部分；“愤怒”是意愿、控制、响应等情感因素的综合，是风险的非技术性构成部分①。在社交媒体时代，这种风险感知的表达式更加凸显，风险感知经常突破地域，借助情绪形成网络扩散，导致谣言迭起，甚至激发危机的产生。环境风险沟通的民主取向要与科学取向相结合，注意科学知识与民主参与的双向容纳。周全等人在关于环境知识与风险感知的中介效应分析中发现，环境知识的中介效应要高于环境风险意识的中介效应②，这验证了科学与民主参与两种取向的兼容可能。在社交媒体时代，我们需要更加关注协商民主在风险沟通中的核心地位，使说服建立在包容、开放、信任、合意的基础之上，这是实现多元环境主体共建“美丽中国”的生态战略要求，也是环境传播应把握的重要方向和重大课题③。

三、环境风险传播系统的研究

风险是未来危险发生的一种可能性，它不可见，但可被感知和建构。环境风险沟通存在不同传播主体之间的权力关系实践和行动逻辑。学者杨保军曾提出新闻传播三元主体理论，对当今活跃在社会传播实践领域的新闻传播主体进行划分，分出职业传播主体，即专业化媒体组织；民众个体传播主体，即以互联网为核心的新兴媒介或被新媒介赋权了的普通民众；还有非民众个体亦非职业新闻传播主体的组织性、群体性新闻传播主体，即“非职业新闻组织主体”④。这一分类对理解环境风险传播系统富有启发性。由于社会传播环境的变迁和传播实践的多元性，环境风险传播研究也应当突破媒体中心论，超越对大众媒介的内容和功能分析，从社会整体或

---

① 曾繁旭，戴佳，王宇琦. 技术风险 VS 感知风险：传播过程与风险社会放大 [J]. 现代传播（中国传媒大学学报），2015，37（3）：40.

② 周全，汤书昆. 媒介使用与中国公众的亲环境行为：环境知识与环境风险感知的多重中介效应分析 [J]. 中国地质大学学报（社会科学版），2017，17（5）：80-94.

③ 刘琳琳，黄河. 新中国成立以来政府环境治理话语的演变与发展 [J]. 国际新闻界，2022，44（2）：75.

④ 江作苏，孙志鹏. 环境传播议题中“三元主体”的互动模式蠡探：以“连云港核循环项目”和“湖北仙桃垃圾焚烧项目”为例 [J]. 中国地质大学学报（社会科学版），2017，17（1）：111.

者系统的视域观察环境风险传播主体的多元性和多中心性（比如政府、专家、公众、媒体以及技术系统），以及他们之间的交流互动和沟通博弈，开展环境风险传播的系统研究。

（一）环境风险传播主体及其关系建构

环境风险议题是在20世纪五六十年代随着核能的发展而显现的，在当时，环境风险被认为是一种可防范的、发展的代价，只在政府与专家技术智囊团内部加以讨论。随着国家对环境保护宣传、环境教育的重视，以及向“绿色中国”生态战略倾斜，公众的环境保护意识和环境参与有了显著提升，成为政府和专家之外的第三传播主体。公众不再局限于专家建议—政府推行—公众接受的旧有传播框架，而是作为环境主体进入了环境风险论说场域。

作为主要的环境传播主体，政府采取的风险沟通策略主要有两种：一是教育公众，使其了解新兴科技或者新项目的内涵；二是采取审议模式，通过吸收公众参与，将社会价值观和建议反馈到科技政策中①。在经济发展浪潮中，政府的环境传播目标大多是说服公众接受各类工程项目建设，采用科学导向策略，向公众普及推广项目的环境安全性等，其底层逻辑是将环境风险作为经济发展必需付出的代价或成本，这是以GDP为导向的政绩观的体现。随着社会的发展和公众环境权利意识的提升，这一逻辑和观念越来越受到社会的质疑。

在多元传播主体共存的背景下，媒体不仅对风险信息传播具有枢纽作用，而且对各主体之间的连接、互动和协调发挥很大影响。“风险的社会放大框架”理论认为，风险是可建构的，风险的社会放大包括风险信息传播以及社会反应机制两个部分②，而媒体在这两个部分都发挥着不可忽视的作用。

环境风险传播是风险的竞技场域，风险政策的制定是不同群体和个体将自己的风险理解置于公共议程之中并试图说服他人接受的过程③。在这

---

① 高佩懃，陈玺尹，徐美苓，等. 在专家、媒体与公众之间：作为科技风险沟通途径的新兴科技媒体中心［J］. 传播研究与实践，2020，10（1）：51.

② KASPERSON R E，RENN O，SLOVIC P，et al. The social amplification of risk：a conceptual framework［J］. Risk analysis，1988，8（2）：181.

③ 曾繁旭，钱琪瑶. 传播链条、社会网络与公众回应：社会化媒体时代的风险沟通效果研究［J］. 新闻与写作，2015（6）：35.

个过程中，各行为主体会采取不同的议题建构策略，形成认识和阐释外部世界的认知结构。因此，多元主体的环境风险传播场域包含着不同的框架建构策略。李文竹就环境风险传播实践归纳出四个框架，分别是风险事实类、科学技术类、价值文化类、政府行为类框架，分别对应着政府、公众和媒体等不同主体的话语策略①。刘琳琳等人发现我国政府环境治理经历了规制话语、科学话语向多元话语的转变，在社会发展和理念革新情况下吸纳了面向循环经济的市场化话语、提倡环境道德的文化价值话语、倡导绿色生活的新型消费主义话语以及围绕全球环境问题的全球化话语②。这种话语框架转变正是政府主体加强风险沟通的适应性策略。

不同传播主体对框架有不同的取向偏好。曾繁旭总结了中国环境风险议题的框架分类，包括经济发展框架、技术进步框架、信任政府框架、环境正义框架、程序正义框架、政经批判框架、政策倡导框架和邻避运动框架③。不同的媒体框架呈现不同的传播效果，受众也会根据自己的信息解读偏好进行框架调适。经济发展、技术进步和信任政府是政府和企业主体常采用的框架；群众和环保组织往往从环境正义、程序正义、政经批判等框架建构自己的话语合法性；大众媒体则往往从环境正义、程序正义以及政策倡导这类政策性框架迂回入手，整合话语资源，弥合官方民间两个话语场的冲突。有研究者因此提出“媒介框架整合”概念，并列举了框架延伸、框架对立和框架独白三种整合方式，突破传统框架理论的“符号争夺战场”论调④。

在媒介融合的背景下，同一媒体在不同的媒介平台中可能采用不同的报道框架。比如人民日报社对核电议题的报道就出现了三种框架：纸版《人民日报》采用技术进步框架；网上信息交互平台“人民网”采取核电安全框架；微博账号@人民日报则使用公共责任框架，强调对核电企业进

① 李文竹．环境风险与框架设定：基于舆情分析的环境风险传播策略研究［J］．青年记者，2017（4）：49-51．

② 刘琳琳，黄河．新中国成立以来政府环境治理话语的演变与发展［J］．国际新闻界，2022，44（2）：71．

③ 曾繁旭．传统媒体作为调停者：框架整合与政策回应［J］．新闻与传播研究，2013，20（1）：37-50．

④ 聂静虹，王博．多元框架整合：传统媒体都市集体行动报道方式探究：以番禺垃圾焚烧事件为例［J］．新闻大学，2012（5）：58-64．

行舆论监督①。不同媒体之间还存在框架争鸣和扩散现象，比如在PM2.5议题的报道中，《南方都市报》是首要的框架制定者，随后其报道框架被《人民日报》和《科技日报》沿用，各个媒体因而形成框架的联动，共同行动突破了原有报道的广度和深度②。这些现象凸显了大众传媒在媒介融合时代仍然大有可为，在环境报道与风险沟通中起到了关键作用。

在环境风险议题的构建中，各主体间并非孤立存在，而可能在共同目标的指引下展开协作。特别是媒体与政府之间的紧密联系在这一过程中显得尤为突出。中国媒体与政府的关系密切。在社会主义制度和马克思主义新闻观指导下，主流媒体是党和政府的耳目喉舌，宣传党的方针政策、弘扬社会主流价值观。在商业化浪潮下成长的市场化媒体以及日益壮大的自媒体与平台媒体，都要自觉拥护党的立场，接受党和政府的领导。同时，媒体也肩负舆论监督之责，不同媒体之间存在不同的权力地位结构关系，对风险呈现的框架和立场有时也有差异③。

除了政府、专家与媒体，环境风险传播中还存在着企业主体。在企业的风险传播实践中，漂绿广告是一个特殊现象。漂绿广告是指企业散布虚假的环境友好服务、产品和实践以呈现企业机构对环境负责的公众形象，其实质是一种公关式的虚假环保宣传，它往往挪用与生态环境保护相关的术语、理念与观点等，达到企业营销话语资源储备与修辞框架上的“政治正确性”。另外，环境非政府组织（Environmental Non-Governmental Organization，ENGO）也是一类环境传播主体，有时也积极参与环境风险的沟通。环境非政府组织在定义上是政府之外的、非营利性质的组织，通常由一群自愿参与并共同追求某一环境目标的个人或团体组成。他们在对公共事务的监督、环境倡导与环境教育、公众服务方面④发挥作用，致力于环境保护和推动可持续发展。中国的环保NGO和媒体在信息生产和传

---

① 戴佳，曾繁旭，王宇琦. 官方与民间话语的交叠：党报核电议题报道的多媒体融合［J］. 国际新闻界，2014，36（5）：104-119.

② 曾繁旭，戴佳，郑婕. 框架争夺、共鸣与扩散：PM2.5议题的媒介报道分析［J］. 国际新闻界，2013，35（8）：96-108.

③ 黄月琴. 风险传播、政治沟通与公共决策的变迁：对两个石化项目迁址案例的分析［J］. 当代传播，2011（6）：16-20.

④ 王名，刘求实. 中国非政府组织发展的制度分析［J］. 中国非营利评论，2007，1（1）：92-145.

播上曾有密切互动，相互进行“信息补贴”，来塑造风险公共领域和促进风险决策民主化①。环保组织与媒体也有过深层合作与人员结构上的互嵌，共同推动环保事业的发展②。

在多元传播主体的话语建构与互动关系中，单一的环境风险议题常常转变为多层次的社会议题。政府职能、社会公平、公民权利等相关次级议题的出现丰富了环境话题的讨论域，但这种扩展和深化也可能偏离环境议题，遮蔽真正的环境风险③。这凸显媒体在环境风险传播中角色功能的重要性。但媒体的环境风险建构也面临着一定的伦理困境，包括环境伦理观争议下的传播立场博弈、知识赤字模式下的环境主张表达失衡、风险利益团体“信息补贴”的利弊④，以及媒体的中立报道与积极倡导角色的矛盾等，在这样的复杂状况中，媒体需要做出审慎的抉择，以平衡各种因素⑤。

风险传播中其他主体之间的关系也值得关注。例如，专家与公众之间的意见协调，其实就是科技范式与民主范式的调适。专家与公众之间并不必然是对立的两方，在诸多环境风险事件中都能看到公众与专家的联合。专家论述的话语资源是社会信任的有力武器，但专家与专家之间也可能因利益和认知差异呈现对峙的现象。媒体为了保持不偏不倚的立场往往倾向于将不同的利益主体都纳入新闻报道，但缺少风险判断的信息堆叠又会使环境报道陷入风险话语的冲突式呈现，实质有逃避责任的嫌疑⑥。因此，

---

① 郭小平. 风险沟通中环境 NGO 的媒介呈现及其民主意涵：以怒江建坝之争的报道为例 [J]. 武汉理工大学学报（社会科学版），2008（5）：774.

② 曾繁旭. 环保 NGO 的议题建构与公共表达：以自然之友建构“保护藏羚羊”议题为个案 [J]. 国际新闻界，2007（10）：17.

③ 谷雪. 互动与对抗：突发环境事件中的话语建构研究：以泉港碳九泄漏事故为例 [D/OL]. 兰州：兰州大学，2020：63[2024-11-28]. https://kns. cnki. net/kcms2/article/abstract? v=32-8vZI681Lg4uNwOTx2TgAsHrUTyaSHhKorx82DZ-loNfMdrCNmA8pTdH8q8U33tohLCOETMLL-uP _ 5kzDWHBbmlPb-zLWccAj1n5aLO3DTFNfpHg2sVruCmpgFWfV2xEnNQ72DC07n-0OqS3Jw1MFcY5lrPXiJrMDhiFpAq6fCPKQ4ja-CeaQttPKcFlVDZyaAtQOzMBY=&uniplatform=NZKPT&language=CHS.

④ 韩韶君. 媒体的环境传播：伦理责任、困境与突围路径 [J]. 编辑之友，2020（4）：60-65.

⑤ 戴佳，曾繁旭，黄硕. 环境传播的伦理困境 [J]. 湖南师范大学社会科学学报，2015，44（5）：154-160.

⑥ 徐迎春. 媒介环境风险传播与公信力的两个关键问题：谁说话？怎么说?：以沪杭两地都市类日报对日本核风险报道为例 [J]. 现代传播（中国传媒大学学报），2011（9）：164.

需要综合考虑这些相互关联的要素，更全面地理解媒体、专家与公众之间的动态互动。在新闻生产中，以不同利益群体作为消息源时，必须思考其可能带来的一系列复杂问题。因为尽管不同利益群体作为消息源为媒体提供了丰富的新闻素材，但一旦他们形成利益联盟，就可能激发“马太效应（Matthew Effect）”，导致媒体资源的不平等分配。“马太效应”原是社会学和经济学术语，用于描述资源、机会或优势在已经拥有它们的人之间累积的现象，即“富者越富，穷者越穷”。在信息传播和媒体领域中，马太效应意味着那些已经拥有较多曝光度和资源的利益群体或消息源更容易获得进一步的曝光和资源，而缺乏关注和资源的一方则可能被边缘化，形成信息传播上的不平等现象①。这种现象进一步加剧了关注度较低的利益群体在媒体报道中的边缘化。环境传播对不同社会阶层的偏向又和不同阶层公众的媒介素养差异有关。在一定时期，中产阶层更能积极借助新媒体发声，并容易获得支持；而底层群众要么缺乏发声的技能，要么演变为情绪性泄愤或被利益集团利用。当然，这种情况也可能倒过来，在一定情境或技术激发下，底层阶层可能更善于或更有意愿利用社交媒体进行表达与发声。

媒体在环境风险传播中还可能存在着报道者与倡导者角色之间的冲突，这涉及媒体的风险立场和倾向性问题。无论在国际还是国内，大众媒介新闻报道的客观公正原则与环保倡导角色的积极主动之间往往存在着一定悖反性和无可避免的冲突。在全球范围内，发达国家与发展中国家之间也存在着环境风险传播伦理的冲突，发达国家的环境风险议题通常对富裕社会进行批判性反思，而发展中国家则大多在经济社会发展框架下不得不进行环保抉择②。如果忽略各国之间的现实差距，用同一风险框架呈现问题可能是不公平的，也违背了对“共同而有差别”的风险伦理责任的理解。

（二）社会信任：环境风险传播系统的稳定剂

“信任”是个体在对他人的行为有积极期待的心理状态，基于对他人可靠性和善意的认知，通常是一种个体层面的心理状态。而“社会信任”

① 周勇. 网络传播中的“马太效应”：关于华南虎照片真伪事件的实证研究［J］. 国际新闻界，2008（3）：51-56.

② 郭小平. 论纪录片跨文化传播的“绿色镜像”与风险治理［J］. 现代传播（中国传媒大学学报），2015，37（9）：116.

是构建在整个社会范围内的对他人、组织和社会制度的信心和依赖。它超越个体的范畴，是一种对社会结构和关系的整体信任。社会信任的存在有助于社会的协调、合作和可持续发展，因而在环境风险沟通中具有举足轻重的地位。在环境风险议题中，社会信任不仅反映了公众对信息来源的信赖，更涉及对决策者、科学机构和媒体的信任程度①。高水平的社会信任有助于有效的信息流通、风险共担与合作行为的形成，从而推动环境风险沟通的顺畅进行。相反，缺乏社会信任可能导致信息断裂、公众的恐慌与不合作，阻碍了环境风险的科学传播和民主治理。在这一背景下，社会信任不仅是社会凝聚力的体现，更是公众积极参与风险决策、推动可持续环境发展的不可或缺要素②。

社会学家吉登斯认为，传统社会中个体之间的信任来自面对面的身体在场或是经长时间了解而建立的人际关系。现代社会中时空的脱域、交往的扩展致使风险面临更多的不确定性，人际信任已经无法应对全球化的风险危机，一种新的社会信任体系需要建立。卢曼把这种超越传统人际信任的新形式的信任体系称为"系统信任（Institutional Trust）"。系统信任是具体的个人与抽象对象之间非具体化的信任关系。这里的抽象对象主要指专家系统，此外也涵盖象征符号、规则、机制或制度、专业性和政府机构等③。换句话说，系统信任是对特定制度、规范、程序、方法和陌生群体的信任，是一种在社会化过程中预设的信任关系，它不以经验为前提。"系统信任"和"社会信任"是两个相互关联的概念。个体对于特定系统的信任往往受到社会信任的影响，而社会信任的建立也可能受到个体在具体系统中的信任程度影响。在风险沟通研究中，研究者们往往将"社会信任"作为驯服风险以及应对不确定性的方法，其作用是通过评估或预测的方式来规避风险、降低决策成本。这种风险与社会信任之间的动态平衡关系正是现代性的内在张力④。

---

① 邓理峰. 低碳转型与风险沟通中的信任缺失：基于江门反核事件的分析 [J]. 全球传媒学刊，2023，10 (2)：101-127.

② 李宗亚，张明新，魏然，等. 新冠肺炎疫情危机中的微信使用与利他行为：风险感知与公共信任的中介效应 [J]. 国际新闻界，2021，43 (5)：9.

③ 陆群峰. 后信任社会的形成与应对 [J]. 自然辩证法研究，2022，38 (1)：43.

④ 魏泳安. 风险与信任：现代社会的内在张力：一种基于传统与现代的比较视野 [J]. 甘肃社会科学，2018 (1)：160.

在风险社会中，事实尚不确定、价值存在争议、风险相对较高但决策过程紧迫的问题情境经常发生，这些情境通常与较低的公众信任度有关。风险传播理论指出，风险＝概率×后果±信任，可见社会信任对降低风险感知有直接的效果①。我国正处于现代化转型时期，面临的是“压缩现代性”情境，西方国家的历时风险和全球化背景下的共时风险聚合分布在同一时空之下，风险危机的压力更甚。传统熟人社会的断裂和新型市场经济的不完善都使得我国社会信任体系面临危机，处在人际信任解体而系统信任尚未形成的真空地带②。这些情境条件都深刻影响了我国风险沟通体系的构建，讨论社会信任问题十分重要。

环境风险传播研究关注的社会信任主要涉及政府信任、专家信任以及媒介信任。

第一，政府信任。广义的政府信任是指“民众在与政府组织的互动交往中对政府组织能否承担公共责任、实现公共利益与目标的一种主观感知和判断”，政府信任既影响公众对政府的情绪态度，也影响公众对政府的行为反应③。狭义的政府信任指的是民众基于个人认知判断政府政治行为是否符合其心理预期，表现出积极的情绪倾向④。政府信任的指向对象覆盖宏观的政治系统，比如政治体制、政治组织以及政治行为等。在中国语境下，公众指涉的政府信任一般包括行政、司法、立法的所有机构，而非狭义的行政机构⑤。政府信任在风险沟通与管理中扮演着不可或缺的角色，对公众的风险感知有着直接和间接的调和作用。研究者亦发现，在互联网使用与公众风险感知之间，政府信任发挥着显著的中介作用，政府回应越及时，互联网使用与政府信任的负向关系就越弱，公众风险感知越低⑥。

---

① 黄晓伟. 后常规科学时代的风险传播：起点、规范与理性根基［J］. 新闻界，2021（5）：42.

② 郭喨，张学义. “专家信任”及其重建策略：一项实证研究［J］. 自然辩证法通讯，2017，39（4）：84.

③ 刘建平，周云. 政府信任的概念、影响因素、变化机制与作用［J］. 广东社会科学，2017（6）：84.

④ 周庆安，陈苓钰. 突发事件中新闻发布对政府信任的建构路径：基于新冠肺炎事件中北京市政府新闻发布会的观察［J］. 新闻与写作，2020（5）：82-87.

⑤ 周庆安，陈苓钰. 突发事件中新闻发布对政府信任的建构路径：基于新冠肺炎事件中北京市政府新闻发布会的观察［J］. 新闻与写作，2020（5）：84-85.

⑥ 蒲晓红，赵海堂. 互联网使用对公众风险感知的影响机制：基于政府回应视角［J］. 中国行政管理，2021（5）：146-154.

政府信任在态度和行为层面也对公众产生一定的影响。研究者通过实地调研和相关数据发现，政府信任在正向影响当地居民利益感知的同时，对公民的接受型行为意向、参与意向以及环境治理行为也产生影响①。以邻避运动为例，信息失衡、回应失灵、政府强干预以及政策妥协等状况都会造成政府信任的消解②。邻避冲突的深层根源之一本来就在于政府信任的问题，信任始终是化解邻避冲突的重要切入口③。公众对政府信任的感知涵盖能力、善意和正义三个维度，并非简单只看政府决策的结果。高风险感知并不一定直接降低政府信任，反而为建构政府信任提供了有利机会④。比如在危机干预中，个体的初始信任和政府干预行为均有助于修复受损的政府信任，干预措施可以带来信任修复的溢出效应，进而提升政府信任⑤。中国语境下的社会信任问题与西方有所不同。现有研究显示，国内公众对政府信任呈现出“中央-地方”“能力-意愿”的双重差序格局——对中央政府的信任高于对地方政府的信任、对执政能力的信任高于对执政意愿与品质的信任，并可能出现社会信任波动⑥。这种复杂的信任格局给环境风险沟通带来不确定性和非稳态效果。

第二，专家信任。专家信任是指公众对专业领域内专家学者的信任和依赖程度。这种信任建立在专家的知识、经验和中立性上，公众期望专家能够提供准确、可靠的信息，并在面对复杂问题时发挥决策的指导作用。现代社会由于分工细化导致知识隔离，个体的风险承担能力相对弱化，专

---

① 秦梦真，陶鹏. 政府信任、企业信任与污染类邻避行为意向影响机制：基于江苏、山东两省四所化工厂的实证研究［J］. 贵州社会科学，2020（10）：61-69；张郁. 公众风险感知、政府信任与环境类邻避设施冲突参与意向［J］. 行政论坛，2019，26（4）：122-128；王晓楠. 公众环境治理参与行为的多层分析［J］. 北京理工大学学报（社会科学版），2018，20（5）：37-45.

② 辛方坤. 邻避风险社会放大过程中的政府信任：从流失到重构［J］. 中国行政管理，2018（8）：126-131.

③ 吴家清，刘亚娟. 邻避冲突的化解：基于信任的利益平衡［J］. 求是学刊，2018，45（6）：87-94.

④ 王昀. 风险社会治理中的政府信任：一种风险感知的解释框架［J］. 江西社会科学，2017，37（2）：236.

⑤ 方敏，张华. 危机干预如何修复政府信任?：风险沟通与社区支持的调节作用［J］. 公共行政评论，2021，14（6）：19.

⑥ 李艳霞. 何种信任与为何信任?：当代中国公众政治信任现状与来源的实证分析［J］. 公共管理学报，2014，11（2）：16-26.

家学者的社会意义得以凸显，专家信任也被誉为社会信任的最后一道屏障。然而在后科学和社交媒体时代，科学被祛魅，人们对专家的崇拜也随之不同程度地消解。网络流行语“砖家”的背后实际上是“塔西佗陷阱”①与“豪猪困境”② 的存在。“砖家”是一种污名化称呼。在风险情境中，污名行为是人们担忧但又不具备判断能力时常常表现出的行为反应，包括赋予污名、相互污名、扩大污名等方式，目的是有意识提醒自己与之保持距离以舒缓恐慌情绪。专家污名化已经成为风险社会中信任危机的一种表征，是社会信任缺失的外在表现③。因此，重建专家信任是环境风险传播议题中的重要关注点。陆群峰指出，公众对专家系统的信任主要源于事实判断的客观性和价值判断的中立性，即“真”和“善”是专家系统可信性的两大支柱④。有研究者还发现利益关联是影响专家信任的首要因素，要提高公众对专家的信任必须首先规避专家与相关方的利益关联，无法规避的，必须事先声明或向公众披露。此外，专家态度也是获取公众信任的因素，特别是在与国计民生紧密联系的医疗、环境方面，专家在知识系统中的地位没有其亲近恳切的态度有说服力⑤。除此之外，专家的人文关怀、移情、称职、专业知识以及诚实公正都能在建立信任的过程中起到重要作用，而专家说法不一致和沟通技巧欠缺也会导致公众不信任⑥。比如有学者发现在转基因话题上，并不是生物科学的具体知识，而是对专家的信任和尊重科学等因素交互影响着民众对转基因问题的态度形成⑦。这提示，在专家信任建设和风险沟通中，仅以理服人是不够的，还要顾及公众的情

① “塔西佗陷阱”指专家或政府权威不被信任的现象，即专家或政府遭到公信力质疑，无论他们做什么都难以被公众信任。

② “豪猪困境”指专家在面对公众质疑时的困境，即便专家提供专业的、准确的信息，公众仍可能因不信任而持怀疑态度。这种现象表征了风险社会更加复杂的信任危机。

③ 张昱，杨彩云. 泛污名化：风险社会信任危机的一种表征［J］. 河北学刊，2013，33（2）：117-122.

④ 陆群峰. 后信任社会的形成与应对［J］. 自然辩证法研究，2022，38（1）：44.

⑤ 郭喨，张学义. “专家信任”及其重建策略：一项实证研究［J］. 自然辩证法通讯，2017，39（4）：82-92.

⑥ 王威，姚敏. 风险传播中信任关系的建构［J］. 青年记者，2017（21）：31.

⑦ 贾鹤鹏，范敬群，闫隽. 风险传播中知识、信任与价值的互动：以转基因争议为例［J］. 当代传播，2015（3）：99-101.

感需求，辅用以情动人的方式。除了情感策略，积极主动的姿态也是获取信任的有效途径。高风险社会中的不信任实际上是公众在风险压迫下的一种情绪和心态的复杂表征①。专家系统要正视民众的合理不信任需求，主动获取公众信任，并信任公众，即相信公众具备理性判断的信息素养，不再一味扮演权威和教育者的角色②。事实上，公众并非人们想象的庸常和非理性形象，他们拥有的情境性感知和地方性知识已经充分证明了公众有实质性理智③。

第三，媒体信任。媒体信任是指公众对媒体的依赖程度以及对媒体的主观评价。影响媒体信任的主要因素包括媒体是否公平、是否无偏见、报道是否完整、是否正确、可否被信任等。一项实证研究表明，青年人的风险感知受到自我感知和媒体信任的双重建构，媒体信任与社会信任系统有着内在的“结构性”关联④。有学者继而提出“媒介化信任”概念，强调社会信任的建立必须借助现代媒介技术才得以实现，而信任机制受到媒介技术逻辑本身的影响乃至决定的现实⑤。媒介化信任既构建了超越系统信任的新型信任机制，又带来了媒介作为新风险源的挑战，对人的主体性地位和社会秩序造成了新的冲击。

社会信任非常重要，但信任并不是越多越好。有学者指出，过高的信任评价在公共生活中是危险的，纯粹的信任关系可能导致盲目性和不确定性⑥。信任犹如双刃剑，信任缺失会带来市民社会的瓦解，但过度的信任会使公众丧失警惕、培养政治冷漠情绪，这两种倾向都是对社会肌体的侵蚀⑦。建立公众信任通常并不是风险决策的首要目标，学者建议地方政府

---

① 李春雷，凌国卿．风险社会视域下社会困难群体新闻活动中的不信任研究［J］．新闻界，2014（16）：27-33.

② 黄晓伟．后常规科学时代的风险传播：起点、规范与理性根基［J］．新闻界，2021（5）：40-46.

③ 周理乾．单向度的公众：论科学传播中体制化科学对公众形象的表征与消解［J］．自然辩证法研究，2018，34（8）：64-69.

④ 李春雷，陈华．自然灾害情境下青年群体的风险感知与媒介信任：基于对台风“山竹”的实证研究［J］．现代传播（中国传媒大学学报），2020，42（3）：47-51.

⑤ 许加彪，王军峰．媒介化信任的生成与风险治理［J］．当代传播，2022（1）：95.

⑥ 张燕，虞海侠．风险沟通中公众对专家系统的信任危机［J］．现代传播（中国传媒大学学报），2012，34（4）：139-140.

⑦ 李艳霞．政治信任的实践悖论［J］．领导科学，2013（18）：21.

应首先公开环境监测数据、辅助居民理性评估风险，而不是在短期内修复公众信任①。政治学认为，一定程度的不信任也有其社会功能，它可能意味着批判性的建立，是现代社会知识教育的自然表现。公众对政府有一定程度的不信任恰恰是政治健康的表现，关键不在于公民是否全然信任政府，而在于建立可以内化不信任的政治原则和制度，即“制度化不信任”，这要通过设计合理的制度原则，使制度能对其他权力起到监督作用，从而矫正部分主体的背信行为以及保障人的权益②。有学者在介绍欧盟风险治理经验时，就特别强调其“预防原则”，即针对环境领域可能潜在的风险危害，即便科学评估证据尚不充分或未能完全确定的情况下，管理者也可以提前采取高水平的管制措施以保护公众安全③。社会管理者的这种谨慎义务和道德义务正是“制度化不信任”建设下的一种进步。因此，要合理认识和把握增进信任与容纳不信任之间的辩证关系。

---

① 邱鸿峰，吴胜涛. 网络使用、公众信任与水污染风险传播［J］. 国际新闻界，2013，35（10）：117-130.

② 郭根，尤西虎. 政治信任阈失的社会机理及其时代表征［J］. 南昌大学学报（人文社会科学版），2016，47（5）：62-67.

③ 张海柱. 专业知识的民主化：欧盟风险治理的经验与启示［J］. 科学学研究，2019，37（1）：11-17.

第二章　环境风险的沟通机制：大众传媒

环境风险沟通与媒介密不可分。前文虽已部分涉及对媒体的讨论，但并未聚焦媒介展开系统的研究。本章将从媒介的本体出发，解析曾作为主导传播渠道的大众传媒如何嵌入环境风险沟通过程，并成为风险沟通的关键机制。

媒介（media）本义是“在中间”（in the middle）“居间”或“在两者之间”，原指信使、通道，或某物经由某个手段、工具和途径到达另一物的中介空间[①]。根据牛津英语词典，自12世纪开始，media一词就用来表达“中间的事物”或者“介于两点之间”之意。狭义上，媒介可以被定义为传递信息的技术手段，例如，电话线是打电话的媒介，报纸印刷品是专栏文章的媒介。不同类型的媒介，如印刷媒体、广播、电视和互联网，都扮演着特定形式的信息传递工具的角色。媒介工具论将媒介看作是中性的，其影响取决于使用者和内容。但在麦克卢汉（Marshall McLuhan）看来，媒介不仅是中立的传递工具，更是对信息进行塑造、过滤和解释的过程。作为麦克卢汉的中心论点，“媒介即讯息”突破了狭义的技术中性观，为“媒介”提供了更为宽泛的解读空间。“媒介即讯息”这一命题的基本含义是：过程（介质）与内容（讯息）一样重要，媒介技术更多通过它们的形式而非它们所传递的内容来塑造社会。以麦克卢汉的断言为基础，后继的媒介环境学派学者具体探讨了不同媒介对社会交往方式、文化观念等的影响。波兹曼（Neil Postman）在《童年的消逝》中深入研究了电视对公共思辨和文化的影响，认为电视影像打破了书写的“信息等级制度”，将社会现实呈现为轻松、琐碎的娱乐化表演[②]；尼葛洛庞帝（Nicholas Negroponte）则在《数字化生存》中预测了数字化技术对人际关系、学习和文化的改变，他提出数字化将带来个性化和定制化的时代，改变了信息

---

① 麦克卢汉．理解媒介：论人的延伸［M］．何道宽，译．南京：译林出版社，2019：5-8.

② 波兹曼．童年的消逝［M］．吴燕莛，译．北京：中信出版社，2015：226-236.

的传播和获取方式，但同时也带来了信息过载和隐私等新问题①。媒介对人以及人类社会的影响如此深刻，有学者甚至用“媒介之外无一物”来总结麦克卢汉开启的媒介观。在本体意义上理解媒介，就是理解媒介不仅是一种物质或者技术器具，还是一种事物、物质和关系，甚或是介于某些东西之间的人②，媒介更是一种文化生产的手段以及社会实践。

媒介影响社会进步，人类特定的历史时段可以依据特定技术的兴起来进行分类，每个时段都有一种重要的媒介界定社会的本质，对应于该时段的主要交流模式。印刷术的出现使信息传播不再受制于手抄写的低效率，促使文艺复兴的发生，并推动了知识的传播和共享；电报和电话的出现缩短了信息传递的时间，改变了人们的沟通方式，拉近了彼此的距离；广播和电视的普及使信息具有更加直观和影响力，成为塑造公共意识和文化认同的重要工具；而互联网和数字媒体的崛起，更是在全球范围内构建了一个高度互联的信息网络，改变了人们获取信息的途径、参与社交的方式，形成了全新的虚拟社交和文化空间。从印刷术的推广到数字媒体的普及，媒介技术的本质就是帮助人们打破既有的时空局限和身体条件限制，扩展“人体延伸”自由度③。

人类社会从未间断地发明媒介，使用媒介并重新定义媒介。媒介的发展史是一个不断变迁和演进的过程，从大众媒介到社交媒介，再到智能媒介，每个发展阶段都有其独特的传播方式和传播特征；每一次历史性跨越，无不反映出媒介背后科学技术变革的推进和人类社会需求的变化。从以纸媒到 PC 互联网、移动互联网以及社会化媒体传播，人类媒介信息传播的效率、广度随着技术的突破达到无时不有、无处不在的泛在状态，而以大数据、人工智能、区块链为代表的智能技术正在驱使人类媒介传播开启新一轮的智能变革，进入智能传播时代。

回顾媒介发展历史，在大众传媒诞生以前，人类经过了以口语和手抄文字为主的漫长时代。15 世纪以来，特别是 19、20 世纪大众传播的迅猛

---

① 尼葛洛庞帝. 数字化生存 [M]. 胡泳，等译. 海口：海南出版社，1997：11-20.

② 凯拉. 媒介与社会：权力、平台和参与 [M]. 任孟山，陈文沁，译. 北京：中国传媒大学出版社，2023：13.

③ 黄显. 技术变迁下的媒介中介与人的媒介化生存 [J]. 青年记者，2023 (20)：13-17.

发展对人类社会变革起到核心作用①。大众传播“是对以大规模的方式运作，在或多或少的程度上能接触并影响社会中的每一个人的传播方式的简称”，“在一个整合协调的现代社会，经常会存在一个庞大的、通常是依靠大众传播的公共传播网络”②。这个具有广泛的覆盖范围和深远的社会影响力的大众传播网络，主要媒介形态包括报纸、广播电视和初代互联网络等。

报纸是以刊载新闻和评论为主的公开发行的定期印刷出版物，一般以散页形式连续出版。报纸是最早出现的新闻媒介，也是人类最早的大众传播媒介。以1933年美国《纽约太阳报》的创办为标志，报纸从政党报刊时期走向大众媒介时代③，对社会发展产生广泛影响。报纸传播的特征在于其时效性相对较弱，排版、印刷或发行都需要一定的时间，但对信息的保存性较强，具有精英主导色彩。报纸是视觉媒介，通过印刷在平面纸张上的文字、图片、版面设计等符号传递信息，以理性为原则，对人们的思想观念、文化传承影响深刻。

广播在大众传媒发展史当中位居第二位，也是最初的电子媒介形式。从广义来看，广播是指通过无线电波或导线向广大地区或者区域传送声音、音像的大众传播方式；狭义的广播则是指声音广播④。广播最早出现在19世纪末20世纪初，1896年马可尼首次完成无线电发送实验，标志着广播技术走向现实。在20世纪初期，世界上第一座广播电台——美国匹兹堡KDKA电台正式面向大众开始播音。广播媒介具有较强的渗透性，与报刊相比，广播的时效性较强还具有较强的感染力、亲和性和情感色彩，听众不仅可以浸入收听氛围，还可以与主持人进行互动和交流。

电视是高度大众化的媒介，擅长传递语言与非语言符号，是视听合一的媒介，这是它与报刊和广播的本质区别。在媒介环境学派学者保罗·莱文森（Paul Levinson）眼中，电视在媒介史上地位突出，是大众化速度最快、程度最高的媒介⑤，对人类历史发展产生深远影响。电视媒介具有很

① 郭庆光. 传播学教程［M］. 北京：中国人民大学出版社，2011：14.

② 麦奎尔. 麦奎尔大众传播理论［M］. 崔保国，李琨，译. 北京：清华大学出版社，2006：42-61.

③ 郭庆光. 传播学教程［M］. 北京：中国人民大学出版社，2011：104.

④ 欧阳宏生. 广播电视概论［M］. 3版. 北京：中国广播出版社，2007：1.

⑤ 崔林. 媒介的变迁：从印刷术到互联网［M］. 北京：中国传媒大学出版社，2020：191.

强的家庭聚集特性，有强烈的时空拟态特征，传播效率高，但缺陷是电视传播的单向与不可逆性。

20世纪末，伴随着信息技术革命的发展，互联网加入了大众媒介的行列，大众传播随之走向了互联网传播时代。互联网起源于1969年美国国防部建立的“阿帕网”（ARPANET），后逐渐发展为大众化、民用化的互联网①。互联网传播具有强大的传播手段的整合性，网络整合了所有传播方式，集成为一种高阶多维媒介，既有文字、图片，又有音频和视频，高度融合。互联网打破传统意义上的领地界限，实现全球传播，充分达到了高覆盖性。网络使得信息传播再没有时间、空间的限制。这些新媒体特征都标识着大众传播的革命性变迁，势必对人类社会产生深远影响。

大众传媒在几个世纪内主导了人类社会的信息沟通，并将继续在新媒体时代发挥作用。对于风险沟通而言，大众传媒不仅仅是信息的传递者，更是社会认知的塑造者，对于引导公众关注、理解和参与环境发展事业具有举足轻重的作用。基于大众传媒系统的有效的环境传播和良好的风险沟通对于一个社会至关重要。本章深入探讨大众传媒在环境风险沟通中的关键作用，解析大众传媒系统如何推动社会对环境风险问题的认知与响应。

第一节　环境风险沟通中的传媒角色

角色是指与人们的某种社会地位、身份相一致的一整套权利、义务的规范和行为模式，是人们对具有特定身份的行为期望②。媒介在环境风险沟通中的角色即指媒介以何种身份参与环境风险沟通行动，以及应遵守的行为规范和模式。

媒介角色一般来说分为主体性的媒介角色和非主体性的媒介角色。主体性媒介角色以积极主动的行动者角色参与到环境风险沟通互动中去，根据环境风险类别和面向对象差异施以不同的媒介决策以达成传播效果。非主体性的媒介角色更像一种传播渠道，作为环境风险事件中行动者的一种工具或资源而出现或者被竞争。通常情况下，学者对与人结合的媒介角色

① 郭庆光. 传播学教程［M］. 北京：中国人民大学出版社，2011：106.

② 戴元光，尤游. 媒介角色研究的社会学分析［J］. 上海大学学报（社会科学版），2007（6）：63.

的研究视角往往更具主体性，而对宏观系统面向下的媒介角色进行研究则更倾向于对其功能的探讨。在将媒介作为环境行动主体来分析方面，学者曾繁旭进行了较为系统的研究。他指出了中国媒体与环境 NGO 潜在的互动逻辑——双方互为利用、组织结构重叠交错①。在针对媒体在官方、民间两个舆论场之间进行框架整合行为的研究中，他提出媒介"调停者"的角色定位②，认为在风险社会语境下，媒体应充分掌握风险知识，批判性地选择、陈述及传播公共信息以协助民众全面认知风险、参与风险决策③。对比西方新闻专业主义中媒介中立客观的角色，曾繁旭提出中国媒体的特色：环境行动的讲述者、互动平台的搭建者以及话语的提供者④。

当今，社交网络与新媒体的出现已成为环境风险传播最大的媒介变量。曾繁旭指出新媒体工具的出现对风险沟通造成新的挑战⑤。他认为社会化媒体一方面能够赋权给民众，通过对民间信源的偏向和科学话语日常化等手段，实现对民众风险感知逻辑的吸纳⑥；另一方面能与传统媒体联动，通过"拓展了的媒介生态体系"为环境风险抗争提供"政治机会"⑦。在关于政务新媒体的环境传播研究中，他发现中央媒体和地方媒体已然形成了不同的议题传播风格，互相配合和补充，它们借助新媒体的力量在环境风险传播问题上形成超越"委托-代理"结构的新型倡导渠道⑧。这项研究对探索新媒介的角色有较大启发作用，对不同媒介在当前的环境风险沟

---

① 曾繁旭. 环保 NGO 的议题建构与公共表达：以自然之友建构"保护藏羚羊"议题为个案 [J]. 国际新闻界，2007 (10)：17.

② 曾繁旭. 传统媒体作为调停者：框架整合与政策回应 [J]. 新闻与传播研究，2013，20 (1)：37-50.

③ 曾繁旭，王宇琦. 风险社会语境与媒体"再专业化" [J]. 青年记者，2015 (1)：22.

④ 曾繁旭. 环境抗争的扩散效应：以邻避运动为例 [J]. 西北师大学报（社会科学版），2015，52 (3)：113.

⑤ 曾繁旭，王宇琦. 新媒体时代的环境风险、环境事件和参与式沟通 [J]. 世界环境，2014 (1)：19-20.

⑥ 王宇琦，曾繁旭. 谣言澄清与民众赋权：社会化媒体在风险沟通中的角色担当 [J]. 当代传播，2015 (2)：17.

⑦ 曾繁旭，戴佳，王宇琦. 媒介运用与环境抗争的政治机会：以反核事件为例 [J]. 中国地质大学学报（社会科学版），2014，14 (4)：118.

⑧ 季诚浩，戴佳，曾繁旭. 环境倡导的差异：垃圾分类政策的政务微信传播策略分化研究 [J]. 新闻大学，2020 (11)：107-108.

通场域中“已经扮演的角色”和“还应该扮演什么角色”两方面都做出了相对全面的说明，但还未能及时关注新媒介技术平台的日新月异，有待后续研究进一步拓展。

其他研究者则从角色扮演失衡、角色自我认知和环境风险类别等角度进行了补充。贾广惠就新闻生产流程指出，中国环境报道存在被动报道、利益裹挟、报道不连续以及缺乏人才等问题①；陶贤都、李艳林则通过话语分析认为媒体在土壤污染议题上未能平衡各方话语，使公众和环保NGO缺少话语权②；学者高卫华、周乾宪进一步指出，在情感上媒体的环境议题报道偏于中性、倾向公权力，而网民的环境话语则多负面、倾向个人主义③。路鹏程等从媒体人的自我认知出发，通过实证研究发现中国环境新闻记者职业认知程度最高的是解释者，而后依次是传播者、动员者和异议者④。

环境风险类别一般可分为冲突型环境风险和常态型环境风险。由于冲突型环境风险向环境事件或社会冲突事件转化的可能性较大，有学者认为媒体自然会对其投入更多关注，媒体在其中扮演的角色也更为能动，不仅会报道事件，还会进行科学普及甚至投身其中等⑤。但冲突型环境风险事件中媒体采取的一般报道范式容易使环境风险讨论本身淹没在事件过程之中⑥。

关于媒体在环境风险传播系统中的功能，吉登斯曾做出论述，他认为大众传媒是专家知识的“近用”点之一，但传媒并非真正的专家系统成员。随着风险社会、风险认知理论与传播学的不断对接，大众传媒常被界

---

① 贾广惠. 中国环境新闻传播30年：回顾与展望［J］. 中州学刊，2014（6）：170-171.

② 陶贤都，李艳林. 环境传播中的话语表征：基于报纸对土壤污染报道的分析［J］. 吉首大学学报（社会科学版），2015，36（5）：110-114.

③ 高卫华，周乾宪. 中国环境议题建构及议程互动关系分析：以“PM2.5”议题为例［J］. 当代传播，2014（1）：50.

④ 路鹏程，王积龙，黄康妮. 徘徊在传播和动员之间：中国环境新闻记者职业角色认知的实证研究［J］. 新闻记者，2020（2）：89.

⑤ 王庆. 环境风险的媒介建构与受众风险感知［M］. 北京：中国传媒大学出版社，2016：28-32.

⑥ 黄月琴. 反石化运动的话语政治：2007—2009年国内系列反PX事件的媒介建构［D］. 武汉：武汉大学，2010：94-98.

定为“准专家机制”，其重要性逐渐显现[①]。韩韶君引用约翰·汉尼根（John Hannigan）的环境社会学理论，根据媒介在集成主张、表达主张和竞争主张三个议题建构阶段中的作用，把媒体角色分为“风险警示者”“风险传播者”“风险监督者”，分别发挥着风险预警、风险沟通与风险批评等功能[②]。郭小平则在环境预警、风险沟通、舆论监督的基础功能上增加生态教育的功能，并列举了实现生态教育功能的四种途径[③]。可以看出，学术界关于传媒角色功能的讨论多数是传统媒介功能论在环境风险传播议题上的延伸。

学者西蒙·科特尔（Simon Cottle）突破传统媒介功能范畴，从风险本身出发，把贝克在风险社会中关于媒介角色的论述整理为“媒体是风险的社会建构场域、媒体是风险定义的社会竞争场域以及媒体是风险及风险社会的批判领域”[④]。黄浩荣也认为单一的系统功能分析忽视了大众媒体作为政治社会与公民社会之间的双向沟通角色，他将风险社会的媒体角色梳理为风险再现、风险定义、风险监督、风险知识导管、风险沟通以及风险公私切换几个方面，其中风险知识导管的角色既展示了媒介塑造公众风险认知的主动性，也指出媒介是公众行动的主要指南。学者李艳红回顾了贝克的风险社会理论，认为媒介在生态观念的启蒙、培育等基础功能之上延伸至社会理性的培育，赋予媒介实现风险正义的可能，她使用“制度理

---

① 郑和顺. 创建“世界风险社会”背景下环境传播的公共新闻模式［D/OL］. 重庆：重庆大学，2011：12［2024-01-31］. https://kns.cnki.net/kcms2/article/abstract?v=32-8vZI681LGzA8RiUnbKHQYEjLfpLCQUsqqbaq2zr7MdOwe5A17QFJ94pF2pAlyIqmrbtZX4VBvfvUCIY9ErYgG8qa7OjRDD2Xw-J2RhMJqexlMQoODPzQkXgxFZxoBwPikANBeAegez8ZML0OZMudqkar9BatpleeEfFkMHr6Roa0CleP-OeL1WAopNrn8&uniplatform=NZKPT&language=CHS.

② 韩韶君. 雾霾风险议题的主流媒体建构：以《河北日报》为中心［D/OL］. 保定：河北大学，2018：165，168［2024-01-31］. https://kns.cnki.net/kcms2/article/abstract?v=32-8vZI681JDOxKJPj5GE8nGkdVpKdlaxsugZkmnO3Qvs8Rd1WR0lkXNR8q-wiEIYwkxjh06AWPja5qXtm8LAE5p3rpi6NVFeGJcrsfBOPgbXYepwGpdqOHuEuRDU_W3sNHBkNcdFodp3qwvjCfJt0l-FLWiF_lMS1OdWQB4P5L_jj1Db2q-Up0YofeVWK7UdNFZvewqS9g=&uniplatform=NZKPT&language=CHS.

③ 郭小平. 论“风险社会”环境传播的媒体功能［J］. 决策与信息，2018（7）：62-63.

④ COTTLE S，BECK U. “Risk society” and the media：a catastrophic view?［J］. European journal of communication，2001，13（5）：7.

性”概念来表达国内媒介依托体制超越西方媒介风险角色的可能①。郑恩等人则从整体主义理念出发，构建了包含政府部门、跨国机构、公众参与网络、企业组织和大众媒介等部分的共治模型，要求媒介担负起建构社会主导意识和普遍共识的社会角色，以推动媒介善治，达成基于“正义”和“共识”的主动型生态方式②。共识的建立，在我国环境治理体系中尤为重要，环保工作必须纳入社会公众的广泛参与，同时，官民在环境观念上的共识也是环境治理制度政策持续获得合法性的内在前提③。

风险社会学认为，风险并不是一个客观存在的、可被精确测量的事物，而是被建构的。正如贝克所说：“全球风险社会的核心涵义取决于大众媒体，取决于政策决策，取决于官僚机构，而未必取决于事故和灾难所发生的地点。”④ 大众媒体是风险的社会建构场域、风险定义的社会竞争场域与风险社会的批评场域⑤。有学者从媒介的基本职能出发，将媒体在风险沟通中的角色定位为风险预警、风险传播、风险批评，认为媒体是人们感知危险的渠道，因此媒体的风险预警极其重要。媒体要对政府、企业等风险主体，对专家、专业机构的风险决策、定义、论述过程进行监督，对环境风险事件进行监督报道，以满足受众的知情权。媒体对环境风险信息的传递是发挥其风险沟通功能的体现⑥。曾繁旭则是使用“调停人”一词概括媒体在公民与政府之间的桥梁作用，提出媒体能够通过对框架的过滤、改造、凸显和淡化等方式促成政府和民众话语框架的互动与整合⑦。

---

① 李艳红. 以社会理性消解科技理性：大众传媒如何建构环境风险话语［J］. 新闻与传播研究，2012，19（3）：31.

② 郑恩，徐雅兰. 媒介善治：公共危机治理的新模式［J］. 新闻界，2012（7）：67.

③ 刘琳琳，黄河. 新中国成立以来政府环境治理话语的演变与发展［J］. 国际新闻界，2022，44（2）：74.

④ 贝克，王武龙.“9·11”事件后的全球风险社会［J］. 马克思主义与现实，2004（2）：72.

⑤ BECK U. “Risk Society” and the media：a catastrophic view［J］. European journal of communication，1998，13（1）：5-32.

⑥ 韩韶君. 环境传播中的媒体角色定位与功能发挥：基于环境问题社会建构理论［J］. 中国出版，2018（6）：44-45.

⑦ 曾繁旭. 媒体作为调停人：公民行动与公共协商［M］. 上海：上海三联书店，2015：164.

可以说，大众传媒承担着将无形的、不确定风险具象化的作用①。在这一过程中，媒介对风险的呈现与建构又有可能引发新的风险。媒体作为受众风险信息获取的重要渠道，对形塑受众的风险感知起着重要的作用。媒体如何对风险信息进行加工处理、如何传递风险信息，都会起到“放大”或“淡化”风险的作用。事实上，媒体在风险沟通中的立场性、倾向性不可避免。风险沟通是一场全社会范围、多主体的竞争博弈，媒体的立场将会决定其话语的指向，在这种情况下，媒体的公众立场难以保证，也就难以保证媒介在风险传播中的客观与正义②。因此，众多学者都将大众传媒视为“社会风险放大”的重要因素。

作为风险沟通者，媒体应该成为政府、专家、企业与公众等风险沟通主体之间的沟通桥梁，以自己为媒介达成多向沟通，从而及时准确地使公众感知风险、参与风险决策、缓解或降低风险伤害③。PX 议题作为一个极其敏感、极具争议的风险议题，大众媒体在其中的角色也就更为重要。作为风险沟通者，大众媒体更多情况下是在政府-公众的风险沟通失败时才会显现其作用，一方面是媒体对于新闻性的追逐本能，另一方面是媒体作为公共话语空间的责任与功能。但受到大众媒体本身商业性和微宏观权力控制等因素的影响，大众媒体对 PX 议题的报道与塑造必然是不全面的。社会期待大众媒体作为公众、政府之间的沟通桥梁，达成风险沟通，但由于 PX 议题时常伴随着公众与政府的对峙，媒体如何在官民对峙中寻找报道空间与角度一定程度上体现了媒体作为风险沟通者的角色作用。

总之，传媒在环境风险沟通中扮演的角色丰富而重要，功能也在逐步扩展。但传媒自身作为风险社会的一部分，在与多方互动中也参与了社会风险的形塑，同时也形成新的风险挑战。对此，需要保持对传媒角色和报道理性的规范性反思。

---

① 欧阳薇. 国外风险沟通研究概述 [J]. 东南传播，2009 (8)：89.

② 张燕，陈宝峰. 风险社会公众媒介素养的内涵与养成 [J]. 现代传播（中国传媒大学学报），2011 (8)：149.

③ 岳璐，方世荣. 风险再现与媒介正义：以《南方周末》空气污染报道为例 [J]. 湖南师范大学社会科学学报，2016，45 (5)：138.

第二节　大众传媒的利益综合与协调机制

随着我国社会经济的飞速发展，作为现代性后果之一的环境风险问题日益凸显，并成为新的社会矛盾和冲突的生长点。环境风险治理具有紧迫性和优先性，由于关系到基本生存利益，公众对于环境问题的容忍度较低，一旦环境权益受损引发社会不满和怨愤，易促使环境事件的发生，从而对社会正常秩序构成冲击和挑战。许多学者指出，解决环境风险问题迫切需要改善公共决策模式，促进风险的政治沟通，达成风险“善治”①，以减少社会冲突②。

风险善治依赖于理性的风险传播和有效的政治沟通。大众传媒科学、充分而公正的风险传播，引导理性的公共讨论，是实现风险善治和风险沟通的基础。同时，公众的媒介参与是促成风险沟通的推动力量。良好的风险决策需要媒体在政府、企业、专家和社会公众之间起到利益综合和协调机制的作用，促进问题解决和利益平衡。众多环境事件表明，缺乏媒体的风险监察、公众的利益表达以及政府有效的信息回馈是导致我国环境冲突频发的主要原因。反过来，当传媒、公众与政府能够积极面对风险，展开社会对话和互动，就会增进风险的双向沟通，达成社会共识，纠正不良的风险决策。传媒对环境风险的利益综合和协调过程其实就是媒体推动的政治沟通过程。

在任何现代社会中，大众传媒都是重要的信息沟通机制。狭义上的政治沟通研究就等同于媒介沟通研究，它主要关注传媒如何影响政治过程，如何影响政府和公众。政治沟通即政治信息的流通，只有依靠政治信息的流通，政治系统内部各组成要素之间才能相互联系，政治系统与其环境才能发生互动，才能保障政府决策的公共性和合法性。因此，媒体的政治沟通在政治系统中的作用恰如血液流通于生命机体。

环境风险沟通的制度建设也体现在媒体的公共新闻学转向上。郭小平

① 根据政治学者俞可平定义，“善治”是使公共利益最大化的社会管理过程。其本质特征是政府和公民对公共生活的合作管理，其基本要素有法治、透明化、效率、参与、稳定等。

② 贝克. 风险社会［M］. 何博闻，译. 南京：译林出版社，2004：1-12；俞可平. 增量民主与善治［M］. 北京：社会科学文献出版社，2005：94-98.

认为风险沟通秉承了"公共新闻"的理念，并将"公共新闻学"作为风险社会沟通的底层逻辑，以建构社会对于不同风险争议的容纳力①。公共新闻是在美国兴起并延续至今的一种新闻思潮，强调媒介议程的公众参与以及社会问题的解决。但由于与"客观公正""保持中立"的传统价值相背离，公共新闻学一直处于争议中。随着新媒介技术的出现，学者蔡雯指出，公共新闻已经由媒体发动公众讨论并寻求公共问题解决方案进入公众自主发表观点形成舆论的新阶段，"公共新闻"与"参与式新闻"有融合成"公共与参与式新闻"的趋势②。这与环境风险传播实践的转变正相吻合，公众不仅能够利用新媒体工具设置风险议题，也掌握了写故事、诉诸情感的传播策略。大众媒体不再是行动者必须依附的媒介，公众成为风险论说场域独立的行动单位。环境风险传播的公共新闻学取向意味着强调传媒的介入和关心社会正义的责任，这与媒体的生态教育功能和社会政治功能相重合。大众媒体在面向公众性时，不仅面对现在的公众，也在造就未来的公众。

作为认知、情感和行为等层面复杂互动的综合体，信任在某种程度上被认为是嵌入在社会结构和社会制度中的一种功能化的社会机制。社会信任的重要组成部分是媒体信任，是一个人对社会系统中的媒体机构所抱有的可胜任的预期③。因此媒体信任在环境风险沟通中十分重要，将直接影响到环境风险运作的成本以及沟通互动的结果。戴佳等人通过对核风险事件的深度访谈确定政府与专家公信力的缺失是导致沟通败局的根本原因，在核恐慌阴影下的风险传播必须基于社会信任的成功建立④。在这样的风险沟通败局中，媒体显然未能充分发挥利益综合和协调的政治沟通功能。

社会信任易被摧毁却难重建。斯洛维奇通过经验研究分析验证了信任所具有的"不对称法则"，具体包括四个方面：消极的事件摧毁信任较之

---

① 郭小平. 风险传播的"公共新闻学"取向［J］. 兰州学刊，2008（8）：178-180.

② 蔡雯. 美国"公共新闻"的历史与现状（下）：对美国"公共新闻"的实地观察与分析［J］. 国际新闻界，2005（1）：5.

③ KASPERSON R E，GOLDING D，TULER S. Social distrust as a factor in siting hazardous facilities and communicating risks［J］. Journal of Social Issues，2010，48（4）：161-187.

④ 戴佳，曾繁旭，黄硕. 核恐慌阴影下的风险传播：基于信任建设视角的分析［J］. 新闻记者，2015（4）：54-61.

积极的事件建立信任更为引人注目；事件引起人们的注意后，消极事件较之积极事件带有更大的权重；人类心理总认为坏消息的消息源头比好消息的源头来得可靠；不信任一旦出现就会不断得到加强并维持不变①。这四个方面都与媒体中介机制与新闻组织常规相关。曾繁旭总结了两条在信任缺失的语境下进行风险沟通的代表性路径：第一条路径是，在信任缺失的情况下，技术风险评估会更加助长公众的不信任，为此，首先必须重建信任，其次才能在此基础上进行风险沟通；第二条路径认为，在现阶段化解社会不信任是不现实的，与其一味地追求社会信任的建立，不如为此制定出适应信任缺失语境的风险沟通策略，比如不信任沟通的关键在于权力的分享②。通过勾勒现实世界公众参与环境风险传播的图景，龚文娟发现不同的公众参与对各系统的信任并不具有一致性作用，不同主体要想提高公众信任，需要鼓励更有针对性的参与方式，并提高公众实质参与程度③。

综上所述，环境风险沟通研究目前还没有独立的学术研究资源，理论上倾向于使用风险研究中的风险社会框架，并且常出现跨学科的分析引用。但总体上仍关注媒体在环境风险传播实践中扮演的角色以及不同主体之间信息互动系统。不过这些研究对媒体的关注程度仍有不足，也缺少对中国体制语境下大众传媒运作的充分了解。作为社会体制的一部分，我国传媒系统是党和政府工作的延伸。作为信息和舆论机关，传媒既是一种公众利益表达机制，也是一种利益综合机制，目的是上传下达，使政治信息能够双向沟通。

公众利益表达是公众（组织或个人）向政治系统提出利益要求的过程，而利益综合就是把各种公众利益要求转变为政策的过程④。在民主社会，利益表达与综合主要依靠政党、利益集团、精英人物和政治活动家进行，他们将分散的意见综合成政治建议和要求，克服狭隘的个体性和地方性的特性，将具体意见和要求上升为普遍意见和要求，向决策者传递。而

---

① 斯洛维奇．感知的风险：信任与民主［M］．赵延东，林垚，冯欣，译．北京：北京出版社，2007．

② 曾繁旭，戴佳，王宇琦．风险行业的公众沟通与信任建设：以中广核为例［J］．中国地质大学学报（社会科学版），2015，15（1）：68-77．

③ 龚文娟．环境风险沟通中的公众参与和系统信任［J］．社会学研究，2016，31（3）：47-74．

④ 阿尔蒙德，鲍威尔．比较政治学：体系、过程和政策［M］．曹沛霖，郑世平，公婷，等译．上海：上海译文出版社，1987：199-233．

如果缺乏这样的制度安排和体制性渠道，特别是当社会的自我组织化程度较弱时，就会出现公众利益“表达无门”“表达无效”和利益综合缺乏的局面，公众意见要成功地转换为公共政策将十分困难。在这种背景下，社会将更加依赖大众媒介这一补充性的组织渠道甚至是社交平台渠道作为利益表达和利益综合机制。在我国，大众传媒的报道对于公众利益表达往往有赋权培力的功效，如果公众的利益表达行为得到媒介的报道，往往就会增加利益博弈的社会资本（包括制度性资本和非制度性资本），获取象征性资源并转化为有效的维权武器①。而传媒对某些社会问题的报道引起政府部门及领导人的重视，就有机会成为政府的决策依据，这体现出大众媒体的利益综合和协调功能。在我国，传媒的这种综合和协调功能存在自上而下和自下而上两条不同路径的运作，或者以横向的“舆论监督”“批评性报道”的形式出现。

第三节 议程设置：传媒对风险沟通过程的影响

大众传媒在风险沟通与决策中扮演着关键的角色，推动着风险沟通的政治过程。在这一过程中，大众传媒的介入可以促使政府和社会公众共同关注风险议题，并持续收集信息供公众讨论，为政府的风险决策提供全面的依据。从学理上表达，大众传媒影响风险沟通过程的关系机制就集中体现在议程设置功能上面。

议程设置理论（agenda setting）是由美国传播学家马克斯韦尔·麦库姆斯（Maxwell McCombs）和唐纳德·肖（Donald Shaw）提出的传播学研究的经典理论。该理论最早可追溯至美国政论家沃尔特·李普曼（Walter Lippmann）在其著作《舆论学》中所阐述的相关观点。李普曼指出，公众对外部世界的认知大多来源于大众媒介的报道②。这一观点说明了大众媒体拥有为公众设置议程的功能，为日后这一理论的提出奠定了基础。

1968年，麦库姆斯和肖在美国总统选举前夕进行了一项调查研究，得

---

① 夏倩芳，袁光锋，陈科. 制度性资本、非制度性资本与社会冲突性议题的传播：以国内四起环境维权事件为案例 [J]. 传播与社会学刊，2012 (22)：21-66.

② 李普曼. 舆论学 [M]. 林珊，译. 北京：华夏出版社，1989：1.

出“选民关注的议题与媒介呈现的议题具有高度的一致性”① 的结论，议程设置理论首次得到论证。1972 年，他们在《舆论季刊》上发表了论文《大众媒体的议程设置功能》，标志着这一理论框架的正式形成。议程设置理论可以分为传统议程设置、属性议程设置、网络议程设置三个层面。传统议程设置理论侧重探究公众“想什么”，关注媒介议程对公众议程的影响。1997 年，麦库姆斯与肖提出了属性议程设置。该理论侧重探讨公众“怎么想”，认为大众媒介影响公众对议题属性的判断。进入互联网时代以来，传媒生态环境发生了极大变化。在此背景下，麦库姆斯和郭蕾提出了网络议程设置。该理论指出当下影响公众认知的不再是单一议题，而是一系列相互关联的议题网络。媒介通过引导公众整合这些信息碎片，塑造了他们对现实世界的整体认知②。

对于大众传媒而言，议程设置理论指出其重要性在于它们具有建构社会议题重要性的排列秩序，为政府和公众设置应关注的议事日程的功能③。媒体对环境风险议题的设置，增强了风险社会的“社会能见度”④。作为连接社会的通道，传媒在风险决策过程中扮演的角色是协助决策机构与公众确定应对何种问题制定政策，并为政策提供解释性的支持。这就是大众传媒对于风险沟通和决策的“预置”功能⑤。大众媒体设定政策议程是媒体、公众和权力精英之间的互动过程，媒体通过报道引发公众的关注，继而引起权力精英的关注，从而创造设置某个政策议程的机会。如果公众向政府施加压力或者提出要求，通过媒体的报道达到一定的舆论阈值，就会促使决策者进行表态或者提出解决办法。因此传媒能够通过议程的设置或持续参与，在一定程度上影响政府决策过程，甚至在某些重大政策的形成过程中发挥不可替代的作用。但是，这个过程中的媒介、公众与权力精英的互

---

① MCCOMBS M，SHAW D L. The agenda-setting function of Mass media [J]. Public opinion quarterly，1972，36（2）：176-187.

② GUO L，MCCOMBS M. Toward the third level of agenda setting theory：a network agenda setting model [EB/OL].（2011-08-10）[2024-12-10]. http://www.leiguo.net/publications/guo_nas_2011_aejmc.pdf.

③ 麦库姆斯. 议程设置：大众媒介与舆论 [M]. 郭镇之，徐培喜，译. 北京：北京大学出版社，2008：170-181.

④ 郭小平. “怒江事件”中的风险传播与决策民主 [J]. 国际新闻界，2007（2）：26-29.

⑤ 谢岳. 当代中国政治沟通 [M]. 上海：上海人民出版社，2010：145-150.

动往往存在不均衡的问题，媒体独立影响政策议程的能力有限，而权力精英的回应是最关键的一个环节。

在媒体议程建构与呈现上，国内相关研究主要聚焦于雾霾等具体案例，运用内容分析法深入剖析并解构媒体报道内容，其研究路径具体涵盖以下三个方面。一是研究西方媒体关于中国环境风险的议题呈现。郭小平指出《纽约时报》通过新闻报道的强化与弱化、话语置换与议题转移等叙事策略建构了中国的负面环境形象①。徐琴媛、于月以法国媒体对华雾霾报道为例，指出西方媒体在报道中国事件的议题设置上，负面见解、以偏概全的倾向十分鲜明②。二是比较不同层级、属性、区域媒体的议题呈现。郭小平对比分析了中央级媒体与地方媒体、省级媒体与市级媒体，因媒体层级和议题的利益相关性不同所呈现的报道框架差异③。黄月琴指出遮蔽风险的媒介与揭露风险的媒介处于不同的权力结构关系当中，主要体现为地域管理差异和科层地位差异④。三是分析传统媒体与新媒体的差异化议题呈现。随着新媒体的蓬勃发展，环境风险的传播模式从单向传递进一步演进为互动交流，民间舆论场与主流舆论场之间的张力持续加剧。黄河、刘琳琳基于传统媒体与新媒体的比较分析，对传统媒体有关环境风险的议题建构做出了批判性反思⑤。

大众媒介对风险议程的传播也是政治参与的一种扩展方式，影响风险的政治沟通。政治参与是指公众介入政治过程，影响政府行动的意向或实际效果的行为。公众在政治参与时，希望自己的利益、意见和要求能够传递给政府，被政府和决策者感知，并对政策施加影响。公众广泛的政治参与是政治沟通的基础。一般的政治参与方式包括投票选举、参加政治组织或社团活动以及参加相关会议等，而在此之外，在媒介论坛上发言，协商

---

① 郭小平. 西方媒体对中国的环境形象建构：以《纽约时报》“气候变化”风险报道（2000—2009）为例［J］. 新闻与传播研究，2010，18（4）：18-30.

② 徐琴媛，于月. 法国媒体对华报道解析：以法国报刊关于雾霾报道为例［J］. 现代传播（中国传媒大学学报），2013，35（10）：140-141.

③ 郭小平. 城市废弃物处置的风险报道：环境议题分化与“环境正义”的诉求［J］. 中国地质大学学报（社会科学版），2011，11（1）：64-69.

④ 黄月琴. 风险传播、政治沟通与公共决策的变迁：对两个石化项目迁址案例的分析［J］. 当代传播，2011（6）：16-20.

⑤ 黄河，刘琳琳. 环境议题的传播现状与优化路径：基于传统媒体和新媒体的比较分析［J］. 国际新闻界，2014，36（1）：90-102.

和讨论公共事务也是政治参与的重要补充和扩展形式。近年来，有学者将公民之间的日常政治谈话与协商概念化为“话语参与”，作为政治参与的有机组成部分。特别是以新媒体环境下的“网络话语参与”受到研究者的重视，被视为新技术条件下扩展政治参与方式的一种重要方式①。

环境风险议题因其具有潜在的公共属性，容易受到社会关注，媒体可以通过对环境风险议题的设置和持续性传播发挥巨大作用。作为社会的代言者，传媒对环境话题的书写引发现实的社会反应，这一媒介书写不只对公众的环境认知产生影响，对于风险话语权力结构的建构与重塑也有深远作用。学者刘涛对此阐述道：“就实用主义维度而言，环境传播旨在探索种种涉及环境议题和公共辩论的信息封装、传递、接受与反馈；就建构主义维度而言，环境传播强调借助特定的叙述、话语和修辞等表达方式，进一步表征或者建构环境问题背后所涉及到的政治命题、文化命题和哲学命题。”② 不论是实用主义还是建构主义，传媒的环境风险传播都深深根植于现实政治社会情境，并嵌入风险沟通过程的各个方面，发挥着不可替代的社会整合作用。

---

① 周葆华．突发公共事件中的媒体接触、公众参与与政治效能：以厦门 PX 事件为例的经验研究［J］．开放时代，2011（5）：123-140.

② 刘涛．环境传播的九大研究领域（1938—2007）：话语、权力与政治的解读视角［J］．新闻大学，2009（4）：97-104.

第三章　社交媒介与环境风险传播

第一节　社交媒介兴起与传播革新

2007 年，学者安东尼·梅菲尔德（Anthony Mayfield）在《什么是社交媒介》一书中最早提出“社交媒介（social media）”的概念，是指一种给予用户极大参与空间，具有公开、交流、对话、社区化与连通性的新型在线媒体[①]。国内对“social media”的翻译有“社会化媒体”“社交媒介”之别，前者突出该传播现象的社会目的性，后者强调传播技术的工具创新性，当要强调媒介的实体时，又称之为“社交媒体”。现有研究更多采用“社交媒介”的概念，从学术层面上将其界定为在 Web 2.0 理念和技术的基础上，用户进行内容生产和信息交换的一类互联网媒体[②]。

从大众媒介到社交媒介时代，在媒介演进的过程中，首先是在技术层面上产生了较大的变化，社交媒体的产生依赖于 web 2.0 技术的发展，社交媒体传播的底层技术具有工具性与社交性融合的双重属性，并且社交属性更加突出。其次，相较于大众媒介传播，社交媒介中信息传播的主体边界进行了拓展，传播主体同时具备传者与受者的双重身份。原先的个体从信息接收者成为重要的信息生产者，既有的信息生产者或选择者也因为反馈机制而转变为信息接收者。社交媒体是建立在互联网技术，特别 Web 2.0 的基础之上的互动社区，它的显著特点是赋予每个人创造并传播内容的能力，是一种通过无处不在的交流进行社会交往的方式。它不仅能够满足网民个人基础资料存放的需求，更重要的是能够满足用户“被人发现”和“受到崇拜”的心理感受需求，能够满足用户“关系建立”和“发挥影

① MAYFIELD A. What is social media [EB/OL]. (2008-08-01)[2024-12-21]. http://crmxchange.com/uploadedFiles/White_Papers/PDF/What_is_Social_Media_iCrossing_ebook.pdf.

② 曹博林. 社交媒体：概念、发展历程、特征与未来：兼谈当下对社交媒体认识的模糊之处 [J]. 湖南广播电视大学学报，2011 (3)：65-69.

响”的需求，即可以把图片、视频、文本和传统内容进行混搭处理并进行互动，建立“联系”（connection）和“生成意义”（meaning）[①]。随着社交媒介时代的来临，其传播实践创新了个人生活的可见性方式和社交互动的在场形式，并确立了人本身作为信息媒介与意义媒介对于世界的主体性地位。

从时间脉络上来看，社交媒介的发展历史可以追溯到20世纪70年代产生的Usenet、ARPANET和BBS系统[②]，甚至与更早的电话电报时代也有渊源。然而直到90年代，随着计算机技术和互联网的发展，社交媒介才逐步进入大众视野。2004年Web 2.0运动兴起，社交媒介开始迅速普及。随之而来的是各种类型的社交媒介平台涌现。2010年代至今，社交媒介平台迎来了爆发式增长，各种新功能和应用层出不穷，如短视频、直播、位置分享等，社交媒介深深渗入人们的日常生活，成为不可或缺的一部分。如今，这种影响已经超越社会系统局部，媒介平台成为整个世界的基础设施架构。

《第52次中国互联网络发展状况统计报告》显示，截至2023年6月，我国网民规模达10.79亿人，互联网普及率达76.4%[③]。各类互联网应用得到持续发展，用户规模正在增长。与大众传媒时代相较，社交媒介的传播特征具有显著不同，甚至出现了革新性差异，主要表现如下。

第一，传播主体多元，平等双向互动。

在大众媒介时代，传统媒体主要进行单向传播，是将信息传递给受众，而受众对这些信息的看法和意见，传者无从得知，也无法充分掌握信息传播的效果。在社交媒介时代，发布者与受众实现了交流和互动，信息发布者可以及时了解受众的反馈，对传播效果也有了更直观的理解和掌握。社交媒体平台将内容生产和社交属性相结合，每个用户都可以是信息的发布者。社交媒体传播本质是利用人际关系网络进行信息传播，人与人之间的联系被激活。传统的传受关系被打破，受众逐渐从被动走向主动，

---

① 曹博林．社交媒体：概念、发展历程、特征与未来：兼谈当下对社交媒体认识的模糊之处［J］．湖南广播电视大学学报，2011（3）：65-69.

② BORDERS B. A brief history of Social Media［EB/OL］.（2012-10-19）［2024-12-21］. http://copybrighter.com/history-of-social-media.

③ 中国互联网络信息中心．第52次中国互联网络发展现状统计报告［R/OL］.（2023-08-28）［2024-02-10］. https://cnnic.cn/n4/2023/0828/c199-10830.html.

在客观上形成与其他个体之间的平等沟通和对话。

第二，传播内容分众，垂直社区重组。

社交媒介倡导个性化传播内容。用户可以根据自己的兴趣选择关注的内容，更可以创作、输出属于自己的个性化内容。无论是科技、时尚、体育、娱乐还是生活等领域，都能在社交平台上找到相应的社区和内容创作者，构建垂直社群，为特定的兴趣群体提供信息和服务。

社交媒介赋予个体表达个人情感的平台。人们可以在社交媒体上宣泄真实的情感，并寻找共鸣。社交媒介还为弱势、边缘群体提供了联结的空间，它不仅能够满足个人获取信息、寻求安全感和归属感的需要，也是个人进行社会参与的平台。

第三，传播关系延展，构建虚实结合的社交网络新形态。

从个人和组织层面上来说，社交媒介扩大了个人社会关系，进而在信息传递、社会动员、社会监督、民意表达等过程中调动网络社会资本实现社会网络的延展。社交媒介也打破信息沟通的物理局限，促进社会参与、增进社会联结进而提升社会成员之间的信任。在社交媒介的中介下，一种虚实结合的社交网络新形态得以构建，并且日益走向数据化和平台化。

现阶段，国内主要社交媒体平台及其特征，可列表如下（表 3-1）。

表 3-1　国内主要社交媒体平台及其特征

社交媒体平台	平台特征
新浪微博	1. 新闻和信息平台属性突出 2. 文字、图片、视频等多媒体的内容呈现方式 3. 公共讨论和政务发布的主要平台 4. 以弱关系为主的社交媒体平台
微信	1. 以强关系为主的社交媒体平台 2. 服务功能突出，设置多种生活类服务功能 3. 受众广泛，是国内公众必不可少的沟通工具 4. 可实行点对点的精准营销
抖音	1. 国内短视频头部平台，提供成熟的短视频创作流程 2. 视频类内容平台，准入门槛相对较低 3. 营销属性突出，是直播带货的重点平台 4. 擅长产出爆款迷因，引发传播巨浪

续表

社交媒体平台	平台特征
哔哩哔哩	1. 以横屏的长视频传播为主要传播方式 2. 用户以年轻人为主 3. 二创视频的集中发布地 4. 亚文化的重阵地
小红书	1. 以图文时尚内容为主 2. 有很强的营销广告属性 3. 被视为引流平台，粉丝群体被扩展到其他平台并变现

社交媒体的平台化促使社会结构形态相应发生了深层改变，进入“媒介化社会（Media society）”。媒介化社会是指全部社会生活、社会事件和社会关系都可以在媒介上展露的社会，它的重要特征是媒介影响力对社会的全方位渗透。

媒介化社会的形成有以下逻辑：第一，媒介技术演化。以媒介融合为特征和趋势的媒介技术持续演化，其结果是为媒介化社会的形成提供了技术支撑力。媒介技术的不断革新，如网络技术、移动通信技术等，使得信息传播的速度和范围大大扩展，为社会的媒介化提供了可能性。带来受众信息需求的无止境，这又反过来构成了媒介化社会形成的主体牵引力；媒介为人们提供了源源不断的信息和各种便利，同时也营造了一个与我们的现实世界相对应的“拟态社会”。人们通过“拟态社会”形成对现实世界的认知并指导现实生活，这在一定程度上模糊了客观环境与信息环境之间的差别。第二，媒介影响力全方位渗透。在媒介化社会中，媒介的影响力已经渗透到社会的各个方面，包括政治、经济、文化等各个领域。媒介不仅传递信息，还塑造人们的观念和行为。媒介化社会是当代中国社会发展的重要推动力。媒介的普及和媒介化社会的形成促进了信息的传播和交流，推动了社会的进步和发展。媒介不仅传递信息，还塑造人们的观念和行为方式，从而改变社会结构。媒介因而在社会制度和人的行为两个层面都具有建构作用，“媒介逻辑”成为控制社会运行的一种通行标准。总之，媒介化社会已是一个复杂而多元的社会形态，它改变了人们的生活方式、思维方式和价值观念，必将对社会产生深远的影响①。

① 涂凌波. 媒介化交往：中国社会交往的新特征及其影响［J］. 人民论坛·学术前沿，2024（19）：73-83.

社交媒介兴起所促成的媒介化社会对环境风险传播有着显著的影响，主要体现在以下几个方面。

第一，扩大环境风险信息的传播范围。

在媒介化社会中，环境风险信息通过社交媒体平台迅速传播，使得更多的人能够接触到这些信息。这种广泛的传播范围客观上有助于提升公众对环境问题的认识和关注度，从而推动社会对环境风险问题的关注和解决。

第二，加速环境风险议题的形成与传播。

媒介化社会缩短了环境风险从产生到发酵成环境议题的时间差。社交媒体平台为环境风险传播提供了舆论场的“入场券”，使得环境风险议题能够在短时间内形成并广泛传播。这种加速的传播过程可能推动环境问题的社会化和政治化，一方面可能放大风险，另一方面也促使政府、企业和公众卷入环境风险的讨论与解决。

第三，影响环境风险舆情的扩散速度。

环境风险舆情的扩散速度受到媒介化社会的影响。社交媒体等平台的传播速度快、范围广，能够迅速将环境风险信息传播给大量受众，从而加速舆情的扩散。另外，媒介化社会中的信息传播具有“涟漪效应”，即一个环境风险事件会引发一系列相关的讨论和关注，进而形成更大的舆情波澜。这种扩散速度的提升有助于推动环境问题的曝光和解决，但也可能导致信息的过度传播和误解。

第四，促进环境风险信息的多元化解读。

在媒介化社会中，环境风险信息被不同的传播主体以多种方式解读和传播。不同主体拥有不同的立场和观点，对环境风险信息的解读也各不相同。这种多元化的解读有助于推动环境问题的深入讨论和全面认识，但也可能导致信息的混乱和误解。因此，媒介化社会需要加强对环境风险信息的监管和引导，确保信息的准确性和客观性。

第五，推动环境风险传播的全球化。

随着全球化的深入发展，媒介化社会也推动了环境风险传播的全球化。环境风险信息不再局限于某一地区或国家，而是能够通过互联网等渠道迅速传播到全球范围内。这种全球化的传播有助于提升全球对环境问题的认识和关注度，推动国际社会共同应对环境问题。然而，也需要注意到全球化风险传播中可能存在的信息失真和文化差异等问题。

媒介化社会对环境风险传播有着显著的影响，既可能推动环境风险问题的曝光和加速解决，也可能导致信息的混乱和误解。我们需要加强对环境风险信息的监管和引导，推动社会各界共同参与环境风险的协商与治理。更需要在底层逻辑上，加强对环境风险传播模式变迁的认知和掌握，为风险善治打好学理性基础。

第二节　环境风险传播模式的变迁

2011年，世界经合组织（OECD）发布《未来全球冲击：提升风险治理》（Future global shocks：Improving risk governance）报告，预测社交媒体等新媒介技术的发展可能会在各类灾害的风险沟通中发挥巨大作用①。社交媒体的信息聚合性在紧急情况下可发挥向不同的人群进行风险警示的作用，能够加强警示信息的传播。另外，它的互动性为政府和民众提供了对话和交流的有效渠道。建立信任和维持信任是有效管理风险和危机的关键，公民可以实时传播信息，以低成本和高效率的方式质疑、督促政府的风险管理行为。可以说，社交媒体为包括环境风险沟通在内的多种危机沟通创造了机会，但传统把关人角色缺位导致的虚假新闻泛滥、公共空间中情感极化等问题也让风险管理者遭遇了前所未有的挑战。社交媒体正在以一股不同于传统媒体的力量，颠覆信息的生产传播方式和流程。具体到环境风险事件中，社交媒介则首先影响到环境风险信息的呈现，塑造着人们对环境风险的认知②。

一、风险争鸣：“不确定”中的风险认知

信息和知识影响着公众对环境风险的认知，媒体为公众提供了建构环境信息的框架，帮助公众理解环境与社会的关系。早期的议程设置理论倾向于假设媒体议程与公众议程之间的线性因果关系，将公众置于“受动方”，被迫接受来自媒体、专家、政府、利益集团的知识输送。但学者们逐渐意识到，公众对环境风险的认知并不总是由科学知识决定，还与社会

---

① OECD. Future global shocks [EB/OL]. (2011-08-04)[2024-01-15]. https://doi.org/10.1787/9789264114586-en.

② 汤景泰，巫惠娟. 风险表征与放大路径：论社交媒体语境中健康风险的社会放大 [J]. 现代传播（中国传媒大学学报），2016，38（12）：15-20.

价值规范密切相关，环境风险认知评估的过程充满着不确定性。

在社交媒体的风险传播研究中，学者马超提出了社交媒体的“风险争鸣”现象，这种争鸣有两层内涵：一是网民与网民之间的论争。每个人获取的信息程度有差异，每个人的知识结构也有差异，因此网民们往往根据自己的认知在社交媒体上发表观点，各抒己见，关于风险事件的信息也越来越多，也可能差异越来越大。二是网民与传统媒体之间的风险信息争鸣。传统媒体未报道或来不及报道的，网民可以利用微博、微信等社交媒体抢先发布；传统媒体报道不准确、不全面的，社交媒体可补充更正。在社交媒体与传统媒体的竞相发布中，有关风险信息也随之增长①。这两层内涵实际上对应的是社交媒体风险传播的两类重要特征：一是多元传播主体共同塑造风险议题；二是风险议题的信息涌现和数量激增。

“争鸣”意味着观点的“辩论”和共识尚未形成。“风险争鸣”意味着环境风险信息的不确定性。在社交媒体中，不论是传播主体的不确定还是传播信息的不确定，都指向同一个问题：在不确定性中，该如何去认知环境风险？

（一）多元传播主体共同塑造风险议题

在传统媒体时代，政府不透明的风险决策，以及以信息控制为特点的风险信息发布过程，往往会加剧民众对风险的对抗式解读或者抵制②。社交媒体发展带来了新的沟通可能，任何公民、组织都可以自主、自由地发布信息，参与风险信息的生产与传播，让多元传播主体能共同参与到风险议题的塑造中③。已有研究表明，有效的风险沟通，往往发生在主体多元的社会沟通背景中。社交媒体提供了立场各异的社会成员相互对话的机制，特别是在风险议题上，比传统媒体更能深刻影响民众的风险认知，因此风险沟通机构应当将社交媒体列为风险沟通的重要工具之一④。社会信任是另一个重要方面，信任缺失语境下公众对风险信息会产生对抗性解读

① 马超. 社交媒体的风险放大、风险沟通与风险治理［J］. 编辑之友，2016（10）：66-70.

② 王宇琦，曾繁旭. 谣言澄清与民众赋权：社会化媒体在风险沟通中的角色担当［J］. 当代传播，2015（2）：14-18.

③ 许静. 社会化媒体对政府危机传播与风险沟通的机遇与挑战［J］. 南京社会科学，2013（5）：98-104.

④ 李明颖. 科技民主化的风险沟通：从毒奶粉事件看网路公众对科技风险的理解［J］. 传播与社会学刊，2011（15）：161-186.

甚至“污名化”，导致感知风险的放大①。社会信任的建立是制度结构、社会心理等因素的共同作用，但“沟通过程”的缺失却会导致社会信任的崩溃。

社交媒体作为公共话语平台，是不同话语主体争夺以自身为主导地位的“结构性影响力”的主要途径。在传统的环境风险传播中，往往存在两类对立的话语主体。其一是代表着科学与技术的专家，其背后是政府所在的官方舆论场；其二是代表着生活常识、地方经验和文化偏好的公众，其背后是“众声喧哗”的民间舆论场②。在大众媒体的语境下，专家话语在环境信息传播中占有主导地位，被视为唯一的真理性知识。政府的惯常做法是对公众进行知识科普，将注意力集中于弥合官民的知识不对称，试图以单向知识灌输的方式消解公众对风险的恐惧和对抗心理，以此来重塑公众对风险管理者的信任③。但知识不是在真空中扩散的，传递知识的媒介也不是一个澄澈透明的传输管道。在知识社会学看来，知识是在充斥着观念、行动者、传统和制度的社会场景中，被建构、转化和翻译的。尤其是在社交媒体兴起之后，两个舆论场被整合进同一个话语空间，政府、专家与公众可以进行平等对话与自由的意见表达，环境知识的建构性更加凸显。学者邓理峰提出，常民知识是一种社会理性和价值理性的合一，有助于完善公共治理和决策，专家知识与常民知识可以互补长短，普通人也应平等参与风险议题协商和公共决策中来。王宇琦和曾繁旭也提出，采纳民众信源以及与民众进行信息交换和互动的做法，将民众作为风险感知和定义的主体之一，有助于维护风险管理者的社会声誉，从而提高风险沟通的成效④。在多元主体平等沟通的社交环境中，一方面，普通公众的信息表达更符合网民的接受习惯，缓解公众因政府信息公开不及时、不透明产生的焦虑，让他们得以彼此安慰、抱团取暖；另一方面，减轻了因沟通渠道

---

① 曾繁旭，戴佳，王宇琦．技术风险 VS 感知风险：传播过程与风险社会放大[J]．现代传播（中国传媒大学学报），2015，37（3）：40-46.

② 邓理峰．低碳转型与风险沟通中的信任缺失：基于江门反核事件的分析[J]．全球传媒学刊，2023，10（2）：101-127.

③ 曾繁旭，王宇琦．新媒体时代的环境风险、环境事件和参与式沟通[J]．世界环境，2014（1）：19-20.

④ 王宇琦，曾繁旭．谣言澄清与民众赋权：社会化媒体在风险沟通中的角色担当[J]．当代传播，2015（2）：14-18.

不畅通产生的信任缺失问题，促使公众以更为积极、平和的心态解读风险信息，降低他们的感知风险。

尽管社交媒体为普通人提供了定义、解读环境风险的机会，但多元主体共同设置环境议题增加了信息合流和意见一致的难度，这大大加剧了环境风险核心议题的模糊性和不确定性。在对环境风险信息进行建构的过程中，传统媒体对环境事件的报道还是持相对审慎的态度，对风险信息的建构也较为客观①。例如，学者李艳红对《南方都市报》和《新快报》关于番禺反对垃圾焚烧事件报道的分析，发现传统媒体作为风险知识的定义和角逐场域，其作用体现在为民众理性表达提供了一定空间，并最终通过制度理性的培育推动风险正义的达成②。但在社交媒体环境中，环境风险事件往往由多个信源进行定义，包括政府机构、企业公司、环保 NGO、网络红人、社会公众等在内的行动者都可以根据自己的社会角色，收集、筛选与自己利益相关的环境风险信息进行发布、传播，从而形成各自的环境风险议题，并进行激烈博弈③。当多方声音、多种风险信息汇集起来，核心议题就容易失焦和被模糊。学者邓理峰指出，在环境风险事件中，公众需要依靠可靠的信息来源来帮助告知风险判断、偏好和选择，公众对于风险信息的态度会受其对信源公信力感知的影响④。多元信源共同表达从另一个角度意味着信源的泛化和去中心化，难以形成关于环境风险的主流信息和强势意见，亦难以对广大的公众施以正确的舆论影响。不同信源之间的意见争夺极大降低了公众对信源公信力的感知，使得公众对环境风险认知的恐惧和不确定感随之增强。

（二）环境风险信息数量激增

在社交媒体风险传播中，环境风险信息数量激增是一大特点。毫无疑问，环境风险信息增加能在一定程度上帮助公众了解多方面的知识，缓解他们对于未知的恐惧。然而，信息真伪的问题构成了一大挑战，这些未经

---

① 曾繁旭，戴佳，王宇琦. 技术风险 VS 感知风险：传播过程与风险社会放大[J]. 现代传播（中国传媒大学学报），2015，37（3）：40-46.

② 李艳红. 以社会理性消解科技理性：大众传媒如何建构环境风险话语 [J]. 新闻与传播研究，2012，19（3）：22-33，110.

③ 汤景泰，巫惠娟. 风险表征与放大路径：论社交媒体语境中健康风险的社会放大 [J]. 现代传播（中国传媒大学学报），2016，38（12）：15-20.

④ 邓理峰. 低碳转型与风险沟通中的信任缺失：基于江门反核事件的分析 [J]. 全球传媒学刊，2023，10（2）：101-127.

过滤的风险信息在某一时刻连续、大量、集中地发布，极有可能产生累积效应，放大人们的风险焦虑。社交媒体用户数量庞大，社交网络又呈现多级交互的特点，信息源源不断地持续发布，会给人营造一种高风险的紧张态势①。从媒介属性来看，社交媒体更加注重信息传播的数量而不是质量，零碎信息包含了众多的"不确定"和"意义空白"。大量随意发布、未经审查和筛选的碎片化信息可能会导致公众"看得越多，了解得越少"，使他们对于风险事件更加困惑②。在环境风险事件发生之后，人们都急于表达或者搜索相关信息，而社交媒体恰好提供了一个方便快捷的平台。环境风险事件自其最早被人发现之后直至所有过程节点细节，都有可能被随机的传播者通过社交媒体以简单的图文形式进行即刻传播。但公众的信息"把关"能力和整合能力大多不强，再加上每个人的媒介素养和自身价值取向不同，对于正在发生的事件的过程细节也有着千差万别的把握和理解。社交媒体允许传播者修改、加工传播内容，所以其在社交媒体上传播的关于环境风险的信息可能是二次加工的、具有偏颇定性的主观产物。而社交媒体的即时和交互传播会在短时间内使得碎片化内容大量涌现，此时如果权威信息无法及时公布，或者无法完全解释风险现象，则将会使碎片化信息扩散得更快、更广，社交媒体上出现权威信息短缺和碎片化信息井喷的双重困境③。

麦库姆斯对社交媒体时代的议程设置理论进行补充时提出了"网络议程设置"，其主要观点是"影响公众的不是单个的议题或者属性，而是一系列议题所组成的认知网络：新闻媒体不仅告诉我们'想什么'或者'怎么想'，同时还决定了我们如何将不同的信息碎片联系起来，从而建构出对社会现实的认知和判断"，这种"联系-创建"的思路来自心理学中的格式塔（Gestalt）理论④。在社交媒体的环境风险议题传播中，呈现在社交

---

① 马超. 社交媒体的风险放大、风险沟通与风险治理［J］. 编辑之友，2016（10）：66-70.

② BALOG-WAY D，MCCOMAS K，BESLEY J. The evolving field of risk communication［J］. Risk analysis，2020，40（S1）：2240-2262.

③ 汤景泰，巫惠娟. 风险表征与放大路径：论社交媒体语境中健康风险的社会放大［J］. 现代传播（中国传媒大学学报），2016，38（12）：15-20.

④ 赵蕾. 议程设置50年：新媒体环境下议程设置理论的发展与转向：议程设置奠基人马克斯韦尔·麦库姆斯、唐纳德·肖与大卫·韦弗教授访谈［J］. 国际新闻界，2019，41（1）：66-80.

媒体上的传播内容，一般都是零散的、碎片化的，根据格式塔理论，公众有意构建完整信息，这就难免在“确定”和“补白”中夹杂个人情感、猜想、情绪和偏见。将未经审查的信息按照某种逻辑进行自行补齐时，公众实际上可能已经与完整、真实的事情本身面貌背道而驰，难以对环境风险进行理性判断，很容易陷入迷惑、不确定、无助的情绪。另外，在集群性社会焦虑中，公众既有可能自己建构环境风险信息，把不完整的碎片化的内容“加工”成环境风险谣言，成为谣言信息的发布者，也有可能盲目跟随大众，成为谣言信息的传播者。无论怎样，环境风险谣言都会不断在传播中肆虐，推动环境风险的不断放大，进而引发极端行为①。

社交媒体在一定程度上创造了另类声音的生存空间和双向平等的沟通渠道，为公众提供多元知识与个人经验，但传播主体的去中心化和泛化也降低了人们对于信源公信力的感知，进而增加公众对于环境风险认知的不确定感。在信息爆炸的社交媒体时代，公众拥有了更多了解环境风险的机会，但辨别信息真伪的难度也在增加。“风险争鸣”的实质就是公众环境风险认知的“不确定性”，其复杂性提示研究者应以辩证的眼光加以细致讨论。

二、情感动员：“后真相”时代的感性表达

环境风险沟通包含着主观的情感与感受。社交媒体不仅仅是环境风险信息传播的工具，也是情感交流、情感建立与情感互动的场域②。已有大量研究指出社交媒体中的情绪化表达对推动公众政治参与有积极作用，认为微博平台上的情绪化表达更容易引发公众关注、产生大范围影响③，甚至具备推动政策变迁的潜力④。同时，由于谣言泛滥、严肃新闻衰落、公共讨论趋向非理性等，陈述客观事实很可能不如诉诸情感更容易影响人们

① 汤景泰，巫惠娟. 风险表征与放大路径：论社交媒体语境中健康风险的社会放大［J］. 现代传播（中国传媒大学学报），2016，38（12）：15-20.

② 李畅，陈华明. 社交媒体在社会突发暴力事件风险传播中的情感动员研究［J］. 新闻界，2016（16）：32-36.

③ SONG Y，DAI X Y，WANG J. Not all emotions are created equal：expressive behavior of the networked public on China's social media site［J］. Computers in human behavior，2016（60）：525-533.

④ 杨国斌. 悲情与戏谑：网络事件中的情感动员［J］. 传播与社会学刊，2009（9）：39-66.

的认知与态度。有人因此宣称人类进入了“后真相时代”[①]。在社交媒体的环境风险传播中，情感化传播策略在塑造人们环境风险认知、影响人们的行为方面具有相当大的潜力。但情感化的高风险感知容易激发公众的抗争意愿，诱发群体性事件，产生社会不稳定的风险。情感与风险感知的交叉成为我们理解风险社会本质和社会稳定风险评估的重要切口[②]。

（一）情感化策略影响公众风险认知

公众的风险表达通常会采用情感化策略和法理化策略两种方式[③]。其中，情感化策略往往以情绪动员为主要特征，法理化策略则以事实论证为主要特征。在制度化政治参与渠道不畅通时，公众利用法理化策略进行维权往往效果不佳，而被迫转向情感动员，其目的是想引发舆论关注达到维权目的。正如学者 Ferree 等人所言：“捕捉公共问题的情感面向及其认知内容的争论性言语、行为或符号可以发挥非常重要的动员作用。”[④] 这在社交媒体的在线交流中更为明显，因为潜在的情绪反应（积极或消极）是推动在线内容共享及其病毒式传播的因素之一[⑤]。加之在“后真相”的背景下，人们极易将某种情感作为事件传播的背景，植入社交媒体环境风险论证的各种话语建构当中，通过情感表达来吸引更多人参与风险话题讨论，交流情感，达成网络动员[⑥]。学者杨国斌将网络事件的情感表达策略大致分为两种：一种以悲情为主，常伴有同情、义愤、恐惧等，涉及社会问题尤其是弱势群体的问题或是道德伦理问题的网络事件，易激起公愤，进而引发广泛争论和抗议；另一种以戏谑为主，其格调是调侃和幽默，总体效果近乎网络狂欢[⑦]。不同类型的网络事件中的情感表达所起到的效果有所

---

① 邓理峰. 科学新闻如何坚守事实和理性［J］. 青年记者，2017（15）：15-16.

② 胡象明，王锋. 一个新的社会稳定风险评估分析框架：风险感知的视角［J］. 中国行政管理，2014（4）：102-108.

③ 郭小安. 社会抗争中理性与情感的选择方式及动员效果：基于十年120起事件的统计分析（2007—2016）［J］. 国际新闻界，2017（11）：107-125.

④ FERREE M M，GAMSON W A，GERHARDS J，et al. Four models of the public sphere in modern democracies［J］. Theory and society，2002，31（3）：289-324.

⑤ BERGER J，MILKMAN K L. What makes online content viral?［J］. Journal of marketing research，2012，49（2）：192-205.

⑥ 何志武，吴丹. 从“他助”到“自助”：“心理不悦类”“邻避”冲突事件中的媒介选择、自我动员与集体抗争［J］. 新闻大学，2017（4）：81-89.

⑦ 杨国斌. 悲情与戏谑：网络事件中的情感动员［J］. 传播与社会学刊，2009（9）：39-66.

不同，但对于环境风险，由于关乎个体赖以生存的条件，公众的社交媒体表达偏好采用悲情叙事路径，产生情感极化和无序狂欢的后果，放大人们的风险感知。

尽管研究证明，情感化的环境风险信息传播唤起人们的强烈的情绪反应，弱化人的理性、逻辑和批判性思考能力，但不同类型、级别和程度的情感引发的效果其实并不相同①。例如，学者 Smith 和 Leiserowitz 对一个在线知识网站中的用户关于气候变化政策的态度进行研究后发现，情感化策略对公众的环境认知和反应有很大影响②，其中“担忧”情绪的影响最大，会促使公众产生政策支持的行为。他们指出，因为“担忧”是一种不太强烈的情绪，往往会激发而不是阻碍人们对风险信息进行理性的认知和分析处理。但关于风险沟通的更广泛的文献表明，使用恐惧或危言耸听（如世界末日、最坏的情况）来传达风险可能会适得其反，过分强烈的情感引起公众的风险焦虑，会导致一些受众回避问题，甚至产生敌对反应，导致他们脱离、怀疑或忽视问题③。此时，使用更积极的信息，如产生希望等情绪，或强调行动的好处，可能比消极或基于恐惧的信息更有效④。学者 Yang 和 Kahlor 还指出了情绪对风险认知影响的个体差异，他们的研究发现，对环境风险感到担忧和焦虑的人更有可能寻求更多的风险信息，从而对风险更加焦虑；相比之下，那些对风险感到兴奋、充满希望和快乐的人更有可能避免或完全忽视风险信息⑤。此外，在环境风险的社交化视频传播中，研究者还发现，采用单一的“希望（积极）”或“恐惧（消

---

① 邓理峰，王大鹏. 重思邻避困境的风险沟通与治理问题：基于核电的讨论［J］. 南华大学学报（社会科学版），2017，18（3）：5-15.

② CHAPMAN D A，LICKEL B，MARKOWITZ E M. Reassessing emotion in climate change communication［J］. Nature climate change，2017（7）：850-852.

③ O'NEILL S，NICHOLSON-COLE S. “Fear won't do it”：promoting positive engagement with climate change through visual and iconic representations［J］. Science communication，2009，30（3）：355-379；FEINBERG M，WILLER R. Apocalypse soon? dire messages reduce belief in global warming by contradicting just-world beliefs［J］. Psychological science，2011，22（1）：34-38.

④ SPENCE A，PIDGEON N. Framing and communicating climate change：the effects of distance and outcome frame manipulations［J］. Global environmental change，2010（20）：656-667.

⑤ YANG Z J，KAHLOR L A. What，me worry? the role of affect in information seeking and avoidance［J］. Science communication，2013，35（2）：189-212.

极）”的情感化策略并不必然会产生最佳的传播效果。公众的环境认知可能还与特定视频的制作元素有关，比如音乐、编辑、节奏和视觉效果等①。这些结果表明，社交媒体的情感化策略对公众风险认知的影响机制是非线性的，与平台类型、公众心理、个人喜好都有密切联系。

（二）情感动员推动形成网络环境抗争

在大众传播时代下，风险议题大多通过专家的科学理性话语予以呈现，并形塑公众的风险认知。在人人都是传播者的社交媒体时代中，谁能率先抢占风险定义、风险论述的框架，谁就更有机会影响网民的风险认知，赢得认同和支持。由于风险往往难以在理性维度被直观捕捉和识别，在社交化的环境风险表达中，风险的定义和论述开始越来越多地诉诸情感，从情感层面“标出”环境议题的争议性②。简言之，将难以论述清楚的环境议题转换为一个在情感认知中加以识别和把握的公共议题成为一种风险论述策略。当风险话语拥有了一个情感化的感知向度，原本难以识别的风险便在情感维度上被“标出”了，进而成为一个可以借助概念和术语加以认识的社会问题。风险放大机制研究指出，公众接收风险信息时会产生悲伤、愤怒、恐惧、同情等负面情绪，在情绪的持续发酵下，导致对环境风险信息的“污名化处理”，引发感知风险的放大③，形成社会层面的恐慌与不安。其中，底层民众对自身环境利益的极度敏感导致了非理性话语的传播，成为容易受到暗示和感染的群体，在一些偶发因素的刺激下，最初的风险表达裹挟在高度紧张的氛围内，矛盾一触即发④。

社交媒体中的风险表达形式中最常见就是在线发帖和互动，是什么因素往往使得风险表达演变成了风险抗争呢？学者杨国斌认为，除开信源的名气、影响力和话语修辞的作用之外，内容本身是风险升级的关键因素。触及公众普遍关心的现实问题，能给人道德震撼或心理恐慌、引起共鸣、

---

① ETTINGER J，WALTON P，PAINTER J，et al. Climate of hope or doom and gloom? testing the climate change hope vs. fear communications debate through online videos [J]. Climatic change，2021，164 (1-2)：19.

② 刘涛，刘倩欣. 情感叙事：环境传播的公共修辞实践 [J]. 新闻界，2023 (4)：4-20.

③ 曾繁旭，戴佳，王宇琦. 技术风险 VS 感知风险：传播过程与风险社会放大 [J]. 现代传播（中国传媒大学学报），2015，37 (3)：40-46.

④ 李春雷，舒瑾涵. 环境传播下群体性事件中新媒体动员机制研究：基于昆明 PX 事件的实地调研 [J]. 当代传播，2015 (1)：50-54.

唤起同情与良知的内容，更容易演变成网络事件①。有时，一些行动者也会采取“表演式抗争”的戏剧化形态，通过蕴含愤怒和焦虑情绪的表演行为来传递诉求。在互联网环境中，人们往往并不关注网民个体的情感表达，而是感受网民群体的情感汹涌，这意味着情感的力量并不在于个体，而在于群体②。由于社交媒体快速沟通与广泛连接的特征，通常会短时间聚集价值相近、有情感共鸣的参与者对某一事件进行集中的意见表达，公众动员话语在不断复制过程中达到“情感同质”最大化。通过这个过程，风险表达获得群体认同感，实现情感动员，可能推动并形成大规模的风险抗争③。然而，社交媒体的热点迸发和注意力涣散等特点，让网络情感认同难以持久。社交媒体所形成的愤怒和抗争会伴随着热点事件的变化随时面临瓦解，人们不仅容易出现集体失忆，环境传播的情感动员也很难实现“日常化”④。

社交媒体风险传播的现实维度中，情感宣泄极易抢占大众注意力，形成规模效应，最终导致有价值的理性信息被掩盖⑤。学者李畅和陈华明对此阐释道：“在制度性的意见表达机制和疏导机制缺乏时，公众长期不满的情绪只能通过网络宣泄，一旦网民基于‘受损记忆’和‘未来受损预期’就极易为风险抗争形成动员基础，在这种环境下，将亿万网民链接在

---

① 杨国斌. 悲情与戏谑：网络事件中的情感动员［J］. 传播与社会学刊，2009（9）：39-66.

② 袁光锋. 互联网空间中的“情感”与诠释社群：理解互联网中的“情感”政治［J］. 中国网络传播研究，2014（0）：89-97.

③ 李畅，陈华明. 社交媒体在社会突发暴力事件风险传播中的情感动员研究［J］. 新闻界，2016（16）：32-36.

④ 陈甜甜. 环境传播中的媒介动员：以我国雾霾事件为例（2000—2017 年）［EB/OL］.［2024-12-30］. https://kns.cnki.net/kcms2/article/abstract?v=32-8vZI681LMaZZLH0jfx-ihNKXyWgvJbndBXNWm0-NNTjUNmMhvdex7cZh5aovLItUo9KIFoiX9KOaro7UJzi4fNDEnkTw8uU6XhCcnk1V8q9XTOER64ys-OFdgjfmfv-IAPb0ZjNZeg-plD5A4n6mWmPiAzJGRhK9ihBScw5d1Rz_iaQk26MHMKtrWWdpm08PbuXjBKRU=&uniplatform=NZKPT&language=CHS.

⑤ 付宁. 中国环境抗争事件的媒介逻辑分析：基于 2003 年—2018 年环境抗争事件的多案例比较研究［D/OL］. 北京：中国社会科学院研究生院，2020［2024-12-31］. https://kns.cnki.net/kcms2/article/abstract?v=32-8vZI681LRkHU1E8aV386d5SBqtqsOZ8RPfLcMt1Cw2WMRDDtajs7_A-1-V7INcF8yA0l1dcMxkbGO1LBL_hKDdma77wAKhe4-xAE2WrDnVy7HtQQWDMFwO5TbruAuX3NnsWntC5ycmWvKtDzz7rSvXxnq5f493PJkLPIQ7fvEDy1TmOjJw8KumgAG68CQWYYYbMwE9bU=&uniplatform=NZKPT&language=CHS.

一起的并非输赢的理性策略算计，而是对参与行动道德对错的情感判断。”① 这一阐述具有切中肯綮的力量。但是，我们也应看到，情感并非理性的绝对对立面，而是理性的孕育者。情感具有积极的公共性基础，情感表达有助于边缘声音迅速获得关注，还可以通过唤起公众的道德情感与价值观，推动公共话语建构与公共价值的传播，引导公众做出理性的决策和行动②。

三、关系连接：风险传播中的强连接与弱连接

社交媒体打破了物理世界时空和地理位置的束缚，重塑了人类交往互动的方式，将人们的社会关系从现实生活中延伸到虚拟空间，为人与人的实时互动和关系连接提供了平台。社会学家马克·格兰诺维特（Mark Granovetter）将现实世界中的人际关系网络分为强关系和弱关系，这一分类在社交媒体的交往中亦有体现。强关系是一种双向度的关系。强关系的双方互相关注、互为好友，而且一般发生在具有“正向”关系的人们之间，这种关系包括情感关系、地位关系和利益关系等等，这一类关系常见于微信、QQ 等个人社交平台。弱关系中关系向度相对开放。弱关系互动既可以是双向的，而且此双向打破情感、地位、利益等诸多限制，可以发生在任何两人之间；它也可以是单向的，不需要完全匹配，比如微博中的关注者和被关注者可以是完全陌生的人，双方是不是好友并不影响双方连接的可能性。这一类弱关系常见于公共社交平台③。

不同社交媒体所生成的社会关系会对风险事件产生不同的影响。学者何志武和吴丹的研究显示，微博上的用户大多处于弱关系，对于风险事件大多选择围观，并不一定感兴趣或者愿意“多管闲事”，更不会真正付诸

---

① 李畅，陈华明. 社交媒体在社会突发暴力事件风险传播中的情感动员研究［J］. 新闻界，2016（16）：32-36.

② 刘涛，刘倩欣. 情感叙事：环境传播的公共修辞实践［J］. 新闻界，2023（4）：4-20.

③ 范孟娟. 社交媒体用户互动机制及关系转化研究：以微信微博为中心［D/OL］. 武汉：华中科技大学，2017［2024-12-30］. https://kns.cnki.net/kcms2/article/abstract?v=32-8vZI681IO4GaYxDASDVfO-4tHZ3BrwzehW1k04NRn3pYOYXQD_Lna6hx8uXEvWKDa9_MwbZFZiJhW3MYEZNIur50UTeyXch-KTHSAvHC4y6Admie2Ruj6h2AjWCFHuEo9qIl6ugVceI0jNdgDEcS5WYeT6pacUCtAHKLkhtmwsDPcdT58V0KGJBKa_PNhw8ivcjsYipk=&uniplatform=NZKPT&language=CHS.

行动。但公共社交平台低成本、高效率的“虚拟组织”和“网络串联”，风险信息的传递更为快速和便捷是其最突出的特点，并且弱关系用户也可以对信息进行评论、反馈与分享。这种层层转发的模式，使许多风险事件呈现“一地发生，各地共振”的局面①。微信是基于好友的强关系，虽然微信上的关注者不一定多于微博，但微信好友之间的信任程度也更强，用户之间对彼此发布信息的信任程度也更深。强关系圈子里的用户价值取向基本一致，成员都有明显的身份特征，互动带来的集体归属感也更强，成员之间也更容易达成共识，因此在论坛里发布的风险信息一旦受到同一群体的认可，往往也会产生较大的轰动效应②。

公众的风险认知受到文化、政治、多元价值、信仰、情感和政策偏向等因素的共同影响③，而社会关系在塑造个体的价值观、情感等因素方面无疑具有巨大潜力。正因如此，社交媒体通过圈层传播、熟人传播、强弱关系链接等特性直接参与到环境风险议题的传播过程中，显著影响公众的环境风险感知。

（一）强连接：“圈层化”固化风险认知

在风险的放大框架中，大众媒体报道往往会逐渐放大或削弱人们对环境风险的感知。但人际网络是对环境风险进行解释的主要场所。在风险感知的过程中，强关系中的互动话语发挥了重要作用④。

在传统社会，社会交往受到时空的局限，人们只能形成以血缘、地缘、业缘为基础的小圈子，互联网跨时空沟通属性打破了这种小圈子，逐渐促成以兴趣爱好、价值观念、情感追求、文化经验、话语模式、社会关系等为基础和核心的网络圈层。圈层结构是社交媒体中强关系网络的体现，是互联网用户的一种基本构成方式，信息在圈层之间传递。网民并不是原子化的个体，而是将自己归属到不同群体性质的圈层中获得信息与交

① 马超. 社交媒体的风险放大、风险沟通与风险治理［J］. 编辑之友，2016（10）：66-70.

② 戴佳，曾繁旭，黄硕. 环境传播的伦理困境［J］. 湖南师范大学社会科学学报，2015，44（5）：154-160.

③ 戴佳，曾繁旭，黄硕. 环境传播的伦理困境［J］. 湖南师范大学社会科学学报，2015，44（5）：154-160.

④ CANTRILL J G. The role of a sense of self-in-place and risk amplification in promoting the conservation of wildlife［J］. Human dimensions of wildlife，2011，16（2）：73-86.

流信息，进而强化个体认知与观念并展开行动①。因此，个体可以形成彼此呼应、同气相求的社群，学者袁光锋将其称为“诠释社群”，社群成员生活在相同社会位置，并共享着一些偏好和意义②。学者陈甜甜在研究雾霾议题传播时发现，大量不同社会身份的网民通过微博，以特定议题的共同兴趣和共同“空气难民”的社会身份聚集到一起，形成了一种新的社会网络关系③。虚拟网络空间给参与者提供情感建立的基础环境，产生了网络圈层，在其中，情感得以聚集，参与者逐渐达成强烈的共识。在环境风险事件中，网络圈层往往快速动员潜在动员者，实现线上的情感聚集，扩大活动的影响力。

在“强关系”的社会网络中，人与人之间彼此熟悉、相对信任、感情友好，但其缺陷是交流信息多是冗余而有限的，这种同质化信息的反复交流限制了圈层内的个体接触其他观点的可能④。学者 Bonaiuto 等人对与自然灾害相关的地方依恋研究表明，人们对特定地点的依恋程度越高，他们就越有可能集体性地低估自然灾害或是其他各类风险⑤。也就是说，当个体处于强关系连接的圈层中，他们与该圈层联系得越紧密，有关环境风险问题的认知就得到强化甚至最终被固化，学者将其称为强连接下的“圈层化”悖论⑥。学者张洪忠等也提出了线上圈层信息流通的“巴尔干化”，指

---

① 张洪忠，斗维红，张尔坤. 圈层的背后：网络信息传播的“巴尔干化”分析［J］. 编辑之友，2022（5）：49-53.

② 袁光锋. 互联网空间中的“情感”与诠释社群：理解互联网中的“情感”政治［J］. 中国网络传播研究，2014（0）：89-97.

③ 陈甜甜. 环境传播中的媒介动员：以我国雾霾事件为例（2000—2017 年）［D/OL］. 南京：南京师范大学，2018［2024-12-30］. https://kns. cnki. net/kcms2/article/abstract? v = 32-8vZI681LMaZZLH0jfx-ihNKXyWgvJbndBXNWm0-NNTjUNmMhvdex7cZh5aovLItUo9KIFoiX9KOaro7UJzi4fNDEnkTw8uU6XhCcnk1V8q9XTOER64ys-OFdgjfmfv-IAPb0ZjNZeg-plD5A4n6mWmPiAzJGRhK9ihBScw5d1Rz _ iaQk26MHMKtrWWdpm08PbuXjBKRU=&uniplatform=NZKPT&language=CHS.

④ 陈昌凤，仇筠茜. 微博传播：“弱关系”与群体智慧的力量［J］. 新闻爱好者，2013（3）：18-20.

⑤ BONAIUTO M，ALVES S，DE DOMINICIS S，et al. Place attachment and natural hazard risk：research review and agenda［J］. Journal of environmental psychology，2016（48）：33-53.

⑥ 尤可可，马广军. “强连接”与“圈层化”：社交媒体人际连接的双螺旋［J］. 视听界，2020（1）：46-51.

将网络中的用户划分为彼此不交互的小组，一群个体的行为能够推动形成社交网络中的小组①。在这种情况下，个体只选择与自己志同道合的他者，从而使自己远离意识形态对立、理解偏差与沟通不畅的人群。同时，在新媒体技术手段下，以删除、邀请进群、踢出群聊、内容让部分群体可见等功能使得个体在人际关系中拥有更多选择和主动权，在吸引志同道合者、排除异己的过程中加速社交网络空间的“巴尔干化”。因此，圈层建立的前提就是个体对与自己不相容的观点的回避和对强化自己观点的渴望。这一现象也会延伸到网络环境议题的传播中，个体关于环境风险的认知在社群环境下得到认同、强化，并对其他与自身观点不同的意见产生排斥。

（二）弱连接：“点击行动主义”放大感知风险

社交媒体是缔结有价值的弱关系的重要平台②。虽然强连接效应为个体提供了有效的情感支持和价值认同，但学者们指出，过度依赖强连接的人多半较孤立，无法得到有价值的资讯，因而难以改善生活。互联网中的弱连接只需要单方面的关注、评论、点赞、转发等方式建立，不需耗费太多的时间和精力，却可能带来大的收益。这一命题可以从格兰诺维特的研究中得到有效推论。

社交媒体中的弱连接效应可以是关注某个人或组织，形成意见领袖或网络红人；也可以是点赞、评论、转发某件事情或议题，推动该事件走向公共视野。社交空间广泛的弱连接是议题得以扩散的关键因素，体现在两方面：其一是经由公众推选出的意见领袖或网络红人利用其影响力将风险议题推向关注者/粉丝；其二是公众通过点赞、评论、转发风险议题，不断累积公共空间的注意力来提升风险议题的可见性。这种弱连接也会对公众的风险认知产生影响。有学者指出，弱连接中的个体会更倾向于放大对于风险的不信任，而并非如强连接所表现的强化个体对风险的认知。同时，公众与风险事实生产、转发者之间的弱关系，以及公众与风险信源之间的弱关系形成了强影响力的第三方背书效应③。

① 张洪忠，斗维红，张尔坤．圈层的背后：网络信息传播的“巴尔干化”分析［J］．编辑之友，2022（5）：49-53.

② 陈昌凤，仇筠茜．微博传播：“弱关系”与群体智慧的力量［J］．新闻爱好者，2013（3）：18-20.

③ 邓理峰．低碳转型与风险沟通中的信任缺失：基于江门反核事件的分析［J］．全球传媒学刊，2023，10（2）：101-127.

“点击行动主义（clicktivism）”的存在让弱连接在社交媒体的风险传播中产生了风险放大的作用。“点击行动主义”，又称为“懒汉行动主义（slacktivism）”，是指一种相对被动的社交媒体互动的方式，可能会助长一种错误的印象，即人们想象通过“点击”就能真正发挥行动作用。点击行动主义是典型的弱连接表现方式，在网民参与公共议题时经常出现。点击行动主义受到质疑的原因在于，“按下关注或转发按钮后，原因就被遗忘了”，并不能驱使人们做出真正的行动或“牺牲”，因此点击行动主义被批评为一种“轻松参与的努力”，并不能对世界做出任何改变①。在新媒体赋权语境下，这种点击对弱者更有意义，因为尽管这种点击不能产生集体动员力量，但它仍是传递关怀和情感的重要手段。在社交媒体的风险传播中，点击的便利性会加速风险事件的传播，让个体在强大的点赞/评论/转发关系网络所形成的“第三方背书效应”中放大对风险的感知。弱连接中的个体彼此之间并没有紧密的社会联系，而是借助社交媒体建立的即兴共同体②。也正是在这样的群体中，弱连接中负面信息的第三方背书效应会更为显著。学者 Anderson 指出，这其实就是点击行动主义的问题，尽管公众在“点击”时未想过付诸行动，但却通过提高风险问题的可见性引发了其他公众对于风险对象的强烈不信任③。

新传播科技革新极大地降低了社会沟通成本，社交媒体的出现让原有社会关系被重构，在此条件下，社会关系形态的重构意味着权力结构的调整④，数字技术的发展又带来了双向、快速、动态、重叠的信息流，这给环境风险传播与沟通更增添了复杂性。社交媒体正在与智能媒体、平台媒体等数字化新兴媒介一道，促使环境风险信息以非线性的方式相互交织和影响，塑造环境风险传播模式的革新与创造。

---

① GLADWELL M. Small change [J]. The New Yorker，2010，86（30）：42-49.

② 邓理峰. 低碳转型与风险沟通中的信任缺失：基于江门反核事件的分析 [J]. 全球传媒学刊，2023，10（2）：101-127.

③ ANDERSON A. Media，environment and the network society [M]. London：Palgrave Macmillan，2014：134.

④ 邓理峰，王大鹏. 重思邻避困境的风险沟通与治理问题：基于核电的讨论 [J]. 南华大学学报（社会科学版），2017，18（3）：5-15.

第四章　案例研究：环境风险的产生与沟通实践

前文对环境风险传播与公共沟通的理论做了详细的梳理，勾勒出媒介贯穿其中的影响力。从本章开始，笔者采用实证研究思路，对发生在不同地域的多个环境风险事件的微观传播实践过程进行深入探析，揭示政府、企业、公众和传媒等不同行动者在环境风险传播过程中的结构性位置、主体性与能动性，重点探讨不同主体在风险感知、风险论述和风险沟通策略上的差异与对话。

近年来，在诸多的环境风险议题中，PX项目作为规模巨大、发展迅速又同时具有环境风险性的经济项目在国内广受关注。PX是对二甲苯（para-xylene）的英文简称，是芳烃化合物的一种，可用于生产聚酯纤维、涂料、燃料及农药。国内化工原料PX短缺，对PX相关产品依存度较高，2010—2011年，国内PX对外依存度在40%左右，2012年涨至48%左右，同时PX提炼项目利润空间巨大，各地PX建设项目一度蜂拥而上。据统计，中国大陆已建成10多个大型石化PX项目，主要分布于沿江沿海地区，这些项目合计产能已达到几千万吨。据国家发展改革委统计，2010年前提出新增（含改扩建）PX项目进入审批流程的一度达到13个之多，新增产能累计逾八百万吨。如四川成都年产1000万吨的彭州石化项目、天津年产2000万吨的渤海湾“石化走廊”项目等等，覆盖了从南到北、从东部发达城市到西部贫瘠地区、从沿海到内地的广大地域。PX项目建设潮引发各地民众对环境污染风险的强烈不安，民众在缺乏足够的化工风险知识、对称的信息来源以及有效的利益表达渠道的情景下，采取多种话语行动进行风险抗争，各地由此发生一系列的环境风险邻避事件。

所谓“邻避”，即“Not-In-My-Back-Yard（NIMBY）”，是指人们反对在自己社区附近修建公共设施的情绪、态度和行为①。该词于1980年由

① 张乐，童星．价值、理性与权力：“邻避式抗争”的实践逻辑：基于一个核电站备选厂址的案例分析［J］．上海行政学院学报，2014，15（1）：84-95．

一名英国记者提出，描述当时美国人对于化工垃圾极为警觉和反感的态度，后被媒体和学界广泛使用。邻避现象是在现代化与都市化的进程中，许多由集体使用的必要公共设施与非集体使用的生产设施，均因设施的外部性扩散而引起周边居民反对与抗争的现象①。通常邻避设施会以“最小抵抗路径原则”（the path of least resistance）选址建立在一些地区，但当这些公共服务设施的外部性影响达到一定程度或人们认知程度提升时，这些成本承载者就会产生较强的动机，以集体行动逻辑反对这些邻避设施。此类行动又被称为邻避型群体事件。结合邻避设施的分类，学界将邻避型群体事件分为：污染类、风向集聚类、污名化类、心理不悦类设施建设所引致的事件。

集中发生在2007年至2014年间的这一系列环境风险邻避事件，就其规模化、组织化与理性化程度而言，不是西方环境风险运动所描述的情形，也不同于詹姆斯·斯科特所谓的基于生活逻辑的个人化的“弱者的抵抗”②，更不同于20世纪90年代以来发生的突发性、暴力性和以泄愤为目的的群体性事件，而是一组有着核心诉求的围绕风险沟通而展开的邻避事件。尽管PX的化工属性在科学界定上比较清晰，但是在实际产业建设中，却成为与公众风险认知产生剧烈碰撞的议题。对这些不同的风险事件过程进行细致分析，可以深入了解当代公众对环境风险的感知、争鸣和表达实践，有助于揭示国内环境风险沟通中的实际问题和困顿之处，也为制定更有效的风险沟通策略提供参考。

这一组风险邻避事件看似发生在不同的时间和地域，但并不是彼此孤立的个案。第一，它们有着共同时代背景和社会情境条件，事件的起因、矛盾的焦点具有共同的指向性，即始终围绕着化工项目建设（地方经济利益）和化工环境风险（公众环境利益）之间的冲突而展开。第二，这些环境风险事件具有强烈的邻避诉求，也夹杂着公共性诉求，行动的要求直接指向环境治理和风险决策。第三，这些行动主体不是毫无共性的松散个体，而是作为环境利益的紧密相关人，彼此建立起认同③，并持续采取话

---

① 娄胜华，姜姗姗．“邻避运动”在澳门的兴起及其治理：以美沙酮服务站选址争议为个案［J］．中国行政管理，2012（4）：114-117.

② 斯科特．弱者的武器［M］．郑广怀，等译．南京：译林出版社，2007：1-3.

③ 孙玮．我们是谁：大众媒介对于新社会运动的集体认同感建构：厦门PX项目事件大众媒介报道的个案研究［J］．新闻大学，2007（3）：140-148.

语行动。他们以一种隐形组织和弱动员的方式，借助新兴媒体和其他行为标识公开地、理性地、有策略地表达自己的诉求。第四，这些风险事件之间存在着认知框架和行为剧目（contentious repertoires）上的一致性和延续性①。厦门民众创造了一种温和、理性的方式，表达风险预警和环境诉求。在后续的几个事件中，这一表达模式被公众所复制、嫁接和翻新使用。因此，这一系列邻避事件其实是一组连续统事件，彼此互为脉络，拥有内在的风险关联性。

本章对上述多个风险邻避事件展开微观的传播学考察，侧重研究这一组事件流中的媒介话语实践和风险沟通过程。PX 风险争议是一系列过程性事件，涵盖了媒体、公众、政府、企业以及其他利益相关方围绕环境风险展开一系列权力话语实践，既生成某种临时性权力关系，又不断消解既存的权力关系。这种权力关系的变迁既斑驳投影于大众媒介，又在作为民间舆论空间的网络媒介中掀起一波又一波的讨论，形成独特的传播景观。本章案例分析主要运用社会学“过程-事件”分析方法，将 PX 风险事件看成动态流动的社会实践，对事件的传播过程进行叙述和动态关联分析。其中，“过程”作为进入实践状态现象的切入点，是接近日常生活实践的一种重要途径。“过程”和“关系”所织就的社会脉络为 PX 风险争议的社会实践提供了具体的、生动的解释情境和场域，而大众媒介与网络媒介的话语实践正镶嵌在这一历史场景之中。

第一节　邻避事件中的风险传播与沟通过程

厦门 PX 风险争鸣是发生在 2007 年 3 月至 12 月的过程性事件。为了清晰呈现该风险事件的传播过程，本书以事件发展脉络为线索，分阶段勾勒其过程与媒介话语的动态关联，并且使叙述尽量还原和贴近社会实践本身。

一、厦门 PX 环境风险的披露

厦门又称“鹭岛”，历来以优美的海港和鼓浪屿风景闻名，拥有“联合国最佳人居城市”的称号和鼓浪屿国家级风景名胜区和自然保护区，是

① 蒂利，塔罗. 抗争政治 [M]. 李义中，译. 南京：译林出版社，2010：56-85.

一座环境优越的旅游城市。碧水蓝天、空气清新的厦门市海沧区成为厦门地产开发的新热点，吸引大量市民购买和居住。然而2006年以后，随着投资总额高达一百零八亿元、年产80万吨的PX（对二甲苯）化工项目的引进，海沧区被定位为石化生产基地。厦门市政府宣布，该项目是厦门有史以来投资最大的工业项目，建成后有望为当地带来八百亿元年收入，相当于厦门GDP总量的四分之一。在这之前，该项目通过了国务院、国家环保局和国家发展改革委的审批，2006年8月，海沧区土地开发总公司开始为项目征地，在40天内拆迁1 920亩，被当地媒体称为“史无前例的海沧速度”①。2006年11月17日，腾龙芳烃公司年产80万吨PX项目与翔鹭石化公司年产150万吨的PTA二期项目同时开工。

随着工程的进展，该项目的环境污染在当地民众的日常生活中开始凸现，PX环境风险隐忧成为当地居民一个无法忽略的问题。毗邻该工厂的温厝村村民以及小区业主注意到，每遇夜晚，四周总弥漫着一股酸味，有时甚至刺鼻到难以入睡。邻近的北京师范大学附属海沧学校部分师生亦时常闻到这股气味。附近的“未来海岸”业主觉察到几千米外的工业烟囱越来越多，空气越来越污浊，遂多次向当地环保局、政府部门、新闻媒体反映环境污染情况，但均无下文。在海沧区置业安家或投资兴业的民众对环境风险更加焦虑。

2006年底，厦门大学化学系教授、中国科学院院士赵玉芬从政府部门获悉海沧区PX（对二甲苯）项目，大感吃惊，她联合厦门大学环境系教授袁东星求证项目的安全性，并质疑：PX（对二甲苯）属危险化学品和致癌物，遇氧27摄氏度就会爆炸。这个项目中心5千米半径范围内，有超过10万人口的居民，有师生数近5 000人的厦门外国语学校和北师大厦门海沧附属学校。在7千米半径范围内，有厦门市政府和国家级风景区鼓浪屿。这些石化企业距离新城区最近的距离只有300米、离学校只有500米、医院在2 500米、离规划中的新城区中心点也只有1 500米②。赵玉芬、袁东星等人开始就此项目与市政府进行长达数月的沟通。但市政府表示，PX

---

① 杨继芳. 创造又一个海沧速度，海沧PX项目40天征地1920亩［N］. 厦门日报，2006-10-26（B2）.

② 郑燕峰. 106位全国政协委员签名提案，建议厦门一重化工项目迁址［EB/OL］.（2007-03-15）［2025-01-30］. https://zqb.cyol.com/content/2007-03/15/content_1699741.htm.

项目不是现任政府批复的，而是前三任市政府已经批复了的。市领导何某还说，他没听说过 PX 会爆炸，PX 项目论证时也都是经环保专家认可的。此后，赵玉芬、田昭武和徐洵三位院士从毒性、危害性角度再次展开风险论述。他们指出，鉴于海沧区的敏感地位，建议请国际专家参与环境评价和风险再论证。但厦门市政府方面未接受院士们的意见①。

2007 年 3 月，全国两会在北京召开。赵玉芬作为全国政协委员出席会议，她联合 104 位来自科技、教育、医药卫生、台盟、民盟、九三学社的全国政协委员向政府提交提案《关于建议厦门海沧 PX 项目迁址的议案》，对厦门海沧区的这一 PX 项目的安全距离表示担忧，要求暂停建设，建议迁址。这份共 105 位政协委员联名的提案立刻引起媒体的关注，被称为当年的“1 号提案”。

在这份提案中，赵玉芬等人列出了 PX 项目可能导致的安全后果和污染风险。例如选址，提案认为国际惯例是类似项目距离城市一般在 70 千米，中国一般在 20 千米，而海沧 PX 项目距离厦门主城区仅仅 7 千米，安全距离不够。这个提案经过《中国经营报》《中国青年报》等多家媒体的报道之后，瞬间在厦门引起强烈反响。赵玉芬在接受《中国经营报》的采访时说：“说 PX 你可能不清楚，但是 2005 年 11 月吉林双苯厂爆炸事件你一定记忆犹新，PX 就是对二甲苯，属危险化学品和高致癌物，对胎儿有极高的致畸率。而 PX 项目就位于人群密集的厦门海沧区。”② 厦门市民由此惊闻海沧 PX 项目蕴藏的巨大环境风险和健康隐患，产生强烈质疑。

此提案经过媒体报道亦引起国家环保部门的重视。2007 年 3 月 14 日上午 9 点，国家环保总局环评司司长会见提案代表，对该项目的环境风险表达了认同和理解，但表示无能为力，因为国家环保总局在项目迁址问题上没有权力。2007 年 3 月 18 日，厦门市召开小型会议，要求各部门统一思想认识，“委员提他们的，我们不理睬，要抓紧速度干”③。3 月 20 日，海沧区委也召开常委扩大会议，要求统一认识，全力以赴抓紧项目施工。

---

① 邵芳卿. 政协提案的背后：专家与官员的沟通 [EB/OL]. (2007-04-18)[2025-01-30]. https://finance. sina. com. cn/g/20070418/02493511281. shtml.

② 屈丽丽. 厦门百亿化工项目安危争议 [EB/OL]. (2007-03-19)[2025-01-30]. https://finance. sina. com. cn/roll/20070316/22141270190. shtml.

③ 黄瀚. 百名政协委员难阻厦门百亿 PX 项目 [EB/OL]. (2007-03-27)[2018-01-30]. https://business. sohu. com/20070528/n250269436. shtml.

2007年“五一”前，国家发展改革委调查组对厦门PX项目进行了实地调研，随后指出“国家发改委没有让厦门PX项目停建或者迁址的意思”。至此，专家的体制内沟通以及专家与政府的协商努力告一段落。

二、网络、手机短信的风险传播效应

尽管专家沟通努力没见成效，但是，“百名政协委员拦阻PX项目上马”的消息还是引起了厦门市民热议。3月26日，距PX项目约4千米的厦门“未来海岸”全体业主给赵玉芬院士写了一封信，信中表示提案揭开了不被大多数业主知晓的、令人忧心的内幕。这期间，陆续有多家异地媒体对市民反对PX项目的表达进行报道。网络成为民众呼吁的场所。在厦门著名的网络论坛小鱼社区、厦门大学的公共BBS上，关乎PX项目风险的帖子吸引了数以万计的点击率，“保卫厦门”“还我蓝天”的网文标题屡现。

在厦门市海沧区，由传言引发的恐慌情绪波及具体行业。毗邻PX项目的“未来海岸”，这个大型高尚住宅区如今已被戏称为“味来海岸”。部分购房者要求退房，其周遭的二手房价格亦应声而落。PX项目的污染风险摧毁着厦门市民对于环境的优越感和自信心。

2007年5月20日左右，一则手机短信开始在厦门市民中间广泛转发和传播，短信对PX环境风险进行情绪化的表达，并进行了风险动员。其完整的内容如下①：

> 台湾第一通缉犯陈由豪与翔鹭集团合资已在海沧区动工投资（苯）项目，这种剧毒化工品一旦生产，厦门全岛意味着放了一颗原子弹，厦门人民以后的生活将在白血病、畸形儿中度过。我们要生活、我们要健康！国际组织规定这类项目要在距离城市100千米以外开发，我们厦门距此项目才16千米啊！为了我们的子孙后代，行动吧！参加万人游行，时间6月1日上午8点起，由所在地向市政府进发！手绑黄色丝带！见短信群发给厦门所有朋友！

在短时间内，该短信被相互转发，愈演愈烈，《南方都市报》记者捕捉到这一事实并以“厦门百万市民同传一条短信?”为题加以报道。新华

① 蓝云，张羿迪. 厦门百万市民同传一条短信? [N]. 南方都市报，2007-05-29(A32).

网等大型媒体也报道了该短信在厦门的流传。“有没有收到短信?”成为厦门市民在五月底见面的寒暄语。

原籍厦门的凤凰卫视主持人杨锦麟5月28日在《有报天天读》节目中专门点评了厦门PX项目，“天天杨言”最后的点题是一个字——“毒!”。在网络上，厦门自由撰稿人连某在博客中积极介绍关于PX的风险知识，对PX项目进行“技术性击倒”；同时发表一系列文章，对PX项目及地方政府进行辛辣严厉的批评，并动员民众以言行反对PX项目。该博客的点击率迅速攀升，被网民广泛转载。市民吴某建立了“还我厦门的碧水蓝天”QQ群，由于加入人数太多，这些群以1、2、3的序号加以区分。在厦门街头，居民楼、建筑工地墙头、公交车站等处出现了以PX风险为主题的涂鸦作品，并被大量转贴到网上①。此时，“反对PX”在厦门市民中已成为主流风险论述。

2007年5月28日，《厦门晚报》刊登数万字的《海沧PX项目已按国家法定程序批准在建》文章，强调该项目是合法、经过环保审批的项目，并对该项目的环保措施进行了叙述，通过与国外化工厂对比，说明厦门PX项目是环保的。该文的出现被舆论视为政府强势推进风险项目的信号。5月底，厦门市民表现出对环境风险的极大焦虑，风险动员不断累积。2007年5月30日上午8时50分，厦门市政府召开新闻发布会，宣布缓建海沧PX项目的决定，并启动公众参与程序。这一缓建决定是风险沟通的一个转机。《南方周末》于5月31日发表头版文章《百亿化工项目引发剧毒传闻 厦门果断叫停应对公共危机》。此后，《南方周末》全面介入厦门PX项目的环境风险报道，并成为这一议题的风向标。

三、公众座谈与迁址决策：风险沟通的成效

2007年12月，地方政府与公众的风险沟通开始峰回路转，取得积极成效。12月5日，厦门市政府正式发布环评报告简本，并宣布启动公众参与程序。2007年12月7日，厦门市公布公众座谈会报名方式。12月9日中午12点整，报名参加座谈会的人数为624人，最终进入抽号程序的报名者共519人。2007年12月8日晚9时左右，厦门网开放公众投票平台，

---

① 佚名. 厦门：反PX涂鸦大集合［EB/OL］.（2007-05-29）［2010-06-28］. http://www.360doc.com/content/07/0529/12/142_526877.shtml.

题为“倾听民声　科学决策——厦门市重点区域（海沧南部地区）环评报告网络公众参与活动”。最后公布投票结果有 55 376 万票反对建设 PX 项目，超过了九成，同意建设的只有 3 078 票。

2007 年 12 月 10 日，厦门市政府在《厦门日报》上全部公布了 624 名自愿报名参加座谈会的市民名单。随后，通过公开随机摇号的方式产生了 100 名参加厦门海沧南部地区环评座谈会的市民代表，抽号过程通过厦门电视台二套全程现场直播。第二天晚上 10 点，在厦门电视台一套回放。原定的方案是参照体彩的抽奖方式，用机械抽出一个球（号码），然后让身份证号码尾数相同的报名者参加座谈会，“但由于担心市民怀疑政府作假。最后，临时决定改机械抽号为人工，从滨北小学请来 12 位小学生”①。

2007 年 12 月 13、14 日，公众座谈会如期举办。驻厦中央级媒体及厦门本地媒体获准入内旁听，外地记者则被安排在会场隔壁餐厅收看实时转播。据报道，参会的普通市民 107 人，会上发言的有 106 人；在参会的人大代表与政协委员中，发言的共有 14 人，为避免操控舆论嫌疑，人大代表和政协委员座位安排在市民后面，并且从 51 号开始领号牌发言。座谈会上，反对建设 PX 项目的发言者占总人数的 71%，11% 的发言者支持 PX 项目建设②。

2007 年 12 月 13 日中午，翔鹭腾龙集团（PX 项目方）办公室授权《南方周末》发布了《翔鹭腾龙集团致厦门市民公开信》，指出：①PX（对二甲苯）低毒，不会致癌致畸，也不是原子弹；②海沧 PX 项目采用世界先进的工艺专利技术，环保投资巨大，安全稳定和可靠性更有保障；③海沧 PX 项目与居民区完全可以和谐共处。公开信还指出翔鹭石化是通过环保验收的，其排放没有超标。但是，由于市民的风险焦虑已经产生，项目投资方的这些阐释行动已经难以逆转市民的风险认知和传播。

其间，福建省委举行关于厦门 PX 项目的专项会议，时任省委书记明确表态：虽然这是一个大项目、好项目，但是那么多群众反对，因此应该慎重考虑，应该以科学发展观、民主决策和重视民情、民意的视角来看待

① 朱红军. “我誓死捍卫你说话的权利”：厦门 PX 项目区域环评公众座谈会全记录［N/OL］.（2007-12-20）［2024-12-30］. https://news. sina. com. cn/o/2007-12-20/095313114367s. shtml.

② 朱红军. “公众参与”背后的政府考量［EB/OL］.（2007-12-20）［2024-12-30］. https://news. sina. com. cn/o/2007-12-20/095313114368s. shtml.

这件事。这一表态促使事件进一步明朗化发展。

2007 年 12 月 18 日，《大公报》首次报道 PX 项目即将迁址漳州的古雷半岛。12 月 19 日，《人民日报》发表文章《厦门 PX 项目：续建、停建还是迁建》，指出："如今，各方专家意见倾向一致：在海峡西岸地区择地迁建，是一个上上之选。"通过半年的沟通，厦门市政府最终正式宣布将 PX 项目迁建漳州，预选地为漳州市漳浦县的古雷半岛。至此，厦门 PX 风险事件趋于平息。

公众参与程序的启动以及厦门 PX 项目迁址决定的公布，再一次点燃了民间舆论，并激发了媒体的报道热情。2007 年 12 月底至 2008 年元月初，厦门 PX 风险议题再一次出现持续性的媒体报道高峰，国内大大小小的媒体纷纷报道了厦门公众座谈会的召开、网上投票和市政府迁址决策等相关议题，并对厦门 PX 风险事件展开大篇幅的回溯性、述评式报道。《南方周末》在当年的"年度人物评选"时，将"厦门人"整体作为候选对象，并撰文褒奖。许多评论家通过媒体指出，厦门 PX 事件具有标本意义，是"政府和市民在一起成长"①。

第二节　体制内的环境风险沟通实践②

一、环境风险的公开化：两会讨论与媒体关注

广州南沙石化项目，是中国-科威特合资的炼油化工一体化项目（简称"中科炼化项目"），是中石化公司和科威特石油公司联合体（包括科威特石油国际有限公司、科威特化工工业公司、陶氏化学），按股比 50∶50 合资建设的一个大型石化项目，总投资逾 600 亿元（合 90 亿美元），建成后将在上游形成 1 500 万吨炼油能力，下游主要年产 100 万吨乙烯和其他精细化工产品。该项目的投资金额，在国内仅次于中石油、壳牌、卡塔尔石油公司三方合资的浙江台州炼化一体化项目，位列全国第二。

---

① 朱红军，苏永通. 民意与智慧改变厦门，多方利益博弈趋于多赢［EB/OL］.(2007-12-19)［2024-12-30］. https://news.sina.com.cn/o/2007-12-20/095313114377s.shtml.

② 谢鹏，贺颖彦. 六百亿石化项目迁离珠三角始末［N］. 南方周末，2009-09-10(C13).

2006年6月，南沙石化项目获得国家发改委开具的“路条”：允许开展环评等前期工作。2007年11月起，项目的前期工作在广州南沙港区陆续展开。项目的土地平整工程招标工作自2008年1月起展开。广州市副市长、南沙区委书记陈某在2007年1月份接受《南方日报》采访时说，争取2010年开始炼油。按照国家规定，像中科炼化这样对环境有重大影响的项目，首先是要由建设方和投资方邀请委托环评机构编写环评报告书，送到市里初审，再送到省里预审，最后才是上交国家环保部。国家环保部受理环评之前，必须先出台广州石化产业规划环评和南沙地区发展规划环评。引发巨大争议的正是南沙区发展规划环评报告。

在2008年1月召开的广东省两会上，广东省人大常委会环资委委员、省环保技术中心主任刘奕玲首次将该项目的风险争议公开化。她在大会上质疑《2008年广东省重点建设的新开工项目目录》中的南沙大石化项目：环评都未审批，怎么能开工？她联合14位人大代表（其中多名广东省人大常委会委员）实名建议南沙石化项目暂缓列入2008年重点开工计划。省人大代表的质疑旋即蔓延到稍后的广州市及周边城市两会上，甚至在全国两会上也引发讨论。其中，离这个项目选址仅一条水涌之隔的中山更是反应强烈，中山市政府正式向省里提出暂缓项目建设的建议①。

面对种种质疑，广东媒体做出了不同的反应。广州市辖媒体，如《广州日报》《羊城晚报》连续安排版面发表新闻报道，解释广州政府立场，支持南沙石化项目的建设。而同城的省级媒体，如《南方都市报》《南方周末》则频频对项目发出质疑和追问，并将这种质疑提至全国两会平台，记者直接向中央部委提问。

在体制内部，当时的广东省社科院院长以书面形式质疑了南沙中科炼化项目。2008年2月底，梁桂全根据该院下属研究中心形成的调研报告，认为南沙不适合引入大型石化项目。他直言这个利益巨大的项目考验的是政府落实科学发展观的问题，并建议将这个项目放在广东省东西两翼，特别是人口密度低和环境容量大的广东西部，以降低环境风险②。

---

① 谢鹏，贺颖彦. 六百亿石化项目迁离珠三角始末［N］. 南方周末，2009-09-10（C13）.

② 谢鹏，贺颖彦. 六百亿石化项目迁离珠三角始末［N］. 南方周末，2009-09-10（C13）.

二、地方政府间的风险争议与媒介议题设置

对于南沙石化项目，地方各级政府的意见并不统一，最明显的是广州市环保局和省环保局的分歧。广州政府部门优先考虑的是广州的经济利益。而广东省环保局则对南沙项目的环境风险问题一直持质疑态度。

更重要的是，项目所在地广州与相近的深圳、中山等周边地区对该项目环境风险的看法截然不同，因而对项目选址颇有意见。对于这些周边地区来说，南沙石化的环境污染风险对自己的影响要远大于对广州的影响。南沙区位于珠三角城镇群的中心，南沙项目距离广州市中心 68 千米，但距离深圳市中心仅 40 千米，距离深圳南山区只有 18 千米。距香港元朗只有 37 千米，离澳门只有 40 千米。其他受影响的城市中，珠海离南沙项目 31 千米，中山 23 千米，东莞 43 千米。南沙项目与经济最发达、人口最密集的虎门、长安、沙井、西乡、新安等地，以及拟兴建的硅谷园区的间距，只在 20 千米上下。且这些市镇都处于项目的下游和下风向，如果发生污染，污染物必然向处于下游、下风向的这些城镇逼近。因此如果项目开建，深圳及港澳受到的影响比广州更大。2008 年2 月，在中山市的政协会议上，政协委员吴桂昌、何祥吉联名提出《关于向省里反映意见，以期搁置广州南沙石化项目的建议》，吴桂昌表示南沙石化项目对中山市的污染风险不容小觑。因此，中山、深圳等地向省政府提出搁置、缓建南沙石化的要求。按照 2007 年 8 月 12 日国务院常务会议通过的《环境规划评价条例》，项目应当“先做功能区划的评估，推动区域环评，再做具体项目评估”。关于环评问题，参加过南沙产业发展环境可行性研究的广东科学院广州地理研究所资源环境研究中心主任陈俊鸿向记者表示，在《环境规划评价条例》出台之前的法律框架和环保标准下，很难找到南沙石化项目不可以建设的充分依据，因为单个项目的环评不考虑平行项目或后来项目。但若是做区域环评，南沙石化能否通过就很难说了。

2008 年 3 月 4 日，《南方都市报》记者在全国政协会议前向时任国家环保总局副局长的潘岳提问：“把中科合作炼油这么一个大型石化项目放在南沙，您觉得合适吗?”潘岳则回答：“我认为所有海域、流域还有区域，都应进行规划环评，而所有区域和行业规划，都应考虑环境的因素，

广东和广州也不例外。”[①] 而在此之前，由于港珠澳区域性的污染问题突出，环保部并没有批准南沙石化项目的环评报告，国家发改委允许其启动前期准备工作，但并未批准开工建设。国家发改委负责人在两会期间回答媒体记者：“到现在为止，南沙的这个项目只能说是一种立案，并没有建设，并没有获准，并没有形成最终的可行性研究报告。”这种表态促使地方政府对于南沙石化项目的态度发生转变。

2008 年 4 月开始，香港地方政府在获悉广州地方和全国两会上对南沙石化项目的风险争议以后，去信广东省政府相关部门，就中科炼化项目对香港可能造成的环境影响展开风险沟通。其后通过粤港合作联席会议，港方不时向粤方了解该项目的进展情况，香港环保局还通过特首就项目风险问题进行了多次沟通。广州市人大代表曾德雄认为，促使南沙石化项目迁址这件事上，香港方面的沟通与给出的压力起了相当作用[②]。

正是由于不同层级政府内部的这种风险争议的存在，不同级别的媒体找到风险报道的可能空间。《南方都市报》等省级媒体不断发出对南沙石化项目环境风险的质疑，并将争议提交到国家环保部。与此同时，《南方都市报》就南沙石化问题发表评论，批评地方政府的环境风险决策[③]。网络评论人连某在牛博网转载了该评论，并附标题“市长是可以批评的：再次对南方都市报表示敬意”，被网友广泛阅读和转载[④]。2008 年年底，《南方都市报》就国内连续发生的环境风险争鸣事件再次发表社论文章，被媒体和网友评选为“2008 年度十大评论”的第一名[⑤]。主流媒体的言论和报道对地方政府风险决策发挥了影响，体现了大众传媒对环境风险沟通的综合协调机制与舆论监督功能。

---

① 游星宇，朱丰俊，严艳. 绿色 GDP 没公布因阻力：潘岳：南沙石化问题愿专门谈［EB/OL］.（2008-03-04）［2025-01-30］. https://news.sina.com.cn/o/2008-03-04/033613513919s.shtml.

② 据陈科、袁光锋 2009 年 11 月 24 日对广东省人大代表曾德雄的访谈资料。

③ 南方都市报. 南沙石化项目的真正动力是区域利益［EB/OL］.（2008-03-16）［2024-01-30］. https://news.ifeng.com/opinion/200803/0317_23_444215.shtml.

④ 连岳. 市长是可以批评的［EB/OL］.（2008-03-18）［2010-06-18］. http://www.360doc.com/content/08/0317/14/19076_1124808.shtml.

⑤ 南方都市报. 社论：散步是为了遇上可说服的市长［EB/OL］.（2008-12-30）［2024-01-30］. https://news.ifeng.com/opinion/200812/1230_23_947041.shtml.

三、项目高调迁址与媒介宣传

就在南沙项目处于拉锯战的胶着状态时，广东省政府参事王某于2008年4月24日向省参事室提出《建议建立环境容量减排许可制度》，呼吁只有在完成减排指标后，进一步减排，才可以在足够的环境容量内，安排新增大型项目的建设，以确保环境质量明显改善；南沙石化必须是在完成减排指标，并确实形成了新增环境容量，且能证明新增的容量能够承受得起该项目的新增排放之后才能上马，否则国内外及港澳舆论压力会非常大。这个参事建议否定了此前提出的环境容量置换的折中方案，对项目的风险决策的转变起了作用。

时隔一年，2009年7月30日，法新社报道南沙石化项目因考虑到环境问题等因素，已经迁出南沙。国内媒体纷纷转载、引用了该报道，报道广州南沙项目迁址的消息。政府领导人随后接受国内外多家媒体采访，阐述政府尊重民意的重要性。中国石化集团也随之宣布，中国政府与科威特王国政府已于2009年5月签署关于在广东省建立和发展炼化一体化合资项目的《谅解备忘录》，项目厂址选在湛江东海岛，这意味着，南沙石化项目经过近三年的波折后，重新落户湛江东海岛，其投资规模也从最初的50亿美元扩展到约90亿美元。

迁址决议的宣布令此前一直关注此事的媒体感到"既吃惊又兴奋"①。尽管公众和媒体对迁址决策过程并不清楚，但这一消息使南沙石化风险议题再次成为报道和评论的话题。在传媒的积极报道中，广东地方政府及其领导人形象得到高度赞扬，"和谐社会""科学发展观"等主流政治话语被频繁提及，它们取代了一年以前报道厦门PX风险议题时所经常使用的"公民社会"话语框架，成为新时期媒介话语的主导。

第三节　环境风险沟通的对照：两个地方案例

自2007年厦门PX项目风险引发地方质疑后，PX作为环境风险的代表性议题进入公众视野，并形成固定的风险认知框架。而后几年，大连、

① 据陈科、袁光锋2009年11月对《南方周末》《南方都市报》《新快报》记者朱红军、朱丰俊、王华平等人以及部分人大代表的访谈。

宁波、九江、茂名等地关于 PX 项目的风险博弈从未停止。不同风险事件中，各地政府、媒体、专家和公众的表现各不相同，各方都在不断寻求一种行之有效的风险沟通方式，以平衡经济利益与公众的风险焦虑，在探索与碰撞的过程中产生了不同的连锁反应。在网络与社交媒体时代，每一次的风险争议都留存在公众媒介“记忆”中，直至下次被激活，风险框架得到延伸和互文引用。从时间链上来看，各地 PX 风险争议事件中产生的政府信息公开问题、公众参与风险决策问题以及社会信任问题是引发冲突的重要变量，虽然这些问题未能得到根本解决，但在各地的引发的风险沟通效益并不相同。这些沟通实践有正面的经验，也有反面的教训。基于此，本章选取九江、茂名两个地方案例进行对照分析。

一、积极的风险沟通：九江案例

九江市地处赣、鄂、湘、皖四省交界处，是长江中下游重要沿江港口城市，面积约 1.8 万平方千米，境内有著名的庐山和鄱阳湖风景区，是中国旅游热点城市之一。2009 年 12 月，中国石化集团与江西省政府签订江西九江石化炼化一体化项目的战略合作协议，其中包括 PX 项目。九江 PX 项目是 60 万吨芳烃联合装置，占地面积约 6.5 万平方米，是我国中部地区大型的芳烃加工基地。地方政府引进 PX 项目的目标是促进当地产业链的发展。九江石化于 2012 年 4 月 10 日在九江市政府、环保局网站、当地报刊、各区政府、街道办、村委会、学校等各个渠道公告栏张贴该项目环评的第一次公示。初次公示并未引起任何反对性意见。

有分析显示，九江石化近三十年来在当地从未造成污染问题，并带动了当地经济发展，因而居民对企业信任度较高。记者对当地居民的采访也印证了这一点。2012 年 9 月 27 日，按环评导则规定，环评报告编写完毕后，九江石化进行了第二次为期 27 天的公示。在此期间，宁波发起沸沸扬扬的抵制 PX 事件，故九江的这次公示引发当地人的关注，成为讨论热点。据环评规则规定，除两次公示外，相关单位还应开展调查问卷、座谈会等流程听取公众意见。2012 年 10 月，九江市环境科学研究所（简称“环科所”）在九江市范围内举行了公众问卷调查，调查范围为项目选址 20 千米以内的重点调查区和 40 千米以内的社会关注区。由于九江市处于省交界处，环科所还跨省发放了部分调查问卷。共发放调查问卷 920 份，收回 866 份，有效回收率为 94.1%。其中持不赞成意见有 74 人，仅占调查样本的8.5%。在之后两个月，环科所在市政府的帮助下进行实地回访、沟通，最后仅有一人持不支持意见。同时企业在网络上邀请几位强烈反对PX的网民和版主进行沟通、科普宣传后，平息了网络上质疑的声音。2012年10月20日上午，在市政府的要求下，九江石化带领石化厂周边的居民、市人大代表、环保局及另外几个区的领导共40多人，前往金陵石化实地参观。此次参观人员直观认识到PX项目的安全性，降低了对PX的风险预期。当天下午，九江石化、环评单位及九江市环保局联合举办的PX项目环境影响评价公众参与座谈会顺利进行。与会公众理性发言，就建设PX项目达成共识，并探讨PX风险怎样控制、如何对当地进行补偿及支持等后续问题。至此，九江PX项目平稳有序向前推进。而这些有效沟通为后期（2013年5月）化解冲突起到关键性作用。

虽然九江PX项目公示期已过，但国家环保部认为PX属重大敏感型项目，环评报告递交中应有公众意见收集部分，因九江市公众反映较为平静，环保部要求九江项目延长公示期。九江市《浔阳晚报》继而刊登了二分之一版的公示内容，并公布九江环科所相关负责人的联系方式。在这期间，九江的宁静又一次被其他地方爆发的PX风险争议事件打破：2013年5月昆明市发生抵制PX的事件，九江市关于PX芳烃项目的咨询电话暴增。2013年5月6日，九江新闻网论坛板块出现了一篇名为《PX芳烃工程要落户九江了，九江人民等着受死吧!》的帖子，反对建设PX项目，其中观点之一是其他城市停建PX，九江也需要抵制，帖子对PX表露出强烈的风险焦虑。九江“PX项目讨论群”的QQ群内成员数量激增，群内成员也多数持反对意见，并动员抵制活动。10日开始，九江论坛关于PX项目的网帖点击率高达23 000多次，回帖358个。随着网络舆论的发酵，线下抵制形式开始出现苗头。

在这种状况下，九江市委、市政府启动了应急机制，组建了包括公安、宣传、环保等相关部门，以及浔阳区、庐山区、庐山管理局和九江石化在内的“九江石化芳烃项目推进领导小组”，统一部署环境风险沟通。自5月6日起，领导小组进行广泛的科普宣传教育。市委、市政府根据市民的讨论动向以及关心的问题编发了3 000多份宣传册，发放到各个街道办，由街道办下放到居民家庭。同时相关负责人展开了20多场针对教师学生、公务员及网络意见领袖等群体的科普报告，并带来宾进入项目装置现场进行实地参观，证明其安全性。5月11日，九江石化邀请了6位网上的意见领袖见面，进行有权威专家背书的PX相关知识讲解，并带领他们进入拟建现场参观。九江相关方面采取的及时、平和的沟通方式转变了意见领袖们的态度。他们在群内进行理性的宣传，将此行的相关资料上传，安抚网民焦躁不安的情绪。九江市政府工作人员请PX相关专家与前来市政府的少数市民进行交流沟通，现场未出现成规模的抵制活动。5月15日，机关干部对公示期反馈意见的来电群众进行回访，并上门开展单独沟通。5月17日，九江市在全市范围内展开了大规模科学宣传教育工作，充分利用媒体的宣传功能，九江电视台和全市公众场合的大屏幕上连续播放中央媒体采访中国工程院院士曹湘洪的视频和焦点访谈释疑PX项目的节目。其次，对全市经济部门和教育系统的干部职工进行PX项目的宣传教育活动，并组织学校的化学教师到九江石化厂区进行参观。大量的PX科普工作起到了促进科学认知、降低风险焦虑的效果。

2013年5月23日，九江石化相关负责人带领持反对意见的70多人重回金陵石化厂进行参观。市民发现，PX无味，且与金陵石化总经理办公室的距离仅200多米，并亲身体验了PX样本。经此一行，公众相信了PX科普知识，消除了风险焦虑。九江石化与市政府坦诚的态度达到了良好的风险沟通效果，最终九江PX项目顺利进行。

二、错位的风险沟通：茂名案例

广东茂名是华南地区最大的石化基地，以“南方油城”闻名海内外。20世纪50年代，茂名地区发现了丰富的油页岩储量，茂名石化工业由此起步，并逐步成长为该市的支柱产业。广东省出台的《关于促进粤西地区振兴发展的指导意见》中，茂名被定位为“世界级石化产业基地”。

2009年茂名市第十届人大四次会议《政府工作报告》第一次提到PX项目，其中提出全年安排重点建设项目100项，加快推进2 000万吨炼油改扩建、60万吨PX、煤制氢等重大项目的建设，进一步巩固茂名石化公司作为全国最大炼化一体化企业的地位①。2011年，茂名PX项目获得国家发改委同意，并被列入国家“十二五”规划，成为茂名冲击“世界级石化基地”目标的重要举措之一。与以往不同，茂名市政府事先已经意识到

① 茂名人大. 市十届人大四次会议《政府工作报告》亮点［EB/OL］.（2009-03-29）［2011-05-11］. http://rd.maoming.gov.cn/index.php?s=news&c=show&id=5931.

PX 项目风险在当时极具争议，于是未雨绸缪地展开了将近 30 天的宣传活动，包括当地媒体科普宣传、网站言论管理、PX 专题讲座等，试图在公众充分了解知识的前提下开展风险沟通，化解可能的风险冲突。但是茂名反对 PX 的声音在科普工作进行 31 天后反而愈演愈烈，最终演化为环境群体性事件。为了总结风险沟通的经验教训，以下对该事件的发展过程加以简单勾勒。

（一）单向线性“沟通”：媒体的密集宣传

2009 年，广东省委书记在考察茂名时指出：“当前茂名石化产品后续加工能力还非常薄弱，没有体现石化项目‘产业链条长、关联度高、带动性强’的特点。”要求茂名加快石化产业后续产业链的建设。作为一座典型的重工业城市，石化产业带给茂名众多辉煌：2000 年到 2007 年，茂名地区的经济总量均居粤东西北各市前列，石化产业在其中起不可替代的作用。但随着惠州、揭阳、湛江等广东沿海新兴石化产业的崛起，茂名的龙头地位开始受到挑战。在此背景下，发展石化下游产业链项目成为茂名市“十二五”规划的重头戏，PX 项目由此列入了茂名市“十二五”规划纲要重大项目表。

茂名市政府意识到公众对 PX 项目了解有限，担心引发社会抗议。2014 年 2 月初，茂名政府组织本地媒体及广东省级媒体召开新春座谈会，就茂名即将推进 PX 项目，向与会媒体咨询舆论该如何引导、群体性事件该如何化解等问题。由于国内已发生多起 PX 风险事件，茂名市主要领导组队赶赴江西九江，意图学习九江推进 PX 项目的经验，得到的经验就是加强科普与宣传。地方政府针对 PX 项目制定了“宣传先行”的举措，以《市委宣传部积极做好茂名石化重点项目宣传工作》为指导，要求本地网站、三大通信运营商负责人，严格管理相关舆论与信息；媒体要加强宣传，扩大报道面，引导良好的舆论，要“贯彻落实市委、市政府有关会议精神，推进茂名石化重点项目建设”①。

最初阶段，媒体宣传并未提及 PX 项目，而是着重肯定茂名现存石化产业的方式传输石化行业为茂名带来利益，且未造成污染的历史。比如 2014 年 2 月 27 日，《茂名日报》头版刊印了字号加粗的标题：《茂名石化

---

① 黄芳，刑利诚. 茂名：绕不过的 PX 项目 30 天宣传车论战挡不住恐慌与脚步 [EB/OL].（2014-04-01）[2022-05-11]. https://www.163.com/money/article/9ONVPA3100253B0H.html.

绿色高端产品走进千家万户》，详尽介绍茂名石化绿色低碳的经营理念、精细化的企业管理、担当社会责任的企业形象等。2 月 28 日，《茂名日报》用两个整版的篇幅作了《茂名石化：快马加鞭建设世界一流企业》的报道，重点宣传茂名市实施绿色低碳战略以来所取得的成就，但没有平衡提及环境治理经验。

3 月 17 日，茂名市组织媒体召开闭门会议，制定“芳烃项目宣传手册”及“茂名芳烃项目基本情况介绍”，向媒体介绍了茂名即将推进的 PX 项目的投资、选址情况等，会议上还播放了《焦点访谈》关于正确认识 PX 项目的内容，向媒体人员介绍 PX。在这次会议中，茂名市政府要求茂名当地网站负责人“严控 PX 有害论”，做好网络 PX 言论的管理。3 月 18 日，茂名电视台和茂名石化公司电视台连续播放《认识茂名芳烃（PX）项目》宣传片，制作了针对村镇基层百姓的粤语版宣传片。至此，PX 一词开始被正式提及。《茂名日报》的 PX 项目宣传也更加密集，连续发表《PX 知识知多少》《揭开 PX 的神秘面纱》《PX 到底有没有害》《PX 项目还要不要继续发展》《PX 项目的真相》等一系列科普文章①。这个过程，主要由政府与媒体合作正面宣传，从社会治理、知识科普以及经济发展框架来强调 PX 项目建设的必要性，但尽量淡化环境风险，公众则始终被设定处于接收信息的状态。与此同时，茂名市政府召开石油产业专题学习会，邀请中国工程院院士、清华大学金涌教授作“茂名 PX（芳烃）项目的解疑答惑”专题讲座。自 2014 年 3 月 19 日起，该讲座的内容每日都在茂名市电视台和茂名石化公司电视台播出。

高调密集的科普宣传加之严格的网络管理，加之没有设置反馈环节，看不到民众真实意见，使茂名市政府乐观地估计了形势，误判民众对 PX 项目的态度，将“不能反馈”当成“没有反对”。这种密集单向灌输加上隐约透露的“茂名 PX 项目即将上马”的信息，加剧了当地公众的不满以及对政府决策的怀疑情绪。

（二）错失沟通良机：危机公关失效

经过密集的“科普”宣传，当地政府产生一种错觉：PX 项目已家喻户晓，信息已经充分送达并被接收，“社会舆论虽对 PX 项目仍有争议，但目前舆论可控”。在这样的错误判断下，茂名市政府实施了一项措施，在

---

① 刘建华．广东茂名 PX 事件调查［J］．小康，2014（5）：70-72．

本就不安的公众情绪上添柴加火，签订承诺书。

2014 年 3 月中下旬，茂名石化系统和教育系统的工作人员、学校学生被要求签订《支持芳烃项目建设承诺书》。承诺书要求签名者维护茂名有关 PX 项目的决策，不发表任何妨碍芳烃项目建设的言论；不组织、不参与任何反对和阻挠芳烃项目建设的活动①。这一举措反而迅速点燃了公众情绪。他们开始在网上搜索 PX 项目的相关信息，而看到最多的就是各地的 PX 项目风险引发的群体性抗争。这更加深了公众的不安与恐惧：如果 PX 项目有害、有危险，为什么政府如此着急上马？如果 PX 低毒为什么其他城市都反对？而茂名市政府则表示，正是因为国内曾发生过多起关于 PX 的“造谣、传谣”和风险事件，市政府才希望以签订承诺书的形式来达到引导公众通过正常渠道反映问题的目的。但这种做法在公众看来适得其反，被视为无疑是“此地无银三百两”或“隐形的强制”，比如有人强调如果不签会对“高考不利”“对升迁不利”等。该举措触发了公众情绪，网络舆论开始发酵。茂名当地论坛及贴吧，关于 PX 项目的帖子开始大量出现，讨论茂名是否要建 PX 项目，以及传播其他地区反 PX 事件的信息等。针对这些网上质询，茂名市政府并未重视并及时疏导其间的意见与情绪，而是采取严格控制措施。2014 年 3 月 17 日起，当地有关部门下发文件，要求地方网站对网络舆情加强监控，及时处置引导，“对发表过激言论的网友进行身份核查，进行教育训诫和稳控”，并将来访媒体拒之门外，拒绝谈论任何有关茂名 PX 项目的内容。这种“堵”而不“疏”的举措加剧了紧张关系，切断了风险沟通的可能。

2014 年 3 月 27 日，茂名市政府举办 PX 推广会，继续开展危机公关，防止 PX 争议演化为群体性事件。但会议以沟通失败告终。茂名 PX 项目工作组希望以内定的方式邀请 50 位左右的知名网友参加该场推广会，但与会者却达到 250 人。这一远超预想的与会人数透露出公众对环境风险的知情同意关切，以及试图通过座谈会与政府进行风险沟通的愿望。并且，与会者大都是有一定影响力的网络意见领袖。茂名地方政府本应抓住这一风险沟通良机。对比不久前的九江案例，九江风险沟通成功的关键，正是政府努力与意见领袖达成一致，进行良好沟通，才化解了九江公众的疑虑，促使九江项目的平稳落地。根据两级传播理论，舆论意见领袖对公众的认

① 周清树. 茂名事件前的 31 天 [N]. 新京报，2014-04-05 (A16).

知和判断往往起到关键中介作用。如果地方政府通晓传播学知识，抓住这一难得的沟通机会，或许可以改写茂名 PX 项目走向，降低公众的环境风险焦虑，至少可以减少风险冲突的烈度。但这一风险沟通机会再一次被与会的政府部门错失。在推广会上，茂名地方政府仍然采取单向传输方式，播放了《焦点访谈》关于正确认识 PX 的内容，随后茂名市高新区管委会负责人就 PX 项目进行了解读。事后，想要离场的负责人被与会代表拦住，被要求回答网友疑问。但该负责人限定只回答三个问题，难以让在场网友满意。与会网友继而与工作人员发生争吵，推广会场面失控。这场推广会带着浓重的官僚作风，既没有给予在场公众多少提问机会，也未对公众关注焦点进行深入回应。本该是地方政府与公众沟通互动的一次契机，却因地方官员的强硬态度与单向宣传错失良机。会后，现场网友交换了电话、微信，形成风险团体，并在网络上形成新一轮的风险动员。

（三）迟到的沟通："不会违背民意上马 PX 项目"

从公众视角来看，茂名作为一座典型的重工业城市，日趋下滑的城区空气质量和水污染问题使人不堪其扰，茂名市民自我调侃"茂名的特产是鼻炎"①。当媒体关于 PX 项目的宣传密集出现时，市民公众对环境风险的担忧反而日益浓重。这一风险感知与当地政府的预判实际相反。

2014 年 3 月 27 日，风险沟通失败后，茂名再次重现了 PX 项目的群体性冲突，风险理性建构被打断。3 月 30 日，部分公众聚集到茂名市委大院门口，手持横幅抵制 PX 项目，要求"PX 滚出茂名"。聚集人群越来越多，场面逐渐陷入失控，随后出现打砸车辆、沿街商铺、广告牌的行为，不法人员纵火烧毁多辆执勤警车及无线电通信车、拖车②。随即事态进入维稳和惩治犯罪的局面。2014 年 4 月 1 日，部分抗议行为蔓延至广东省政府所在地，要求停建茂名 PX 项目，杜绝环境污染风险③。

2014 年 4 月 1 日，《茂名日报》头版发表《PX 项目仍处于普及知识阶

① 王小明. 茂名难题：PX 风波背后的转型之困［EB/OL］.（2014-04-05）［2022-05-11］. http://www.cb.com.cn/index/show/jj/cv/cv1151510070.

② 谢力忠，许巨滔，张越. 市民纷纷谴责闹事打砸烧行为［N］. 茂名日报，2014-04-01（A1）.

③ 帅诚. 民众抗议茂名 PX 官称不违民意，近百人粤府门前展标语表诉求［EB/OL］.（2014-04-02）［2024-12-20］. http://paper.wenweipo.com/2014/04/02/CH1404020029.htm.

段 上马与否需听民意才决策》，称“该项目仅是科普阶段，离启动为时尚早”。与此同时，抗议人群选出5位民意代表，被邀请与副市长在内的政府官员进行座谈①。在此次座谈中，副市长承诺在考虑项目上马时一定会通过各种渠道听取市民意见之后再进行决策，在社会没有达成共识前绝不会启动②。4月2日，茂名市委党校市情研究中心召开恳谈会，邀请一批知名网友共同探讨PX项目。2014年4月3日下午，茂名市召开新闻发布会，通报PX项目有关情况，并承诺“在社会没有达成充分共识前，绝不会启动该项目”。茂名PX风险事件最终以官方宣布停建项目而告终。

九江与茂名两个地方案例，既给我国环境风险沟通提供了可供对照的情境，也提供了鲜活的经验教训。对两个案例进行对比分析，可以得到许多的启示（见表4-1）。

表4-1　九江和茂名事件不同参与主体表现对比

事件	结果	沟通过程		
		政府、企业	媒体	公众
九江PX	顺利进行	开放对话、信息透明	全面科普、深入基层	从积极反映诉求到理性参与
茂名PX	项目终止	以专家宣讲为中心的风险管理	灌输式宣传	地方公众从被动接受到主动应对（线下抗议）。网络则衍生出“PX百度词条‘保卫战’”

在九江与茂名案例中，地方政府、企业在风险沟通过程中的表现形成强烈对比。九江市政府与九江石化企业将公众纳入对话过程，而非局限于单向宣传。政府和企业在传播风险评估结果、科普PX知识过程中及时倾听公众所担忧的问题并进行调整，如通过上门回访或邀请网络意见领袖进行实地参观的方式，积极开展双方的信息交互活动。茂名市政府则将公众对话排除在外，采取以专家宣讲为中心的风险管理模式。该模式的核心理

① 刘向南．茂名PX事件始末［EB/OL］．(2014-04-07)［2022-05-11］．https://www.chinatimes.net.cn/article/42077.html.

② 茂新．在社会没有达成充分共识前绝不会启动该项目［N］．茂名日报，2014-04-02（A1）.

念是将公众默认为非理性的无知个体①。在后续衍生的“PX 词条保卫战”中，部分媒体也将公众贴上了“盲目”“片面”的标签。这种单向传输模式仅从技术论的角度理解“风险”，认为风险的界限与标准必须通过专家或技术手段构建，而忽略了公众的风险感知。其结果是进一步导致公众对地方政府及专家失去信任。

在政府制定不同的风险策略下，公众表现也有所变化。九江 PX 项目的两次风险沟通中，公众遵循流程参与了问卷调查、座谈会、实地参观等活动。其中网络意见领袖发挥了关键性作用，既集中转达了公众关心的问题又自发进行理性劝服，与政府、企业共同建构信任基础。而茂名 PX 事件中公众对地方政府、企业处于信任缺失状态。最初，公众处于焦虑状态下，政府未及时告知相关信息；其次，政府未尊重民意，采取错误的危机处理方式，反而导致公众对风险的感知扩大化；公众通过体制内渠道表达意见失败后，转而寻求体制外的方式，通过群体性抗争迫使政府改变决策。

三、PX 词条“保卫战”：科学理性与邻避情结的对冲

茂名 PX 风险事件的后续还产生了一个颇受关注的现象，即围绕百度百科词条“PX”展开的网民拉锯战。它集中体现了互联网时代的知识生产范式的变迁，是“协作式-众包”知识生产在风险时代的一次精彩演练。

2014 年 3 月 30 日，茂名 PX 风险冲突事件爆发。凌晨，百度百科“PX 词条”内容的“低毒”表述被网友改为“剧毒”，当晚，又被另一网友改为“低危高毒产品”。这一词条改动的语境是从 3 月 30 日到 4 月 1 日，“PX 剧毒”的说法在网络上广为流传，成为茂名风险动员的基础。4 月 2 日，清华大学化工系学生发现这一词条“定性”违背科学认知，于是在百度百科中订正该词条，但刚改过来又被人改回“剧毒”。随即，越来越多的清华大学化工系学生加入了纠错队伍。他们用严密科学逻辑进行分析解释，不仅罗列论据的出处，还亮明身份，以清华大学化学系学生的身份为 PX 定性做背书，表示“清华化工系誓死守卫词条，有责任解除民众的误解，有责任捍卫科学的阵地”。仅 4 月 2 日当天，“PX”词条的如此反复

---

① 华智亚. 风险沟通：概念、演进与原则［J］. 自然辩证法通讯，2017，39（3）：97-103.

修改就达10次之多。除百度百科上的词条拉锯战外，清华大学学生自发在网络上展开PX知识科普。4月4日，经过激烈对峙，“PX”词条被百度百科管理员锁定，其解释被固定为“低毒”。这场词条拉锯战以清华大学学生所代表的科学理性的一方胜利而告终。这一事件过程被媒体称为“PX词条保卫战”。

“PX词条保卫战”是科学理性与民众邻避情结对冲的集中表现。邻避情结（NIMBY），即“不要在我家后院（Not In My Back Yard）”的态度，是一种全面拒绝认为有害生存权与环境权的公共设施的态度。它反对来自技术面、经济面或行政面的理性知识，而基本认同环境价值标准①。邻避情结通常表现为一种情绪性反应，体现当事人与公共效益的冲突，当冲突爆发时，当事人会选择通过各种制度性或非制度性的参与形式维护自己的利益。但社会“旁观者”却并不倾向于加入这场冲突，认为只要“没有在我家后院”，就无须过分关注。邻避行动则是邻避情结进一步发展的结果。陶鹏、童星将邻避行动描述为：“一种产生效益为全体社会所共享，但负外部效果却由附近的民众来承担的设施，当这些公共服务设施的影响达到一定程度或人们认知程度提升，造成当地民众的抗拒心态与反对行动。”②

“PX词条保卫战”发生以后，《人民日报》发表《一次网络空间的科普责任与担当》《PX，一场特殊的科学保卫战》《捍卫责任是一种担当》等文章，赞扬清华学生的科普精神，并对PX的毒性进行再度科普，呼吁专家、学者等专业人士参与PX的科普之争，“承担责任与担当”。其他媒体紧随其后，以词条争夺战为报道契机探讨民众科学素养对于化解PX困局的重要意义，比如《北京青年报》发表《了解PX是讨论PX事件的必要前提》，《中国环境报》发表《以科学理性精神表达诉求》，凤凰网发表《捍卫PX词条，可贵的知识理性》，等等。

在新媒介技术时代，“PX词条保卫战”具有多重阐释空间：第一，它反映了当代风险沟通的科学范式与民主范式的纷争。第二，它揭示新媒介时代的传播语境倾向于放大风险，如果没有知识介入，网络公众的风险认

---

① VITTES M E, POLLOCK P H, LILIE S A. Factors contributing to NIMBY attitudes [J]. Waste management, 1993 (13): 125-129.

② 陶鹏，童星. 邻避型群体性事件及其治理 [J]. 南京社会科学，2010 (8): 63-68.

知将面临信息紊乱的挑战，不利于理性的风险沟通。第三，它引发人们关于科学知识在环境风险沟通过程中的作用的探讨，关注专家以及公众应如何参与科普工作并发挥建设性作用，弘扬科学素养与理性精神。

厦门、广州、茂名等地一系列风险邻避事件的发生，缘于政府、公众、企业与专家等不同主体对于环境风险认知的巨大差异，也由于媒介技术变迁所引发的社会连接效应，特别是风险的聚集和放大效应。一方面，各地方政府对于大型石化项目所带来的巨大经济利益具有强烈渴求，对化工风险的认知相对薄弱，甚至存在故意忽视和遮蔽风险的倾向。PX 项目风险的感知和揭示在相当程度上依赖于专家系统的风险阐述。但是当 PX 项目决策在政府内部封闭运作，公众和专家都无法获悉关于 PX 项目的决策信息时，风险就会被完全遮蔽。另一方面，新媒介时代，环境风险的生产和传播条件发生了巨大的变革，风险感知越来越依赖于公众的信息获取和科学认知水平，专家的风险论述和社会信任都被削弱，这给环境风险治理带来了很大挑战。对于公众来说，环境风险关涉到基本的生存权利和健康权利，在强烈的风险焦虑下，地方政府所强调的项目经济利益承诺反而更加激起公众不满，加剧风险冲突。

许多学者指出，解决环境冲突问题迫切需要政府改善公共决策模式，促进环境风险的政治沟通，达成风险的“善治”以减少社会冲突①。风险的善治依赖于理性的风险传播和有效的政治沟通。大众媒介科学、充分而公正的风险传播以及理性的公共讨论，是实现风险善治和政治沟通的舆论基础，而公众广泛的政治参与则是促成政治沟通的前提和推动力量。风险的决策需要政府和社会公众的共同卷入。

沟通在政治系统中的作用恰如血液流通于生命机体②。众多风险事件表明，缺乏媒体的风险监察、公众的利益表达与政治参与以及政府有效的政治信息回馈正是导致我国环境冲突频发的主要原因。反过来，当媒体、公众、政府能够积极面对风险，展开社会对话和互动，就会增进风险沟通，达成社会共识，纠正不良的公共决策，从而解决风险冲突。厦门 PX 项目、广州南沙石化项目的迁址案例就是这样的典型事例。

鉴于风险的不确定性和知识依赖性，风险传播应是一个多元信息互动

---

① 贝克. 风险社会 [M]. 何博闻，译. 南京：译林出版社，2004：1-12；俞可平. 民主与陀螺 [M]. 北京：北京大学出版社，2006：32-33.

② 俞可平. 增量民主与善治 [M]. 北京：社会科学文献出版社，2005：94-98.

的传播过程，建构社会对于不同风险争议的容纳、对话和协商能力。但现实中的风险传播往往存在着严重的知识偏误和技术遮蔽性，还经常受到结构性权力的中介和限制，容易出现科学和民意层面上的偏差。数个石化项目建设计划之所以遭到公众反对，就是风险被遮蔽被扭曲的结果，而项目的最终迁址也缘于传媒对项目风险的披露和对社会风险理性认知的推进。不过，需注意的是，遮蔽风险的媒介与揭露风险的媒介始终处于不同的权力结构关系当中，对风险呈现出对立论述状态。不同的权力关系和管理格局当中的媒介呈现着对风险的不同判断和认知，而媒介之间的结构差异与风险传播的差异具有同构关系。有学者指出，在大众传媒时代，我国信息沟通体制的基本特征是沟通网络的高度一元化，呈现为一种自上至下的单通道的信息传送机制，其弊端主要在于信息流量严重不足，正负反馈调解严重失衡等①。作为信息沟通的重要机制，传媒所进行的沟通通常是自上而下传递政治信息，履行政治动员、执行和贯彻功能，这种缺乏反馈和双向交流的单向传播对于公众利益表达和综合的作用是局限性的，也已经不适用于新媒体时代的社会需求。

① 俞可平. 增量民主与善治［M］. 北京：社会科学文献出版社，2005：96.

第五章　环境风险传播的话语框架与修辞

厦门、广州等地发生的风险邻避事件包含着一系列次生过程，展现了一种“行进”中的话语政治。本章的研究聚焦于：随着事件的转换和话语实践的变迁，大众传媒如何动态性地建构这些事件和议题？其中包含着怎样的权力秩序和价值观念逻辑？公众在社交媒体中的环境风险话语又采用了何种框架与修辞？改革开放以来，中国大众媒体从功能定位到新闻生产等方面已发生不同程度的分化，不再是一个完全同质性的整体。为研究便利，有学者把中国媒介大致划分为宣传性媒介、弱市场性媒介、强市场性媒介以及专业性倾向媒介等几类。本章在上一章进行事件-过程分析的基础上，重点在媒介与事件的交织互动图景中，选取若干典型代表，进行着重考察。目的是将 PX 风险话语实践进行横向和纵向的切割，以展示其样貌和纹理，看媒介这根经线如何穿越不同事件的纬度，揭示媒介话语结构所携带的价值观念光谱。本章采取的研究方法是采用建构主义立场解读媒介文本的框架类型，再在框架分析的基础上来提炼媒介话语中的价值观念。通过框架与话语修辞分析，考察环境风险传播所携带的价值观念如何随之流动、交织、冲突和变迁。

第一节　环境风险传播的框架类型

“框架”这一概念，最早由人类学家贝特森（Gregory Bateson）提出，他认为框架属于“元传播”层面的信息，是一种共享的解释规则，也就是传受双方理解所传递符号的方法[①]。框架理论的起源可追溯到认知心理学家的“基模”理论[②]。认知心理学者将框架视为记忆中的认知结构或基模，

① BATESON G A. Theory of play and fantasy [J]. Psychiatric research reports, 1955, 1 (2): 39-51.

② 刘佩. “走出去”十年：中国企业海外危机西方媒体话语分析：以甘姆森“诠释包裹”框架理论为分析路径 [J]. 新闻界, 2015 (11): 2-8; 25.

是人们用来处理外部信息的模板①。在社会学领域，社会学家戈夫曼（Erving Goffman）最早将“框架”一词引入大众传播领域，并赋予“框架”理论色彩。他在《框架分析》一书中，将框架定义为个人的一种认知结构，“能够帮助人们定位、感知、理解、归纳众多信息”②。

甘姆森（William A. Gamson）认为，媒介话语中的符号竞争是媒介建构新闻过程的具体表现，这当中存在一个以媒介为中心的三重符号竞争场③：媒介作为“前场”为立场各异的社会团体提供话语争夺的场域；各个团体在“后台”中分析战况、制定话语争夺策略；而受众则是“旁听席”上的被忽略个性的参与者，被贴上女性、工人等团体标签④。也就是说，“新闻不再是媒介映射的外在之物，而成了复杂建构过程的结果”⑤。为分析其中的媒介话语，甘姆森提出了诠释包裹（Interpretive Packages）理论。诠释包裹关注的是媒体如何通过呈现特定的语境和框架来影响公众对事件或议题的理解。诠释包裹也可用于解释社会运动如何通过媒体来构建、强调或改变其议题的意义，以影响公众对运动的看法⑥。具体而言，甘姆森将框架视为由不同元素组合、具有逻辑组织的装置，认为新闻故事都具有一个主要的叙事框架，对框架各类要素的划分则可以分为“框架装置”和“推理装置”两部分。框架装置是指为支撑核心叙事框架所使用的一系列象征符号，包括：隐喻、描述、警句/短语、论据和视觉图像。在核心主题的引领下，框架装置被结合与组织，指向相同的核心概念。推理装置则包括问题来源、后果或事件影响、责任归因、解决方案、道德呼吁⑦。

---

① 陈阳. 框架分析：一个亟待澄清的理论概念 [J]. 国际新闻界，2007 (4)：19-23.

② GOFFMAN E. Framing analysis：an essay on the organization of experience [M]. New York：Harper & Row，1974：21.

③ GAMSON W A. On teaching the mass media and politics [J]. The international journal of press/politics，2008，13 (2)：153-159.

④ 刘琼. 媒介话语分析再审视：以甘姆森建构主义为路径 [J]. 新闻与写作，2015 (5)：92-97.

⑤ GAMSON W A. On teaching the mass media and politics [J]. The international journal of press/politics，2008，13 (2)：153-159.

⑥ GAMSON W A，MODIGLIANI A. Media discourse and public opinion on nuclear power：a constructionist approach [J]. American journal of sociology，1989，95 (1)：1-37.

⑦ 刘佩. “走出去”十年：中国企业海外危机西方媒体话语分析：以甘姆森“诠释包裹”框架理论为分析路径 [J]. 新闻界，2015 (11)：2-8；25.

通过对框架元素的分类探究，可以挖掘出媒介框架背后的文化内涵、意识形态、不同团体的对话与竞争等。

PX议题作为科学传播议题中备受关注又极度敏感的话题，不同层级的政府、相关领域的专家、公众围绕其风险大小进行了话语争夺，创造了丰富的话语实践。其话语背后，是不同参与主体的不同的诠释框架和价值观念。本书使用甘姆森的诠释包裹理论，剖析PX风险议题的框架装置，从中提炼出核心的叙事框架。媒介框架帮助记者组织关于世界的文本，在某种程度也帮助受众吸收这些报道时组织世界。记者用报道框架来勾勒他们的材料，使写作连贯一致，受众也用这些话语框架来讨论和了解一些重要的议题。框架的存在有助于传受双方建立社会共识和预设看问题的角度，并且可以从大量文本中加以提炼、概括和归纳的认知基模和故事脉络。本章通过阅读媒介文本，提炼出核心框架。再对这些框架进行归类、合并或对比，进一步提炼出媒介文本的观念集束或意识形态包裹①。

一、媒介框架类型及其变迁：以《南方周末》的报道为例

《南方周末》作为国内以深度报道见长的有社会声望的报纸，以其百万之众的知识分子读者社群，可谓国内舆论的曾执牛耳者。南周的报道及评论反映国内政治、经济、文化知识分子精英，特别是自由倾向的知识精英的观点。而且《南方周末》秉持"让悲观者前行，让无力者有力"的办报宗旨，是对一系列环境风险事件报道最多、最有持续性、最为深入的媒体。本节首先采用建构主义框架分析，来剖析媒介对PX风险争鸣的论述。

作为国内一家声望卓著的新闻媒介，《南方周末》以"改革急先锋"的姿态一直对社会重大议题保持高度关注。从2007年至2009年，《南方周末》先后派出记者，对发生在厦门、漳州、成都以及广州的环境风险事件做了深入采访和报道，其中，关于厦门PX议题，曾三次在头版头条重点报道，几乎成为厦门风险事件的舆论风向标。在国内媒介普遍对迁建漳州的PX项目失去兴趣的情况下，《南方周末》依然派出记者，继续报道漳州民众的风险表达；《南方周末》对广州南沙石化项目的报道也极为详尽，广受社会关注。本章对《南方周末》这一系列风险事件的报道文本进行编

---

① 意识形态包裹（ideological packages）包含隐喻、范例、口号、描述、视觉映像以及要求原则等文本构成要素。李金铨. 超越西方霸权：传媒与"文化中国"的现代性［M］. 香港：牛津出版社，2004：248.

码处理，并深入分析，解读其新闻框架，如表 5-1。

表 5-1　环境风险议题的新闻框架

事件议题	报道	报道主题	报道框架	框架类型
厦门 PX 风险议题	《百亿化工项目引发剧毒传闻，厦门果断叫停应对公共危机》（2007 年 5 月 31 日）	PX 项目存在巨大环境风险，民众反应激烈	环境风险框架	主题式框架
	《民意与智慧改变厦门，多方利益半年博弈趋于共赢》（2007 年 12 月 20 日）	各方利益主体展开博弈行动，政府考虑迁址	冲突/利益框架 治理框架	策略性框架
	“我誓死捍卫你说话的权利”：厦门 PX 项目区域环评公众座谈会全记录（2007 年 12 月 20 日）	公众座谈会实况，各代表的发言	权利框架	策略性框架 片段式框架
	“公众参与”背后的政府考量（2007 年 12 月 20 日）	媒体采访市政府秘书长朱子鹭，详述政府如何保障和操作“公众参与”过程	治理框架	策略性框架
	《年度人物候选人：厦门人》（2007 年 12 月 27 日）	厦门公众在 PX 风险行动中的所思所言所行	权利框架	片段式框架
广州 PX 风险议题	《六百亿项目迁离珠三角始末》（2009 年 9 月 10 日）	南沙石化项目的环境争议以及政府决策过程	精英框架 主流价值观框架	片段式框架
	石化项目：从洪水猛兽到和谐共处（2009 年 9 月 10 日）	日本、新加坡与我国台湾地区的石化项目风波以及风险治理，厦门、成都石化项目争议结果	环境风险框架 风险治理框架 范例式框架	主题式框架

从表 5-1 中可以看到，随着事态的进展，《南方周末》对各个石化风险议题所采用的报道框架在不断转换之中。框架之间既彼此有所承续，又有所断裂，呈现出一种整体的动态变迁性特征。

起初，《南方周末》对厦门 PX 议题的介入并不是很早。2007 年 3 月的全国两会期间，以及“105 个政协委员的 1 号提案”事件在国内媒体版面上沸沸扬扬之时，《南方周末》都没有介入报道厦门石化议题。直到 5 月份，关于 PX 项目剧毒的短信以百万条数在厦门市民中广为流传时，《南方周末》对该议题才开始重点关注，特别是当厦门市政府迫于压力宣布缓建项目时，《南方周末》才以此为新闻由头，对厦门 PX 项目风险争议进行全面揭示。

在早期报道中，《南方周末》的报道视角比较中立，注重平衡体现各个利益主体、不同消息源和不同行动者发出的不同声音，来展示议题的冲突面和实质面。比如，在对 PX 风险的论述中，记者力求理智客观，花费精力对民间盛传的 PX 剧毒传闻进行核实，找专家进行求证，并参考国内外文献报道，等等，体现出严谨务实的新闻专业性报道原则。但是随着议题的发展和冲突的“行进”，《南方周末》在对事件的跟踪观察中，报道重心转向事件中的行动者呈现以及市民与政府之间的互动，并聚焦于公民利益表达和政府民主治理的价值问题。报道框架在突破、转换和延伸，叙述也由事入理，逐渐走向观念化。在此过程中，《南方周末》所代表的市场和专业取向的媒体逐渐超越中立与科学的态度，融入了报人的理想和热情。

《南方周末》再一次关注国内石化环境风险事件，是在 2009 年 9 月广东省政府做出决策，决定将南沙石化项目迁址湛江。以政府重大决策出台这一动态事件作为新闻由头，《南方周末》对这一环境风险议题进行了回溯性报道。在报道框架上，《南方周末》运用一种复合型框架来建构这一事件，同时采用了精英互动框架、主流价值框架、风险知识框架以及片段式框架这几种新闻框架来再现事件过程。既展现风险冲突过程的权力紧张关系，又凸显各方主体利益博弈；既描画人物故事，又讨论环境风险；既体现社会行动者策略，又体现政府的考虑与互动，展现了成熟的媒体智慧。

《南方周末》报道先后采用了主题式框架（thematic frame）和片段式框架（episodic frame）和策略性框架（strategic frame）来建构风险事件

议题。主题式框架将新闻议题视为一个命题，进行系统和全面的概括和报道，揭示议题的实质面；片段式框架常以讲述个人或事件故事的方式报道新闻议题；策略性框架则强调策略或是战术对于事件结果或参与人输赢的重要性①。不同性质的新闻框架可影响公众对社会问题的责任归因。看片段式和策略性框架的新闻，受众较易将问题责任归因于个人，看主题式框架则容易归诸社会因素，而不同的责任归因则可影响受众对于相关政策的立场②，总体来说，媒体采用主题式框架可以引导公众如何认知潜在风险和确保决策程序正义。

二、媒介框架中的观念冲突

大众媒介对于石化风险事件的报道，携带着不同的利益、权力话语和价值观念，反映了转型中的中国社会对于环境保护和经济发展、政治秩序维护和公民权利保障等重大问题的矛盾心态和价值观念光谱。为揭示这一问题，本书选取不同类型媒介的石化风险报道，解读这些报道的框架立场，从中提炼出核心的价值观念集束。为使研究明晰，本书把报道石化风险议题的媒介分为五种类型：本地媒介、异地媒介、行业性媒介、市场化专业化媒介、网络媒介。这种划分当然不存在一个绝对的标准，比如异地媒介只是一个相对于本地媒介的概念，它们与市场化专业化媒介存在着相当程度的重合。这里的本地媒介指的是发生石化风险事件的厦门、漳州、成都和广州的市辖媒介；行业性媒介指的是《中国化工报》《石油报》等代表行业利益的媒介；市场化专业化媒介指的是以受众口碑和专业理念为导向的报刊，重点是《南方都市报》《南方周末》《中国经营报》《第一财经日报》《中国青年报》《东方早报》《新京报》以及《中国新闻周刊》《南方人物周刊》《凤凰周刊》等知名媒体。通过比对和研读，本书发现同一类型的媒介对石化风险议题的话语建构特征相当接近。通过对其中典型报道的分析，本书详细考察了这些报道中的新闻框架、隐喻、范例、警句、描述和原则诉求等话语要素，并在此基础上，提炼媒介建构环境风险议题的观念集束（ideological packages），如表 5-2。

---

① PATTERSON T. Out of order [M]. New York: Alfred A. Knope, 1993: 77-127.

② IYENGAR S. Who is responsible? [M]. Chicago, IL: The University of Chicago Press, 1991: 82-116.

表 5-2　环境风险议题报道中的观念集束

价值观念	环境正义	发展主义	专家主导
框架	风险冲突	经济利益至上	专家权利
隐喻	“原子弹”“白血病”“畸胎”“瘟神”	“天上掉馅饼”“一口吃成胖子”“香饽饽”	“硬骨头”“社会良心”
范例	吉林双苯爆炸案，兰州石化污染，美国电影《永不妥协》，国际惯例（安全距离 100 千米）。	乌鲁木齐石化 10 年安全无事故，壳牌石化区，南京扬子石化与居民区相安无事，大连石化，漳州、厦门、泉州三地的经济竞争，广州与周边城市的经济战略地位的争夺，西部开发计划与成都 PX 项目竞标。	1. 厦门：赵玉芬等 6 位院士和 105 位政协委员提案； 2. 广州：刘奕玲代表“发难”；省社科院梁桂全上书“炮轰”； 3. 媒体对专家个人背景的强调。
警句	PX = Protect Xiamen；“保卫厦门”“还我蓝天”“我们要生活，我们要健康”“厦门不要，而我们要，难道厦门人是人，我们就不是人吗？”	“PX 下马，厦门也许没有酸醋味，但却多了穷酸味。”“这么好的项目不上，是有钱人在折腾所谓的环保。”“迁建 PX，厦门失去了最好的发展机会。”	“我们头顶上是大学教授的头衔，但之下是我们的良心”“人大代表不是荣誉，而是国家职务，是责任。”
描述	厦门海沧“未来海岸”楼盘被戏称为“味来海岸”； 学校百米开外竟是烟囱林立的化工厂；厦门空气污染，港口城市安全； 漳州海洋污染； 珠三角环境容量饱和。	PX 项目的巨大 GDP 产值，巨额财政收入； PX 的毒性和汽油相当； 经处理过的石化废水甘甜可口如矿泉水。	赵玉芬院士出场了，业主们的希望被重新点燃——“有人来救我们了”； 厦门大学教授袁东星发言，起身致意，赢得满场掌声； 广东省社科院梁桂全上书政府，措辞十分严厉，有的话让人冒冷汗，甚至用到了“愚蠢”这个刺眼的词。
原则	环境保护	招商引资	专家“谏言”
媒介类型	异地媒介、市场化专业化媒介与网络媒介	本地媒介与行业性媒介	市场化专业化媒介与网络媒介

研究发现，媒体报道的观念集束可以归纳为“环境正义”“发展主义”与“专家主导”等几个方面。这些观念体系既存在着一定的对立和差异性因素，但又彼此共存和交织，共同建构着风险的媒介再现。

环境正义：风险事件因为环境风险争鸣而起。PX 项目到底隐含着怎样的环境风险，大众媒介通过对专家话语的引述，结合当地居民的生活描述给予了具体的呈现。在厦门 PX 风险议题中，这种环境风险论述占据了媒体主要版面，厦门以外的许多专业媒体，如《中国经营报》《凤凰周刊》《第一财经日报》《南方周末》以及新浪网、厦门“小鱼社区”论坛等网络媒介都用大篇幅报道和论述项目所带来的环境隐患。在这些风险论述和民间传播中，PX 项目的环境风险与“吉林双苯爆炸案”灾难性后果、与白血病、癌症、畸形儿等各种意象结合在一起，消解政府的风险辩驳和经济利益话语，并激发公众的风险焦虑与动员。

发展主义：PX 项目在厦门、广州、九江、茂名等市辖媒介以及石化行业性媒介的报道中，是笼罩光环的国家战略性工程和重大引资项目，是地方政府引以为荣的政绩工程。在媒介话语中，夹杂了发展主义的价值观念。地方传媒将地方利益和石化企业的经济利益捆绑在一起，流露对 GDP 数据的主导性追求。而这些项目中所包含的环境风险，对社会生态环境和公众健康的影响，却被淡化或没有提及。

专家主导：环境风险依赖于科学知识的话语建构，而话语论述包含着知识权力的运作，这使得风险问题的建构与知识、社会权力运作紧密相关。在 PX 风险争议的过程中，公众对于石化项目风险的“技术性击倒”，在相当程度上依赖于专家知识分子的发言。而专家发言的社会效果往往与专家的权力背景紧密联系。在厦门邻避事件中，一些专家由于具备院士、全国政协委员等权威头衔，其意见和发言具有相当的冲击力，引起政府的重视，并间接推动了厦门、广州石化项目迁址。大众媒体在报道中因而对专家的呈现、引述和刻画格外用力，而公众并“不是舆论的制造者，而是随时准备鼓掌和欢呼的应声物”①。因而，大众媒介对环境风险的构建有专家主导的倾向，一旦知识精英被“分类治理”②，传媒的风险议题报道也就难以铺展。

---

① 哈贝马斯. 公共领域的结构转型［M］. 曹卫东，等译. 上海：学林出版社，1999：187-190.

② 申端峰. 乡村治权与分类治理：农民上访研究的范式转换［J］. 开放时代，2010（6）：5-23.

本书案例显示，大众媒介如何报道环境风险，并不存在一个整体性的积极或消极框架，而是在媒介内部依据不同的媒体性质和不同的媒体实践运作，呈现不同的选择，并形成话语的分裂和对抗。而影响和支配这种话语分化的，是转型中国多元价值观念的并存和不同群体的利益冲突。

随着PX风险传播的展开，国内媒介对不同事件的建构框架呈现出差异性、不稳定性和动态变迁性特征。这是媒介外部控制与内部权宜机制作用的结果。若将这种多元动态关系加以简化，纳入国家与社会关系的二元力学框架来看，影响媒介对社会风险议题的建构的最强大的力量，仍分布在国家这一极。国家治理是媒介报道的一个基本因素，而且是一个不断技术化发展的因素。大众传媒对风险议题的报道，“信任政府”是一个基础框架，媒介话语主要采取国家与社会治理框架。

媒介风险报道的差异体现了不同社会主体对于风险问题的不同观念导向。在相当程度上，这也是关于现代化转型问题的观念分歧，是一种广泛存在的“经济优先”还是“人和环境优先”的发展价值观冲突。在过去一段时期，地方政府经常奉行“经济利益至上”的发展主义原则，推动环境的自我耗竭式发展。而随着物质经济发展和生活条件改善，公众的环保意识和个人权利意识逐渐觉醒，公众对政府工作的评价，不仅是GDP数值的增长，而是要求落实到生活质量的全面改善，其中环境安全清洁和社会可持续发展就是基本面之一。

也正是由于这种多样、冲突而变迁性的新闻框架的采用，国内媒介对PX风险的话语建构经常偏离环境风险的科学知识性框架，不断游离变迁，时而纠结于价值观念之争。传媒对各地环境风险事件的报道，虽然也包含了环境框架或风险知识框架，但是，这一框架主要被用作议程设置的一种初始话语策略来运用，而不是一以贯之的核心框架，环境问题有时候反而不是媒体要讨论的焦点问题和目标。随着风险争鸣的进行和事件的发展，媒体对于环境风险的论述，时常被置换为社会治理、社会秩序等其他框架。另外，社会舆论所促成的风险项目的迁建，不是从根本上消除或遏制了环境风险，而是转移了风险，而作为风险转移对象的欠发达地区民众的声音，并没有引起媒体的足够关注和报道。这种风险再分配的后果往往被默认为社会发展的必然代价。因此，无论是大众媒体对PX风险的报道，还是社交媒介参与的风险传播和风险监察，虽然有助于促使个案项目的迁址，但对提高各级地方政府在环境保护和经济发展这个悖论问题上的科学决策意识可能作用有限，环境的“善治”① 还需要在制度建设层面做一步的努力。

第二节　环境风险传播中的隐喻修辞

一、PX 风险议题的继续再生产

在中国环境发展史上，PX 议题既备受关注又极度敏感，关于 PX 的“争论时间之长、维度之广、辩论之激烈”②，在环境、科学传播议题中都罕见，关于 PX 的风险沟通极为困难。2007 年厦门海沧 PX 项目引发市民反对最终迁址福建漳州古雷半岛，此后几乎每座城市新建的 PX 项目都不同程度遭到公众的反对，2007 年至 2015 年间国内共有 8 次较大的群体事件都与 PX 项目有关。其间，迁建到漳州古雷的腾龙芳烃 PX 厂三年内发生两次爆炸，更加深了公众的风险恐惧。一时间，PX 不再只是一种化学物质，还成为环境风险的代名词。2016 年，时任环境环保部部长在《国务院关于 2016 年度环境状况和环境保护目标完成情况与研究处理环境保护法执法检查报告及审议意见情况的报告》中指出，化工项目与垃圾焚烧、涉核等环境敏感项目一样，在选址建设和污染地块处理方面日益成为舆情热点③。

2009 年，以微博为代表的社交媒体在中国勃兴以后，公众关于 PX 项目的风险表达很大程度上转移到互联网空间，传播主体、话语形态和沟通过程也发生了显著的改变。但 PX 风险沟通并未沿着良性的、可复制的道路发展，反而陷入选址—民众抗议—停建的恶性循环，先后连续发生辽宁大连 PX 邻避事件（2011 年）、浙江宁波 PX 事件（2012 年）、江西九江 PX 事件（2012 年）、2013 年云南昆明 PX 事件（2013 年）、广东茂名 PX（2014 年）、上海金山 PX 事件（2015 年）等一系列风险邻避事件。特别是

① 善治是政府和公民对公共生活的合作管理，其基本要素有法治、透明化、效率、参与、稳定等。俞可平. 民主与陀螺［M］. 北京：北京大学出版社，2006：32-33.

② 刘莉. 关于 PX，我们向公众科普得太少了［EB/OL］.（2014-06-15）［2025-01-30］. https://news.sciencenet.cn/htmlnews/2014/6/296728.shtm.

③ 中国人大网. 国务院关于 2016 年度环境状况和环境保护目标完成情况与研究处理环境保护法执法检查报告及审议意见情况的报告［R/OL］.（2017-04-24）［2022-04-25］. http://www.npc.gov.cn/npc/c30834/201704/d8c66c0038194f00aadcaa56372fa6b5.shtml.

大连 PX、茂名 PX 事件的冲突程度极为激烈，引发社会反响。这反映了我国化工领域环境风险沟通危机在这一时期的集中爆发，值得认真总结。

厦门 PX 项目成功迁建引发广泛关注，加上社交媒体在中国的迅速发展，后续各地的 PX 议题的参与主体数量越来越庞大、人员结构更加“下沉”，形成“人人呼吁”。首先，专家话语在风险论述、风险动员过程中逐渐缺席，风险沟通过程越来越短，渠道趋于单一。其次，公众的风险话语实践逐渐呈现非理性色彩。最后，PX 项目逐渐“妖魔化”，尽管专家不断进行科普，试图为 PX 正名，用科学知识介绍 PX 究竟是什么、有什么样的用途，用原理、数据、国外案例和标准等论证 PX 的风险可控性，等等，但在网络舆论风潮的裹挟下，公众对专家和地方政府信任度持续降低，坚持认为 PX 剧毒，属危险化学品和高致癌物，因此坚决反对 PX 项目在当地的建设。

本章选取这一时期几个突出的 PX 邻避事件为分析对象，分析媒体的报道数量、趋向以及议题特点；并从报道内容入手，探析媒体采取了何种报道策略。

1. 媒介报道数量不均衡

在慧科（WiseSearch）数据库中，笔者分别以“厦门 PX”“漳州 PX”“漳州爆炸”“九江 PX”“茂名 PX”为关键词进行检索（以风险事件发生当年为时间单位），分别搜索到 501 条、82 条、47 条、1 156 条、33 条和 2 406 条报道，各个事件的报道数量呈现明显的不均衡状态。其中厦门 PX 事件报道量较多，随后是漳州、九江事件。到 2014 年茂名 PX 风险事件爆发时，媒体报道数量又急剧增加，达到两千多条（如图 5-1）。

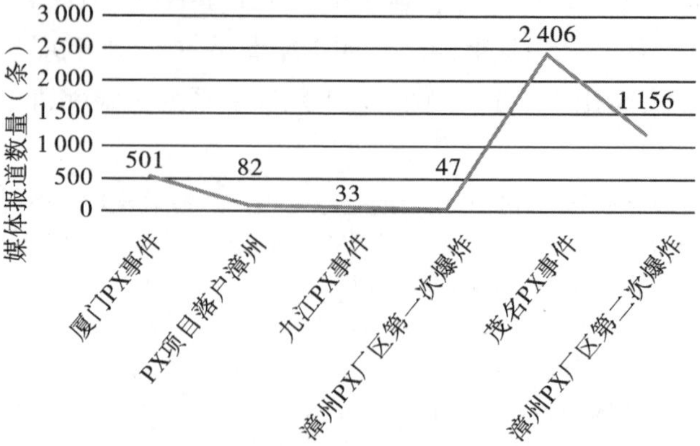

图 5-1 PX 议题的媒介报道数量图

一个风险事件能否成为媒介议题又往往取决于诸多因素，比如外部政治机会及内部权力缝隙是否存在就是重要原因。厦门 PX 风险争议之所以能够进入传媒视野，首先缘于 2007 年 3 月全国两会上 105 位政协委员联名提案的出现。这份提案将地方性的厦门议题带至两会这个国家公共事务报道盛会之上，为厦门的本地议题找寻了跳脱地方政府权力网络，获得更高的公共话语平台的机会。其次，知识精英的社会身份往往也能为风险议题建构提供权力支点。

漳州 PX 风险议题是所有 PX 议题中时间线最长，最有波折的一个。2007 年厦门市民反对海沧区 PX 项目的落地，导致该项目落户漳州古雷半岛。而后厂区又于 2013 年、2015 年发生两次爆炸，2015 年，当漳州 PX 厂区发生第二次爆炸事故时，媒体的报道量达到 PX 议题的顶峰。之前，2013 年漳州 PX 厂区就发生过闪燃事故，2015 年厂区发生第二次爆炸，这一点引发极大关注。但是“越是‘流行的’的媒体，讨论起科学来相对而言越是用力不足，常止于肤浅和猎奇，他们通常不了解科学事业的本性”[①]。在商业竞争的驱使下，媒体的风险报道常常会追求新闻戏剧性（冲突性）[②]。比如，媒体对漳州 PX 厂区爆炸的关注度高，一方面是因为 PX 风险是这一时期的社会热点；另一方面也是因为媒体对于突发性事故的报道偏好，或者说媒体需要发挥社会预警的本能。

2. 媒体倾向于淡化事件报道，注重反思评论

PX 风险事件比较复杂，媒介组织和新闻从业者需要具备一种业务技能，即在新闻管理框架内发挥新闻自主[③]。媒体作为风险沟通者常常会避开冲突时刻，避免对冲突的叙述，侧重于对事件的反思评论，以此获得更大的报道空间。

2014 年 3 月 30 日至 4 月 3 日，茂名 PX 风险争议处于初始发生阶段，在这段时间内，茂名市民通过各种方式向政府表达对 PX 项目的反对意见。这一阶段数据库共 61 篇关于茂名事件的报道中，包含 25 篇茂名本地媒体

① 英国皇家学会. 公众理解科学 [M]. 唐英英，译. 北京：北京理工大学出版社，2004：35.

② 郭小平. 风险传播视域的媒介素养教育 [J]. 国际新闻界，2008 (8)：50.

③ 黄月琴. 反石化运动的话语政治：2007—2009 年国内系列反 PX 事件的媒介建构 [D]. 武汉：武汉大学，2010：65-73.

《茂名日报》《茂名晚报》对事件的回应和报道，其他媒体的报道只有36篇。此后媒体大多避开了茂名市民的“非制度化”风险表达行动，待茂名地方政府表态“在没有充分达成共识前，绝不启动该项目”后，媒体的报道才开始大量涌现。

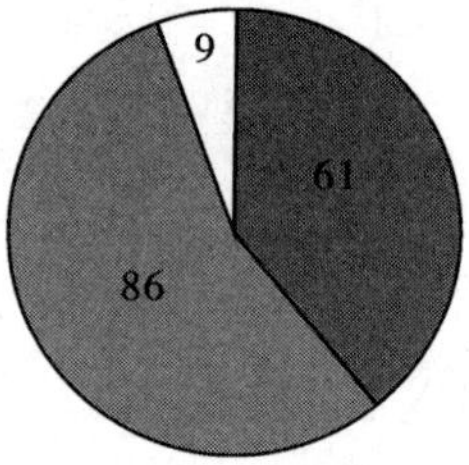

图 5-2　茂名事件报道类型图

从媒体报道类型来看，媒体针对茂名 PX 风险邻避事件的报道多为评论，其重点主要放在讨论 PX 项目的透明度上，反思原因，并从民众参与和政府公信力方面提出建议。主要议题和范例篇目如下。

(1) 信息透明，民主参与

从 PX 项目立项之初，到项目正式启动，有的地方政府无视民众的知情权和监督权，怕项目情况一公开，会引起市民反对，而导致项目提前流产。这样也就一开始就造成了官民信息的不对称，人为制造了信任的隔阂。(《面对 PX，市民要理性，政府要透明》，《新京报》，2014 年 4 月 1 日)

信息不对称，信息不透明，责任不在民众；针对各种质疑，政府只是一句“没有毒”，实在是太苍白了；最末端的意见得不到表达的机会和渠道，只会适得其反。(《PX 不易，且沟通且疏导》，中国网，2014 年 4 月 4 日)

事后解释，不如事前说明；替民做主，不如与民协商。只有“重大情况让人民知道，重大决策让人民讨论”，从“决定—宣布—辩护”模式走向“参与—协商—共识”模式，在充分考虑人们利益焦虑的基础上因势利导，并建立起一定的利益补偿和平衡机制，邻避设施建设才能有广泛的民意基础，从而减少潜在的冲突压力和下马风险。(《靠什么破解“一闹就停”难题》，《人民日报》，2014 年 4 月 15 日)

（2）PX科普

PX化学属性是易燃、低毒，其燃点只有二十五摄氏度，属于易燃品，但它的毒性根据《危险化学品名录》中的说明，基本上和汽油属于一类的物品，PX本身并不是一个高致癌或致毒的产品。（《专家：PX低毒非高致癌》，《东方早报》，2014年4月1日）

在具体的报道策略上，媒体通常将自己放置在维护国家及国家政策的位置上，体现意识形态合法性①。无论是要求反思信息公开、风险沟通还是进行PX科普、提出公民的科学素养问题等，媒体都站在为政府纾难解困的立场，策略性地寻找报道空间。

无论是在发达国家还是在发展中国家，生态环境问题与社会可持续发展都被认为是21世纪人类社会面临的最富有挑战性的难题之一②。党的十八大以来，生态文明建设与经济建设、政治建设、文化建设、社会建设并列，形成“五位一体”的中国特色社会主义事业总体布局，生态文明建设上升为国家战略发展高度。与此同时，我国生态文明建设和绿色发展体制建设加快，2014年，《中华人民共和国环境保护法》这一部中国环境领域的基本法完成了25年来的首次修订；2015年，《党政领导干部环境损害责任追究办法》《环境保护督察方案》等一系列具体制度的密集出台，首次建立了“党政同责”“终身追责”等制度，将生态绩效纳入政绩考核③。生态文明建设受到重视的背后，是近年来生态环境问题的突出：一方面，由于环境污染造成的经济损失严重；另一方面，环境破坏带来社会不稳定因素，进而形成社会风险④。随着新媒体的发展及公民意识的提高，环境议题不仅包含环境污染与生态破坏等方面，还包含公共政策、社会协商等多个领域，已由专业议题转化为社会议题⑤。环境议题越来越具有科学专业

① 曾繁旭. 表达的力量：当中国公益组织遇上媒体［M］. 上海：上海三联书店，2012：185-203.

② 德赖泽克. 地球政治学：环境话语［M］. 蔺雪春，郭晨星，译. 济南：山东大学出版社，2008：9.

③ 李娟，王家玉. 十八大以来党中央绿色发展理念的基本逻辑［J］. 思想理论教育导刊，2017（4）：49.

④ 佚名. 从“四位一体”到“五位一体”［N］. 第一财经日报，2012-11-12（A02）.

⑤ 黄河，刘琳琳. 环境议题的传播现状与优化路径：基于传统媒体和新媒体的比较分析［J］. 国际新闻界，2014，36（1）：92.

维度以外的社会学、政治学与传播学维度。

二、环境风险报道中的隐喻分析

甘姆森的诠释包裹理论曾将框架划分为框架装置和推理装置两部分，框架装置是指为支撑核心叙事框架所使用的一系列象征符号，其中就包括隐喻。作为一种修辞手段，隐喻能够将一种情势放在特别突出背景下，以说服受众①。在环境风险议题的报道中，大多数故事情节都强烈地依赖于隐喻。隐喻因此是环境议题中一种常见的修辞，不仅能够作为框架装置窥探媒体议题框架的设置，也能够窥探使用者背后的观念与态度。

莱考夫（George Lakoff）和约翰逊（Mark Johnson）提出，隐喻具有系统性，这包含了两层含义：第一层含义是任何隐喻对概念的建构都是部分的，而非全貌的。也即作为喻体的多元源域向作为本体的目标域的映射，可以形成对概念的相对完整的建构。第二层含义在于，因为隐喻概念是系统性的，所以用于描述概念的语言也是系统性的。喻体在向本体映射的过程中，可以将其中的一个或数个特征转移到本体之上。隐喻的系统性要求对同一概念的理解动用不同的隐喻或一个隐喻的不同特征，而这些不同的隐喻之间具有层级上的上下位关系，形成了系统隐喻，即与相关话题或子话题相关的一系列源域集合，有学者也将其称为隐喻网络②。在隐喻网络中，作为上位隐喻的根隐喻可以进行隐喻推理，形成次级隐喻，也就是派生隐喻。本书借鉴隐喻网络模型，对提炼出的概念隐喻进行根隐喻和派生隐喻分析。笔者对事先选取的322篇典型报道样本进行反复阅读，提炼出四个关键性的概念隐喻，即战争与军事隐喻、疾病隐喻、动物隐喻和神话隐喻。分述如下。

（一）战争与军事隐喻

在PX风险议题报道中，军事隐喻多用于两种情形，一种是关于PX风险项目的争论，将其隐喻为战争；另一种是民众使用“原子弹”“定时炸弹”等军事武器概念对PX进行隐喻式定义。

---

① 德赖泽克. 地球政治学：环境话语［M］. 蔺雪春，郭晨星，译. 济南：山东大学出版社，2008：19.

② 王丽娜. 环境传播中的隐喻体系：兼对2018年优秀生态环境宣传获奖文本的解读［J］. 新闻与传播评论，2020，73（4）：46.

表 5-3 军事隐喻表达

目标域	始源域
PX 项目之争	无休止的战役
PX 词条“保卫战”	上甘岭战役
	科学保卫战
	攻防战
	捍卫；坚守住科学的阵地
PX 物质	定时炸弹、原子弹、导火索

战争隐喻使用最为明确的是 2014 年 PX 百度词条解释拉锯事件，网民与媒体分别使用了“上甘岭战役”“科学保卫战”“攻防战”“守住科学的阵地”等说法，都是“战争”这一概念隐喻的隐喻实例。

看到王润佳的相册后，化工系大四学生蔡达理也参与修改了词条，并在修改原因中写道：“清华化工系今日誓死守卫词条”。此言一出，清华化工系的学子群起响应。“跟他们坚持到底！”化工系大三学生张睿每隔一两个小时就会刷新一下词条，随时准备“应战”。清华化工学生最终取得了这场词条保卫战的胜利。词条所在网站对 PX 词条锁定在“低毒化合物”的描述上。（《PX，一场特殊的“科学保卫战”》，《人民日报》，2014 年 4 月 6 日）

茂名的事件还多出个小插曲，被称为 PX 百度百科词条的“上甘岭争夺战”——有茂名网友把百度词条上 PX 属性从“低毒”改为“剧毒”，不料被清华大学化工系学生发现，认为违反科学常识。于是双方拉锯，你方改罢我再改 ，短短几天，PX 在剧毒到低毒之间反复被修改 30 多次。最后，清华化工系学生一方完胜。（《PX 词条捍卫战展示大学生的责任与担当》，中国青年网，2014 年 4 月 8 日）

PX 百度百科词条的修改争夺过程被隐喻为一场战争：网友将 PX 毒性修改为剧毒，是发起挑战；百度百科词条，是作战战场；清华大学化学系学生坚守阵地进行反攻，是捍卫阵地。“誓死守卫”“应战”“保卫战”“争夺战”“完胜”等一系列与战争有关的隐喻被频繁运用。在战争隐喻网络（如图 5-3）中，媒体将 PX 风险争论隐喻为战争，源于战争的基本要素，比如作战双方、战场、策略（防守、进攻）等，映射到 PX 之争中便是参与主体、过程、目的、结果等。以战争隐喻 PX 词条争夺战，在无形中代入了坚韧不屈、捍卫正义等精神。

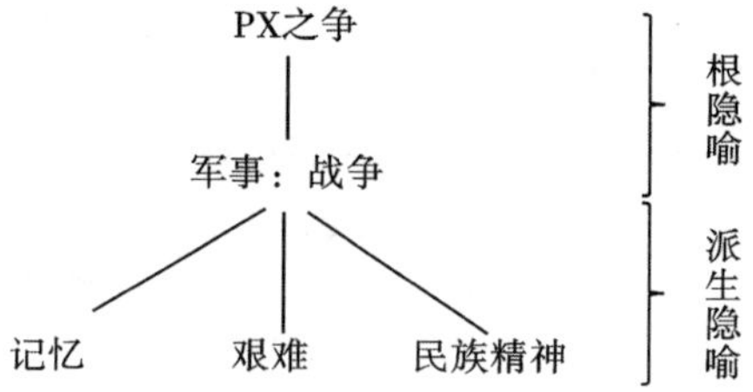

图 5-3 战争隐喻网络

对战争的记忆延续性，使得战争成为国人的一种普遍的认知心理，并习惯以战争思维来处理和认识社会各类事物[①]。人们普遍习惯于将紧迫性的、对抗性的工作理解成一次军事行动[②]。使用战争隐喻首先凸显出 PX 毒性之争、项目之争问题的刻不容缓。媒体以战争隐喻“PX 词条保卫战”，则调用战争的焦灼和艰难特征，体现了 PX 科普的难度之大。但同时，战争隐喻的运用，无形中将公众、专家与地方政府置于对立紧张关系，忽略了风险沟通和环境善治中各方配合协调、相互合作的需要。

2007 年厦门 PX 风险论争中，众多市民同传一条短信，第一次使用军事隐喻“原子弹”，此后，军事武器成为 PX 风险议题文本中的高频概念隐喻。

> 东山岛居民曾乐靖说：“家附近还有 PX 和核电站，个个都是定时炸弹，其实百姓也不求多么有钱，就希望能有个可以生存的健康环境罢了。”（《漳州，谁在背书？“保证 PX 绝不爆炸”》，《重庆青年报》，2015 年 4 月 9 日）

> 民众对于 PX 的抵触并非无据可依，此次漳州 PX 爆炸之前，中海油惠州炼厂、大连福佳大化、辽阳石化、上海金山石化的 PX 装置也都出现过起火事故。2012 年曾参与宁波镇海抗议 PX 项目的许先生回忆说：“当时手机、贴吧有很多关于 PX 的段子，说 PX 剧毒会高度致癌，导致不孕不育，一旦发生泄漏或爆炸，威力会像原子弹一样。自己本身不了解（PX 工艺），所以就参加了去抵抗 PX。”（《外资 PX 产品或大肆抢占中国市场》，《中国企业报》，2015 年 4 月 13 日）

---

① 王丽娜. 环境传播中的隐喻体系：兼对 2018 年优秀生态环境宣传获奖文本的解读 [J]. 新闻与传播评论，2020，73（4）：48.

② 刘宇红，余晓梅. 现代汉语中的军事隐喻研究 [J]. 语言教学与研究，2007（3）：12.

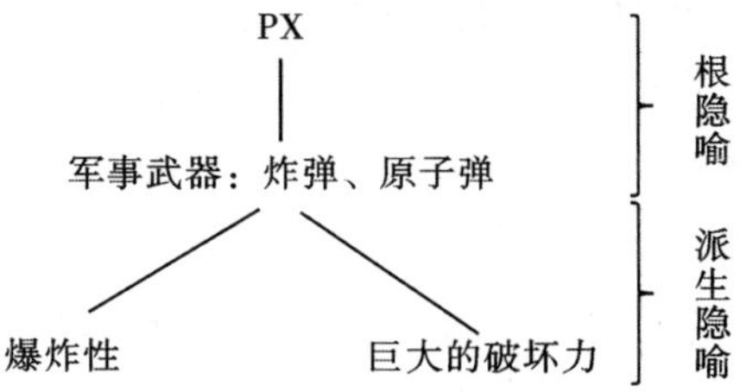

图 5-4　军事武器隐喻网络

借用军事武器隐喻网络（图 5-4），在 PX 风险文本中，炸弹、原子弹等是域源，PX 项目是目标域。炸弹、原子弹属于爆破的武器，其攻击性和破坏性常被用来传递危险、威慑等信息。例如“火药桶”“导火索”等①。其派生隐喻有以下两方面：第一，爆炸性。原子弹与炸弹都属于爆炸性武器，这一隐喻将 PX 暗示为：会发生爆炸，极度危险。在现实中，中海油惠州炼厂、大连福佳大化、漳州古雷石化的 PX 装置的确曾发生过的爆炸事故，更为 PX 的武器隐喻提供了关联性实例。第二，巨大的破坏力。原子弹、炸弹都具有极强的杀伤力和破坏力，往往意味着毁灭。军事武器隐喻的两个派生隐喻都以“诉诸恐惧”的方式形成对 PX 风险的话语建构，一开始就激发了人们内心的恐惧，将 PX 风险最大化与具象化，这给风险沟通造成极大障碍。

（二）疾病隐喻

表 5-4　疾病隐喻表达

目标域	始源域
PX	白血病、畸胎
PX 项目引起纷争	感冒
政府反应	吃药

在 PX 风险议题中，疾病隐喻的使用主要有两种：一是民众将 PX 项目的风险后果用疾病隐喻为“白血病”“畸胎”；二是媒体采访漳州古雷开发区管委会官员时，该官员对漳州 PX 项目的评价“别人感冒，我们吃药”，用了“感冒”“吃药”两个隐喻，暗示项目复杂的权力利益关系。见表 5-4。

① 田现辉. 汉语中军事用语的隐喻表达 [J]. 郑州航空工业管理学院学报（社会科学版），2013，32（5）：101-104.

翔鹭集团合资已在海沧区动工投资（苯）项目，这种剧毒化工品一旦生产，意味着厦门全岛放了一颗原子弹，厦门人民以后的生活将在白血病、畸形儿中度过。我们要生活、我们要健康！（2007 年厦门 PX 风险传播中的短信内容）

白血病，又称为血癌。畸形儿是基因异常而导致的生理畸形。在民众针对 PX 的隐喻中，“白血病”“畸胎”已不单单是表达疾病风险的问题，而成为评价、表征 PX 的语言工具，以传达丰富情感。这一点，探究疾病隐喻的派生隐喻可以洞察得更为深刻（如图 5-5）。第一，恐惧。疾病唤起的是一种古老的恐惧①。癌症、畸胎都被人们认为是难以治愈、神秘莫测的疾病，这种神秘和低治愈率令人感到恐惧。第二，惩罚。古代世界对疾病的认知方式，大多把疾病当作上天降罪的工具，或对邪恶的惩罚②。第三，失序。疾病源自失衡，而治疗的目标是恢复正常的均衡。疾病意象被用来表达对社会秩序的焦虑。桑塔格（Susan Sontag）在《疾病的隐喻》一书中，研究了疾病被当作修辞手段或隐喻加以使用的情形，她指出：“在政治哲学的主流传统中，把国家失序类比为疾病，是为了以此敦促统治者追求更理性的政策。”③

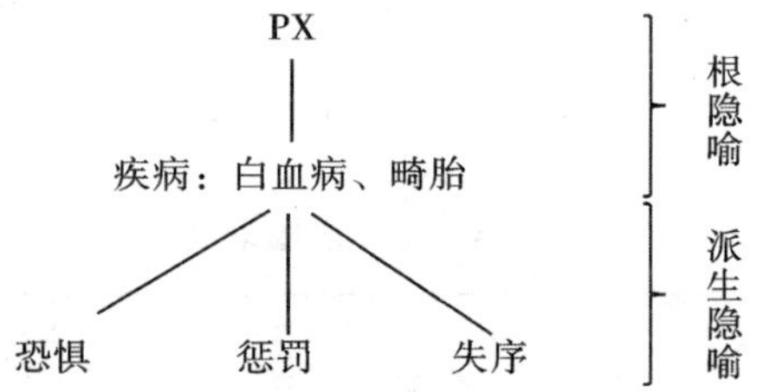

图 5-5　疾病隐喻网络

与军事武器隐喻一样，疾病的三个派生隐喻，仍是以“诉诸恐惧”的方式完成对 PX 的风险话语建构。惩罚隐喻将疾病视为受伤的自然生态环境的报复，是给人类的惩罚。恐惧和惩罚隐喻以一种理解成本更低、情感效果更好的方式激起人们对 PX 项目的反感和恐惧，促使更多人加入风险动员。失序隐喻指出了 PX 项目将会带来的后果：生态失序，比如“厦门人以后的生活将在白血病、畸形儿中度过”这样的表述。

---

① 桑塔格. 疾病的隐喻 [M]. 程巍，译. 上海：上海译文出版社，2018：7.
② 桑塔格. 疾病的隐喻 [M]. 程巍，译. 上海：上海译文出版社，2018：39-40.
③ 桑塔格. 疾病的隐喻 [M]. 程巍，译. 上海：上海译文出版社，2018：69.

（三）动物隐喻

表 5-5　动物隐喻表达

目标域	始源域
PX 项目	下蛋的金鹅
	“鸡屎拉在我家后院，鸡蛋却下在别人家里” 鸡蛋—利益；鸡屎—损失
	过街老鼠人人喊打
	洪水猛兽
	落水狗，走到哪里，群众的砖头就飞到哪里
PX 项目风险与安全的关系	老虎与狮子很危险，但阻挡不了人们去动物园的脚步； 只要笼子牢固、管理得当，危险动物绝不会跑出来伤害游客； 将虎兕圈于柙，让龟玉安于椟中。

隐喻深深植根于我们的身体和周围熟悉的事物中。动物和人类相伴而生，与人类的生存、发展有着密切的关系，是人类最为熟悉的生命体。动物隐喻是人类生活中常见的一种隐喻方式。例如，牛人、钻牛角、孺子牛……都是生活中常见的动物隐喻。但人们如何挑选动物进行隐喻，又如何使用动物隐喻？有学者认为，对动物隐喻的使用受到三种因素的影响：动物与人的关系；动物自身的特性；动物与民族经济、文化、习俗、心理等①。理解动物隐喻，要将其放到特定的语境中加以探查。见表 5-5。

作为一种化学基础原料，PX 几乎渗透到了人类的衣食住行用等各个方面，具有极其广泛的用途。然而，一段时间以来，PX 在中国已成为敏感符号，成为“过街老鼠人人喊打”。（《理性看待 PX 项目》，《中国能源报》，2013 年 8 月 5 日）

从茂名官方新近发布的公告看，茂名 PX 事件仍不算清净。这是继多个城市之后，因 PX 项目争议导致的又一起群众聚集事件。就这样，在中国地界儿，PX 成了条“落水狗”，走到哪里，群众的砖头就飞到哪里。（《PX 词条捍卫战展示大学生的责任与担当》，中国青年网，2014 年 4 月 8 日）

在媒体表达中，“落水狗”“过街老鼠”是域源，PX 项目是目标域。

① 张孝飞. 汉语动物词汇隐喻规律探津：一项基于统计的词汇研究［J］. 长春师范大学学报，2014，33（5）：81.

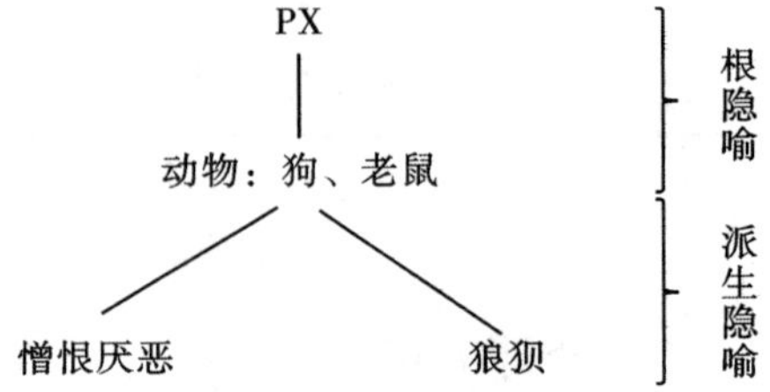

图 5-6　动物隐喻网络

落水狗指的是掉在水里狼狈不堪的狗，比喻失势的坏人或遭受打击的人，而过街老鼠则比喻人人痛恨或厌恶的人。根据“狗”“老鼠”在中国语境下的释意，动物隐喻网络（图 5-6）中的派生隐喻有：第一，憎恨厌恶。语言使用者利用自己及他人熟悉的动物来映射其他事物，使动物具有联想意义①。比如，在汉语中，人们常常使用诸如“狗东西”“狗腿子”等与狗有关的词汇来表达愤怒②。同理，人们常用诸如“一粒老鼠屎坏一锅粥”“贼眉鼠眼”表达厌恶③。第二，狼狈。动物隐喻的使用与动物自身的外形特征有关。“落水狗”“过街老鼠”都蕴含着狼狈不堪的意味，引起的反应是“（PX）走到哪里，群众的砖头就跟到哪里”，“（PX）人人喊打”。人们将 PX 与这些负面意义的动物形象联系，反映了抵制情绪，也隐喻 PX 项目在国内的尴尬局面。“鸡屎拉在我家后院，鸡蛋却下在别人家里”，是 PX 邻避情结的动物隐喻。“鸡蛋”是始源域，目标域是利益，而“鸡屎”则映射污染和利益损失。

> “大家都去动物园看过老虎、狮子，如果笼子没关好，老虎跑出来，就会伤人。”在曹湘洪看来，这就像石油化工生产过程，有风险，但不等于事故。（《专家解读 PX 低毒：与汽车尾气相比毒性低很多》，苏州新闻网，2014 年 5 月 14 日）

在该句表达中，“老虎、狮子”“笼子”是域源，PX 与 PX 工厂的制度与管理是目标域。老虎和狮子是凶残、危险性动物，笼子是动物园隔绝游客与动物的方式，防止动物伤到游客。在这里，化工专家用公众去动物园的隐喻化表达来指代 PX 项目的风险性和危险性的关系：虽然老

---

① 朱红梅. 动物词汇联想意义的认知隐喻探源 [J]. 科技信息，2009（3）：616.

② 代男. 中英动物词汇“狗”的隐喻含义比较 [J]. 青年文学家，2015（27）：174.

③ 陆燕. 多模态隐喻视角下的汉英“老鼠”形象 [J]. 湖北经济学院学报（人文社会科学版），2014，11（3）：105.

虎、狮子也会伤人，但只要笼子关好就可以，以此说明 PX 有风险，但是可控。

（四）神话隐喻

表 5-6 神话隐喻表达

目标域	始源域
PX	天使
	魔鬼

政府和民间完全站在了两个价值维度看待 PX 项目，在地方官员的眼里，它是 GDP 的天使；在当地民众眼里，它就是一个吞噬环境的魔鬼。这是矛盾冲突的根源，而双方冲突的大小，考验着地方政府的执政水平。（《茂名：PX 恐惧症与环境政治》，《经济观察报》，2014 年 4 月 9 日）

在这段关于风险认知差异的表述中，始源域（域源）是 GDP 天使、吞噬环境的魔鬼；目标域是 PX 项目。正如引文所说，在 PX 风险争议中，政府和民间经常站在完全对立的价值维度，这样的对立立场使语言使用者也采用了完全相反的隐喻：天使与魔鬼。天使，源于希腊语，代表着美好与圣洁。魔鬼是恶的源头，吞噬一切，并呈现恐怖邪恶的意象①。“魔鬼”“恶魔”这些隐喻原型的使用，表露着公众对 PX 项目的愤怒情绪与恐惧态度。

作为重要的化工生产原料之一，PX 的环境风险争论不断，政府、相关领域的专家、公众围绕其风险进行了丰富的话语争夺，这在他们各自使用的隐喻修辞上有生动的体现。在《我们赖以生存的隐喻》中，莱考夫和约翰逊指出：“文化中最根本的价值观与该文化中最基本概念的隐喻结构是一致的。”② 隐喻产生于文化，即产生于人与外在世界互动所形成的经验。隐喻分析的目的在于揭示语言使用者的潜在意图，也即隐喻的背后是使用者的思想、观念的体现。个人资源和社会资源都会影响隐喻的选择（如图 5-7）。

---

① 张瓅尹，李沁柯. 话语的“江湖”突围：时评隐喻建构的价值呈现：基于对公众号“六神磊磊读金庸”的研究 [J]. 理论月刊，2020（12）：158.

② 莱考夫，约翰逊. 我们赖以生存的隐喻 [M]. 何文忠，译. 杭州：浙江大学出版社，2015：19.

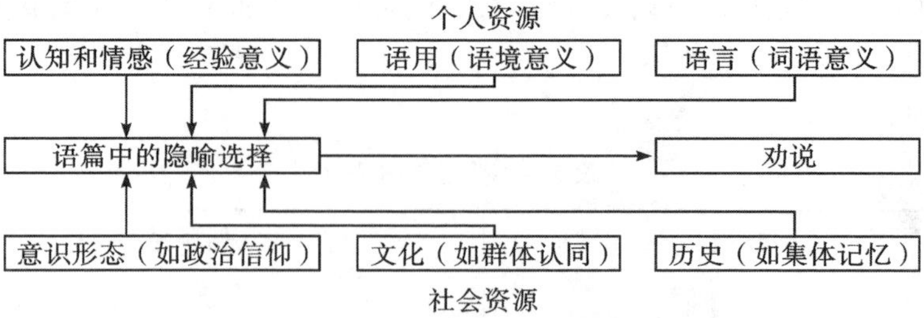

图 5-7　隐喻的语篇模型①

在社会层面，隐喻会受到意识形态的影响，但作为结果的隐喻同样表征了意识形态。不同隐喻的策略性使用，建立起基于域源的具有特定意义的框架，使人们按照该意义和框架的边界来认识、理解目标域的概念或事物，进而形成“隐喻-概念-思维和行动”的认知模式。因而隐喻不仅是意识形态或思想的体现，也会影响人们的行为选择。在 PX 风险案例中，当不同的隐喻被使用时，相关主体对 PX 石化项目呈现了不同的理解和认识，并采取不同的行动。

表 5-7　不同主体的隐喻表达

	政府	专家	公众
隐喻	GDP 大蛋糕	动物园的老虎、狮子（强调可控性）	白血病、炸药、定时炸弹、恶魔
示例	对于政府而言，PX 项目是天使、是 GDP 的大蛋糕。	大家都去动物园看过老虎、狮子，如果笼子没关好，老虎跑出来，就会伤人。在曹湘洪看来，这就像石油化工生产过程，有风险，但不等于事故；老虎与狮子很危险，但阻挡不了人们去动物园的脚步。	在民众看来，PX 项目是恶魔、是定时炸弹、是炸药。

① 纪玉华，陈燕. 批评话语分析的新方法：批评隐喻分析［J］. 厦门大学学报（哲学社会科学版），2007（6）：43.

续表

	政府	专家	公众
描述	PX项目是经济发展中产物，时代发展的步伐无法阻挡； PX项目不仅可以完善石化产业链，更是增加地方财政收入、扩大经济总量的必要手段之一； 国家同意在茂名石化布点建设两套60万吨/年芳烃装置，每年将形成约300亿元的销售收入，平均增加税收6.74亿元，财政收入2.04亿元。	PX和同类石油化工生产的安全风险是可控的； PX低毒：与汽车尾气相比毒性低很多； 新加坡裕廊岛埃克森美孚炼厂PX装置，距居民区只有900米。	漳州海洋污染； 漳州官员曾保证不会爆炸，但三年发生两次爆炸； 茂名的特产是鼻炎。
意义	PX项目带来巨大的经济利益	PX有风险，但可控	PX项目污染环境、有安全问题
话语框架	经济框架、发展主义	科学、技术理性	环境正义和信息公开
行动	引进PX项目、悄悄建设	PX词条保卫战	申请行政复议、风险表达

政府：将PX喻为GDP的天使和大蛋糕。作为风险决策者，地方政府往往有选择地进行信息公开，有意规避风险议题的“危害框架”设定①，强调PX项目对于促进地方经济、就业等方面的优势。“天使”“大蛋糕”的隐喻背后，是PX项目巨大的经济利益。比如茂名PX石化项目，建成后预计年产值72.8亿元，是“茂名冲刺世界第三大石化产业基地的关键一步”。“天使”“大蛋糕”的隐喻流露的是对PX项目经济收益的狂热，而包含其中的环境风险、对公众和生态环境的影响却被淡化。正是在这样的认知下，有些地方政府预知PX项目会遭遇公众阻力，依然采取各种手段推

① 岳丽媛，刘兵．“风险”的建构：对国内“PX”争议的媒介话语分析［J］．科学技术哲学研究，2019，36（2）：103.

动项目，并限制风险表达。

专家：将PX喻为动物园的老虎、狮子等。在后期的PX风险议题中，专家扮演的是风险评估者的角色。专家通过媒体发声，使用专业科学话语，向公众宣传PX本身低毒和项目安全、可靠，以期让民众形成对PX风险的科学认识。专家以“关在笼子里的老虎、狮子”来隐喻PX项目的风险管理，意图向民众说明PX项目有风险，但只要制度规范、管理得当，不会产生危险。也就是“有风险，但不危险”。专家风险评估力图以一种基于科学理性但通俗化表达的方式来进行。

公众：将PX喻为白血病、炸药、定时炸弹、恶魔等。在多个PX风险邻避事件中，公众对PX的隐喻多指向恐惧、破坏、厌恶等。作为风险的实际承担者，公众对PX风险的感知是一种“这一风险是否只对我有影响？是否会影响我的后代子孙？是否让我恐惧害怕？”的直觉/捷思的判断①。因此对风险的认知是体验性、叙事性的，越靠近现场，情绪也更加浓烈②。“白血病”“炸药”“恶魔”隐喻渲染也反映了民众在面对未知风险时切身感受到的恐惧与担忧。在这样的隐喻化的风险认知模式下，民众很容易加剧认知偏差，放大风险，使其在风险议题上过度带入非理性立场，采取“预防式”风险行动阻止项目的建设，以规避可能的风险，甚至追求一种“零风险”。

风险社会学认为，风险并不是一个客观存在的、可被精确测量的事物，而是被建构的。大众媒体既是风险的社会建构场域，也是风险定义的社会竞争场域与风险社会的批评场域③。媒体对环境风险信息的报道与传递甚至“承担生态启蒙，培育和表达社会理性，实现风险正义的角色”④，将无形的、不确定的风险具象化⑤。媒体采用何种报道框架，运用什么话语和修辞都对公众的风险感知起着潜移默化的作用，并且容易放大或淡化

---

① 黄懿慧. 风险沟通：打造专家—公众共通话语体系［J］. 全球传媒学刊，2022，9（2）：1.

② 肖梦黎，陈肇新. 突发公共危机治理中的风险沟通模式：基于专家知识与民众认知差异的视角［J］. 武汉大学学报（哲学社会科学版），2021，74（6）：117.

③ BECK U. “Risk Society” and the media：a catastrophic view［J］. European journal of communication，1998，13（1）：5-32.

④ 李艳红. 以社会理性消解科技理性：大众传媒如何建构环境风险话语［J］. 新闻与传播研究，2012，19（3）：31.

⑤ 欧阳薇. 国外风险沟通研究概述［J］. 东南传播，2009（8）：89.

风险。因此，大众传媒的风险建构存在风险正义和规范性伦理问题，要求传媒站在理性、客观和公众利益的基础上，促进良好的风险沟通。而社交媒介的参与对于公众扩展传播资源、开辟风险表达通道具有重要意义。但值得注意的是，社交媒介对风险的呈现、聚集与建构又有可能引发新的社会风险，并容易将公众的风险表达导向非理性、极化的状态，激发风险对峙，或者引发更多的次生风险。如何使社交媒介发挥积极的风险沟通功能已经成为新时代亟待研究的课题。

第六章　环境风险沟通多元主体及其传播网络

第一节　环境风险沟通主体的多元性

环境保护、绿色发展是我国社会发展与环境治理的重要目标原则。2014年，《中华人民共和国环境保护法》经过十二届全国人大常委会第八次会议修订通过，标志着我国在环境政策制度建设上再进一步。过去一段时期，环境邻避事件曾经密集爆发，涉危险化学品、危险废物、重金属等重大环境风险源时而出现，化工厂、垃圾焚烧厂等环境敏感项目选址建设和污染地块处理时常成为舆情热点，这都提示环境风险沟通已经成为社会无法回避的问题。早些时期，受限于网络发展条件限制，环境风险引发的争议主要集中在网络论坛或者物理城市空间。而现在，不少风险议题一经曝光就登上网络热搜，迅速成为社交媒体平台广泛讨论的对象，其结果往往是科学理性的扭曲和风险的放大，社交媒介和数字平台使环境风险的沟通陷入前所未有的不确定状态。

环境风险争议向冲突方向发展的原因之一在于风险沟通出现偏差甚至缺失，保障正当沟通渠道及其畅通度、开拓新沟通渠道十分必要。网络与新媒体传播的发展为环境风险的利益诉求和环境风险沟通提供了新的渠道介质，但从事件结果来看，技术演进并不一定有助于环境风险的有效沟通。网络新媒体更要在串联不同沟通主体的过程中发挥社会整合功能。

作为新技术形式和扩展性平台，借助网络新媒体的环境风险沟通整合的前提是不同的风险沟通参与主体的存在，包括政府、专业媒体、公众、专家精英、环保组织、涉事企业甚至更多。理想状态下，环境风险的有效沟通应是这些不同主体之间的互相联结、彼此对话。抛开风险沟通中潜在的分歧与偏误，这种密切的多向沟通关系搭建至少能够在沟通的第一步，即建立关系连接上打下基础。概言之，关系连接是沟通的初始步骤。如果网络新媒体空间的环境风险沟通依旧延续过去的话语模式，政府与公众不建立对话渠道、环境科学与知识传播被拒之门外、环保机构不发挥中介调节作用，那么孤立、分割和不具备对话性的主体关系结构依旧继续存在，环境风险沟通和公共理性建设就无从谈起。社会沟通的基础在于开放和扩展沟通的渠道、接受其他主体的信息输入和意见抵达。基于此，本书就微博空间中不同主体展开环境话语生产与传播的过程展开研究，检视环境风险沟通的参与性主体构成及其传播关系结构。

风险沟通是“在利益团体之间传播或传送健康、环境风险的程度、重要性或意义”，是“个人、团体、机构间交换信息和意见的互动过程”①。这两个定义代表研究者对风险沟通过程模式认识的变迁，即从线性关系模式走向双向互动模式。学者强月新、余建清指出，曾经以教育公众为目的风险沟通主导模式是一种线性的信息传输，其关键是把风险信息灌输给公众，尤其是专家向公众的传输，而双向互动模式则更注重公众沟通中的意见反馈和与民众的持续对话②。

风险沟通的功能定位从“单向告知”转向“公共参与”具有重要意义③，这一转变强调的是风险沟通过程中公众参与的扩大与普及。在当代社会技术条件下，环境风险难以沟通的原因是多维的：首先，社会化媒体中信息生产者身份的匿名性和网络公共领域的开放性不仅导致信息风险等级加剧，还造成信息失真的可能性④；其次，环境风险的不可见性与主观建构依赖容易导致公众在风险想象下放大感知焦虑，而公众的风险放大又会导致其拒绝环境科学知识，完全以道德认知来衡量善恶，以及对环境风险议题和风险管理者形象的负面建构⑤；最后，人类认知本身具有局限性，公众的风险感知高度依赖于直觉思维和经验思维，比如依赖直觉和既往经

---

① 林爱珺，吴转转. 风险沟通研究述评［J］. 现代传播（中国传媒大学学报），2011（3）：36.

② 强月新，余建清. 风险沟通：研究谱系与模型重构［J］. 武汉大学学报（人文科学版），2008（4）：502.

③ 张洁，张涛甫. 美国风险沟通研究：学术沿革、核心命题及其关键因素［J］. 国际新闻界，2009（9）：97.

④ 刘君荣，信莉丽. 社会化媒体环境下受众应对信息风险的路径：基于媒介素养教育的研究视角［J］. 现代传播（中国传媒大学学报），2015，37（3）：58.

⑤ 黄河，刘琳琳. 媒介素养视角下公众对环境风险议题的负向建构［J］. 现代传播（中国传媒大学学报），2018，40（2）：157.

验简化现状的直觉捷思法，同时也会受到情绪进程的引导①。总之，风险沟通的现实过程中常常面临真相与谬误混杂、公利与私利对立、理性被愤怒消解、误解和偏见横行的问题②。正因为风险沟通过程中诸多主客观阻碍力量的存在，对话、参与、互动、沟通等传播行为的出现与强化对于风险有效沟通至关重要。

如何更好地实现风险沟通的社会理性？学者斯洛维奇（Paul Slovic）认为，风险科学的局限性以及风险的主观本质要求在风险评估和决策中必须扩大风险决策的共同体，以使决策过程更加民主化、增加合法性和公众对决策结果的接受程度③。有学者强调，环境风险沟通中的公众参与极为必要，它甚至有必要成为一种媒介素养和公众素养的构成④。

关于环境风险沟通的公众参与对象，学者郭小平指出，至少应该包括科学共同体、政府、媒体公众和非政府组织等⑤。在网络传播和新媒体时代下，公众参与主体或将囊括更广泛的社会个体范畴，这也是网络空间赋予环境风险沟通的新契机。社会主体的共同参与能够促进风险议题更为完整地呈现、提升风险的科学认知以及深入地阐述公共政策议题⑥。公众参与是现代环境治理体系的重要组成部分，环境风险沟通中动员公众力量参与是具有普惠性的措施，有助于增强公众的环境素养⑦。有学者依据杨保军提出的新闻传播“三元主体”理论，将环境议题中的传播参与主体分成职业新闻传播主体，即专业化媒体组织；民众个体传播主体，即以互联网为核心的新兴媒介或由新媒介进行赋权的普通民众；脱媒主体，指的是那些非民众个体、亦非职业新闻传播组织主体的组织性、群体性新

---

① SLOVIC P，KUNREUTHER H，WHITE G F. Decision processes，rationality and adjustment to natural hazards ［M］ //White G F. Natural hazards：local，national，global. New York：Oxford University Press，1974：187-205.

② 黄河，刘琳琳. 媒介素养视角下公众对环境风险议题的负向建构［J］. 现代传播（中国传媒大学学报），2018，40（2）：158-159.

③ 斯络维克. 风险的感知［M］. 赵延东，林士垚，冯欣，等译. 北京：北京出版社，2007：12.

④ 郭小平. 风险传播视域的媒介素养教育［J］. 国际新闻界，2008（8）：50-54.

⑤ 郭小平. 风险传播视域的媒介素养教育［J］. 国际新闻界，2008（8）：52.

⑥ 欧阳薇. 国外风险沟通研究概述［J］. 东南传播，2009（8）：88.

⑦ 萧野. 引导公众正确认知环境风险、守护健康 生态环境部发布《中国公民生态环境与健康素养》［J］. 环境与生活，2020（8）：106.

闻传播主体，即“非职业新闻组织主体”①。这一分类有助于明晰参与环境风险沟通的行动者大类，但是存在颗粒度不够的问题。更加细致的身份归类更有助于研究者把握环境风险沟通中的微观行动者角色及其功能，并对它们的风险沟通现实效果开展具体评价。实际上，不少环境风险沟通实证研究对不同传播主体和参与者角色进行了分析，这些主体基本涵盖了社会各个层级和领域，这也体现出环境风险沟通对于更广泛社会参与的要求。

媒体在风险沟通中的作用是研究的焦点，媒体不仅可能成为风险沟通中不同行动者表达声音、动员资源、争取支持、行动号召的渠道介质，同时也可能作为重要的社会公器来发挥作用②。传统媒体逐渐发展成为环境风险沟通过程中的“调停者”，通过对民间意见和官方口径的“框架整合”消除对立、促成政策回应③。这种媒体框架整合的具体方式包括框架延伸、框架独白、框架对立等，不同框架的并存及其张力体现出新闻媒体在国家控制的底线内建构环境事件报道、获得社会各方支持，以此维持自身合法性地位的努力④。大众传媒在环境风险沟通中主要发挥着公众利益表达与综合、政策议程设置、促进公众参与等多重政治社会功能⑤。

政府在环境风险沟通中居于主导地位。环境风险的复杂性、特殊性及其冲突性发展趋势使得各地政府致力于管理媒体的报道范围和公众的风险表达，这导致政府更偏向于风险控制者角色，而不是作为对话者参与环境风险的沟通过程。事实上，政府参与风险沟通的渠道是多样的，且常与媒体功能交织在一起。学者张志安等指出，一直以来，作为风险沟通手段，政府在新闻发言人行为表现、社会信息的专业供给与公共传播的价值表达

---

① 江作苏，孙志鹏. 环境传播议题中“三元主体”的互动模式蠡探：以“连云港核循环项目”和“湖北仙桃垃圾焚烧项目”为例 [J]. 中国地质大学学报（社会科学版），2017，17（1）：110-119.

② 聂静虹，王博. “多元框架整合”：传统媒体都市集体行动报道方式探究：以番禺垃圾焚烧事件为例 [J]. 新闻大学，2012（5）：58.

③ 曾繁旭. 传统媒体作为调停者：框架整合与政策回应 [J]. 新闻与传播研究，2013，20（1）：37.

④ 聂静虹，王博. “多元框架整合”：传统媒体都市集体行动报道方式探究：以番禺垃圾焚烧事件为例 [J]. 新闻大学，2012（5）：59-60.

⑤ 黄月琴. 风险传播、政治沟通与公共决策的变迁：对两个石化项目迁址案例的分析 [J]. 当代传播，2011（6）：16.

等方面均存在不足，政府主导的风险沟通存在行政逻辑与专业逻辑之间的矛盾①。尽管我国政府在各种重大社会事件的风险沟通环节几乎从不缺席，但政府仍偏重依赖传统媒体自上而下的传播观念和宣传灌输模式，在搭建良好的对话沟通环境方面存在不足②。

风险沟通是一个持续不断的过程，贯穿于整个风险发展的进程中③。除了媒体和政府在风险沟通中的中介和主导作用，环保组织、公众、社会精英乃至相关企业都是重要的参与对象。环保 NGO 组织、环保人士、社会精英这些主体之间通常存在一定的身份交叉，难以明确专门细分，可概称为“专家精英”或“意见领袖”。近年来，专家精英与意见领袖参与风险建构的过程得到了较多关注，但专家精英参与的过程又是和政府、媒体交缠在一起的④。相较而言，环保 NGO 往往能够凭借其特殊的组织身份从众多参与主体中剥离出来，加以单独研究。郭小平曾对媒体如何报道 NGO 以及 NGO 如何争取自身与环境风险在媒体中的能见度过程展开研究⑤，曾繁旭则重点研究了媒体对环保 NGO 话语表达的重要意义，认为媒体是 NGO 的政治资源，也是 NGO 与国家制度互动的中介⑥。

学界关于企业的风险沟通参与的研究相对较少。有学者对企业虚假的漂绿广告中蕴含的粉饰性环境保护话语修辞展开了批判，指出商业企业虽然是环境风险沟通的重要行动者，但其参与的初衷实际是资本追逐和“政治正确”⑦。在关于公众的风险沟通参与的影响机制研究中，学者龚文娟分析了公众无序的弥散性参与和规制性参与对风险沟通中信任培养有

---

① 张志安，冉桢.“风险的社会放大”视角下危机事件的风险沟通研究：以新冠疫情中的政府新闻发布为例［J］. 新闻界，2020（6）：12.

② 曾繁旭，钱琪瑶. 传播链条、社会网络与公众回应 社会化媒体时代的风险沟通效果研究［J］. 新闻与写作，2015（6）：38.

③ 欧阳薇. 国外风险沟通研究概述［J］. 东南传播，2009（8）：88.

④ 曾繁旭，戴佳，王宇琦. 技术风险 VS 感知风险：传播过程与风险社会放大［J］. 现代传播（中国传媒大学学报），2015，37（3）：40-46.

⑤ 郭小平. 风险沟通中环境 NGO 的媒介呈现及其民主意涵：以怒江建坝之争的报道为例［J］. 武汉理工大学学报（社会科学版），2008（5）：771-776.

⑥ 曾繁旭. 环保 NGO 的议题建构与公共表达：以自然之友建构“保护藏羚羊”议题为个案［J］. 国际新闻界，2007（10）：14.

⑦ 郭小平，李晓. 环境传播视域下绿色广告与“漂绿”修辞及其意识形态批评［J］. 湖南师范大学社会科学学报，2018，47（1）：149-156.

不同影响①。公众参与中的情绪愤怒加剧了风险工程的污名化②。

风险沟通是多元行动者参与、互动与竞争的话语实践场域。专家学者、公众和媒体机构所呈现的风险故事版本往往具有差异性③。在诸多 PX 风险事件中，风险沟通的过程多表现为社会公众、精英人士、媒体、地方政府等多元主体在线上与线下场域发起风险言说竞争的话语政治过程④。不过，不同参与主体的风险建构也不必然是割裂或对立的，也可能展开合作。比如媒体，在我国媒体制度背景下，媒体承担着专业报道和舆论监督双重职责，媒体与各地政府之间、媒体与社会公众之间、不同地域或行政层级媒体之间往往存在着既竞争又合作的复杂关系，也有行动重合的可能性⑤。不同主体的位置结构、利益格局、主体间因互动产生的群体聚集与分割，都可能影响甚至决定环境风险沟通过程的顺利与否。同时，他们的多元共在又蕴含着组成行动者网络的沟通潜能。

第二节　环境风险的传播关系网络分析

环境风险议题中公众参与的价值，可以有效弥补政府在环境问题主导中存在的缺陷，也有利于促进民主，塑造参与型的公民文化⑥。新媒体的使用给公众参与提供了便利，虽然并不一定预示着参与式民主的实现，但它作为连接公众与政府的平台，为二者提供了一个可供沟通、讨论的空间，从而拓展了公众参与的渠道和形式。其结果可能导致“官方—精英”话语向民主参与话语的变迁。当然，即使有公众参与，环境风险的沟通也

---

① 龚文娟. 环境风险沟通中的公众参与和系统信任 [J]. 社会学研究，2016，31（3）：47-74.

② 曾繁旭，戴佳，王宇琦. 技术风险 VS 感知风险：传播过程与风险社会放大 [J]. 现代传播（中国传媒大学学报），2015，37（3）：44-45.

③ 曾繁旭，戴佳，杨宇菲. 风险传播中的专家与公众：PX 事件的风险故事竞争 [J]. 新闻记者，2015（9）：69-78.

④ 黄月琴. 反石化运动的话语政治：2007—2009 年国内系列反 PX 事件的媒介建构 [D]. 武汉：武汉大学，2010：5.

⑤ 黄月琴. 风险传播、政治沟通与公共决策的变迁：对两个石化项目迁址案例的分析 [J]. 当代传播，2011（6）：16-20.

⑥ 王书明，杨洪星. 加强生态文明建设的公众参与：基于厦门 PX 项目抗争事件的思考 [J]. 科学与管理，2011，31（2）：5-9.

不一定成功，过往沟通失败的案例也并不少见①。新媒介技术在解决环境问题、减缓环境风险、促进社会公平方面具有潜在的沟通力量，但自身也包含着风险诱发的因子，导致“风险再造”的局面②。因此，有必要对新媒体平台中环境风险沟通的主体交互状况加以研究，描绘平台中的环境风险传播关系网络结构，以检视新媒体平台究竟如何为风险沟通参与提供连接性支持？又有何制约性？本书以新浪微博为研究对象，并将参与传播的用户作为“节点行动者”，将用户的风险表达和传播视为风险沟通参与的表征。其研究问题主要包括：

①哪些用户参与了环境风险话语的生产与传播？他们作为风险话语行动者有何种身份特征？

②哪些行动者类型有更高的网络影响力？发挥了何种传播角色？

③环境风险话语的整体传播网络与核心行动者网络呈现何种结构性特征？

④平台行动者及其总体传播结构如何作用于环境风险沟通？

一、研究方法与数据

本研究采用社会网络分析的方法回答研究问题。社会网络分析（SNA）是一种致力于以量化的方式测量社会行动者及其关系连接的研究方法，其基本分析单位是作为行动者数据的“节点”及其关系数据“边”③。社会网络分析被广泛应用于社会科学的实证研究领域，尤其集中于新闻传播学、情报科学、管理科学等。近年来它更被广泛引入互联网在线社区及其包含的用户群体复杂网络研究中。当前的研究主要大致可以分三类：一是聚焦关系结构，尤其是对网络社区用户关系及其结构的研究；二是聚焦信息扩散，揭示网络舆情的生成逻辑；三是聚焦核心行动者，识别关键意见领袖或者权力节点。本书选用社会网络分析法对新媒体中相关环境风险事件的公众参与节点展开深入研究，揭示新媒体环境中不同参与者之间的连接方式、信息流动的路径，以及整个网络的形成与演变过程，同时深入洞察公众在新媒体环境中对环境风险事件做出的响应。环境风险

① 程惠霞，丁刘泽隆. 公民参与中的风险沟通研究：一个失败案例的教训［J］. 中国行政管理，2015（2）：109-113.

② 李春雷，凌国卿. 风险再造：新媒体对突发性事件的报道框架分析［J］. 新闻界，2013（16）：60.

③ 刘军. 社会网络分析导论［M］. 北京：社会科学文献出版社，2004：4-6.

议题的关注与表达将网络用户聚集为一个线上社区，参与其中的用户存在规模大小、身份多元性及影响力强弱的差异，这些特征能够借助社会网络分析法加以测定和识别。

本书选取“PX 项目”和“邻避”两个关键词在微博平台分别检索，将所有与这两个关键词相关的博文作为数据对象。通过爬虫软件，采集到相关微博分别有 206 条、373 条①，再采集各条微博之下的“转发”数据，得到博文数量分别有 2 455 条、2 349 条②。笔者对两组数据中的转发节点用户进行整理，得到转发用户的“邻接名单”③，其中“PX 项目”博文有 1 326 个节点、“邻避”博文网络有 1 486 个节点，构成社会网络分析的数据分析基础（表 6-1）。本研究构建的整体网络是“1 模-无向网络”，不考虑关系方向和权重。

表 6-1　研究数据基本数量统计

检索关键词	微博留存数量	微博转发数量	转发节点数量
PX 项目	206 条	2 455 条	1 326 个
邻避	373 条	2 349 条	1 486 个

将“邻接名单”置入网络分析软件 Gephi 0.9.2，经过内置算法自动排布，得到两个网络的可视化网络结构图——图 6-1（a）与图 6-1（b），突出性节点标签标示于图 6-1 中。

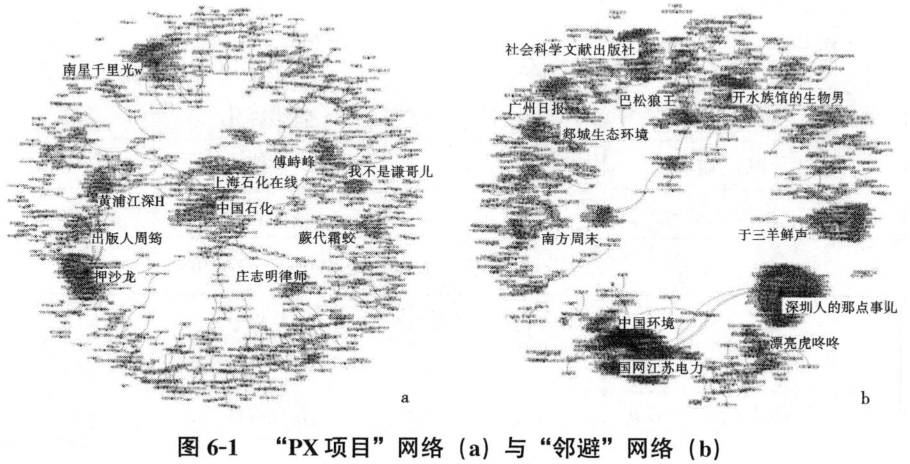

图 6-1　“PX 项目”网络（a）与“邻避”网络（b）

---

① 微博平台部分博文已被删除，或者因阅读权限设置导致不可访问。本书仅对检索结果中留存的可见微博进行统计、抓取和研究。这表明微博平台相关数据量应比现有统计更多。

② 数据的统计截止日期为 2022 年 5 月 9 日。

③ 邻接名单整理过程中，凡是多次重复转发均只计数一次，自我转发不计入。

二、主体行动者构成与整体网络结构

（一）环境风险话语传播的行动者构成

中心性分析是网络分析中用以识别高权力节点的测量维度，又分为点度中心度、接近中心度和中介中心度等多种不同的指标。点度中心度（Degree centrality）是根据与节点直接相连的边数目多少来判定节点影响力大小的指标，点度中心度越大，表示该节点拥有的关系连接越多①，成为转发网络中的高中心度节点，在网络结构中形成该节点居于点簇中心的位置特征（参见图 6-2），根据计算结果，表 6-2、表 6-3 分别对排序前 20 的核心节点予以列出②。

表 6-2　“PX 项目”网络节点点度中心度排序（前 20）

序号	节点	点度中心度	序号	节点	点度中心度
1	押沙龙	114	11	范剑平	18
2	南星千里光 w	61	12	察网	18
3	中国石化	58	13	Newsfeed	15
4	上海石化在线	55	14	崔紫剑同志	14
5	黄浦江深 H	50	15	猫狗 cat dog	12
6	傅峙峰	32	16	奶猪	12
7	我不是谦哥儿	23	17	喷嚏网铂程	12
8	庄志明律师	22	18	福建炼化	11
9	蕨代霜蛟	20	19	子午侠士	9
10	出版人周筠	19	20	徐记观察	8

表 6-3　“邻避”网络节点点度中心度排序（前 20）

序号	节点	点度中心度	序号	节点	点度中心度
1	国网江苏电力	237	11	Not 小月月二转神童	27
2	深圳人的那点事儿	192	12	南方周末	26

① 刘军. 社会网络分析导论［M］. 北京：社会科学文献出版社，2004：116-117.

② 根据点度中心度的计算结果，“PX 项目”网络中从第 20 个节点开始，点度中心度数值≤10，“邻避”网络中从第 26 个节点开始，点度中心度数值≤10。本研究选择将排序前 20 的节点予以专门列出。

续表

序号	节点	点度中心度	序号	节点	点度中心度
3	于三羊鲜声	88	13	山东环境	25
4	中国环境	71	14	长安卧龙 V	24
5	社会科学文献出版社	68	15	锅顶山老岳	18
6	开水族馆的生物男	61	16	椒江叶 Sir	18
7	漂亮虎咚咚	46	17	中国环境宣传教育	18
8	广州日报	42	18	躺赢派研究员	16
9	郯城生态环境	35	19	冬亚	16
10	巴松狼王	32	20	济南生态环境	15

在微博所有参与过“PX 项目”和“邻避”话语生产传播的节点中，表 6-2、表 6-3 中所列节点是享有高影响力的少数核心节点，剩余大多数节点虽然数量众多但影响力十分有限，点度中心度数值集中在 1—2（参见图 6-1 中所有节点的点度中心度散点分布区间）。这些影响力十分微小的节点主要是普通个人用户，其参与作用主要体现为转发核心节点（且大多是单次单向转发）。而高中心度的核心节点主要有微博自媒体、新闻媒体、石化/电力企业、环保部门这四类，它们虽然数量占比少，但却是环境风险话语生产与传播最突出的行动者构成。图 6-3 分别对表 6-2、表 6-3 所列两个网络中的核心行动者构成进行了统计，总体而言，“邻避”话语网络中涌现的行动者身份类型要比“PX 项目”网络更加多元。

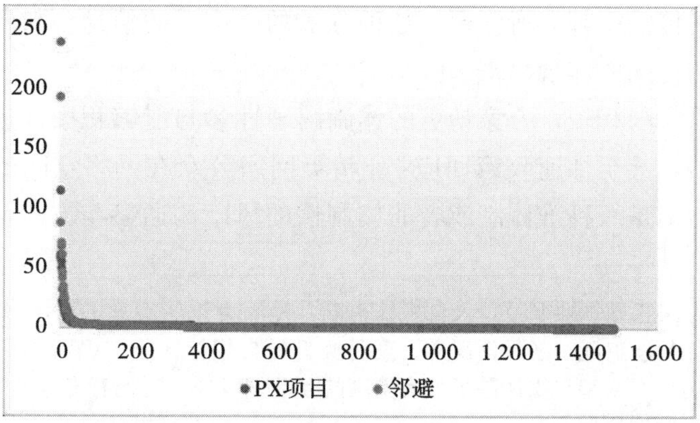

图 6-2　“PX 项目”与“邻避”网络节点之点度中心度数值分布图

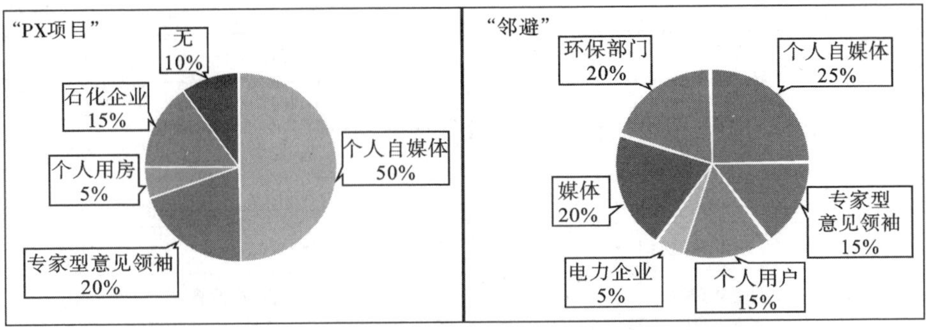

图 6-3 "PX 项目"和"邻避"网络中不同行动者身份占比

1. 微博自媒体

无论是"PX 项目"还是"邻避"话语的传播，自媒体都是最积极且占比最大的行动者类型，本研究中的自媒体主要包括普通个人自媒体和专家型意见领袖自媒体①。其中，专家型意见领袖又可以细分为学者型知识精英（如@押沙龙）、作家型知识精英（如@奶猪）、行业型知识精英（如@庄志明律师、@出版人周筠等）、环保型知识精英（如@开水族馆的生物男、@长安卧龙 V、@巴松狼王等）。在"PX 项目"网络中自媒体账号总占比为 70%，在"邻避"网络中自媒体账号总占比为 40%（参见图 6-3）。总体来看，微博自媒体在平台内围绕"PX 项目"和"邻避"生产与传播的话语数量最多，其获得关注和互动量也整体最大，部分自媒体节点的影响力超越专业媒体、环保部门等。从近年来的微博生态来看，自媒体中尤其是活跃的财经博主、资讯博主、搞笑视频博主等在各类社会事件、热点资讯的传播中都有所涌现，这种分散的、广泛的信息参与同样在环境议题信息的传播中体现出来。

与网络参与相较，专家精英的体制内理性参与能够积极推进环境议题的良性发展，甚至加速政策回应②。精英网络公众在网络空间的信息转发和意见表达则是一种准体制或者非体制性的风险沟通参与方式，本研究中

---

① 将专家意见领袖账号划入自媒体范畴，是因为这些专家的微博内容具有自媒体特质，比如粉丝追随、意见活跃等。两种类型的自媒体区分与识别主要依据微博用户昵称或签名，专家型自媒体除了拥有较高的互动量以外，还拥有专业领域知识背景，微博签名明确标注所属行业、专业、职业领域；普通个人自媒体可能也有较高的互动量或粉丝量，有些具有加黄 V 的微博认证。

② 黄月琴. 风险传播、政治沟通与公共决策的变迁：对两个石化项目迁址案例的分析 [J]. 当代传播，2011（6）：20.

环保人士是长期从事环境活动的知识精英，有的也有体制性参与的渠道，并且在微博中享有一定规模的意见追随者（个别环保人士开通了微博自媒体认证）。但他们的微博传播影响力在上述两个网络中分布并不均匀，在“邻避”网络中环保专业人士涌现更多且身份集中，而“PX项目”网络中环保人士基本缺席，“PX项目”网络中专家型意见领袖型身份更加分散多元（包括学者、作家、律师、出版人等），这是一个值得注意的差异。

2. 新闻媒体

媒体在环境事件报道中自始至终都是不可或缺的行动者角色，新闻媒体在某些时刻能够积极发挥“调停者”角色①。即便媒体无法始终实现舆论引导，但媒体报道引发讨论至少说明媒体没有缺席②。然而，本研究发现，参与“PX”话语生产和传播的新闻媒体实际上在“行动者网络”中处于缺失状态。“PX项目”网络中基本看不到专业媒体的节点，尤其是在以往密切关注环境抗争、风险正义的有影响力媒体都没有进入微博的核心节点圈层。即使排名最靠前的媒体节点“@环球新闻网”，该节点中心度数值为3，排名第85，影响力十分有限。

与此形成对照的是，“邻避”话语网络中新闻媒体没有缺席，部分知名综合性媒体占据核心节点之列，且影响力较大，主要包括“@广州日报”和“@南方周末”。知名行业类报纸《中国环境报》的官方微博账号“@中国环境”中心度为71，排名第4，是新闻媒体中最高影响力的节点。作为大众传播机构的“@社会科学文献出版社”虽然不是新闻媒体，但作为大众传媒组织亦在环境风险话语传播中作用突出。这表明，“邻避”话语已取代“PX”话语成为平台允许流通的关键词。不过，从全部节点列表来看，新闻媒体节点的排名居后、影响力十分微小，媒体队伍整体影响环境风险沟通的力量总体羸弱。

3. 石化/电力企业

一般而言，环境事件中相关企业（石化/电力企业）风险争议针对的目标，甚至是“众矢之的”，成为社会公众谴责的话语客体。因而企业一般较少参与环境风险沟通或发声，较多采取低调态度或者主动隐身。但本研究发现，相关企业单位（主要是石油企业和电力企业）在网络平台是比

---

① 曾繁旭. 传统媒体作为调停者：框架整合与政策回应 [J]. 新闻与传播研究，2013，20（1）：37.

② 郭小平，秦志希. 风险传播的悖论：论“风险社会”视域下的新闻报道 [J]. 江淮论坛，2006（2）：129-133.

较积极发声的参与主体，是风险话语表达和传播的重要行动者。从网络分析的数据来看，企业不仅进入网络行动者场域，并且具有较大的节点影响力。比如石油企业在“PX项目”网络中的中心性突出。表6-2显示，“@中国石化”中心度排名第3，“@上海石化在线”中心度排名第4，“@福建炼化”中心度排名第18。除此之外，还有诸多石油企业（主要是中石化各地区子公司）虽未进入排序靠前的名单之内，但网络行动力也不低，比如“@中国石化塔河炼化公司”排名达到第25，“@中石化四建 ”排名第36，“@中国石化茂名石化公司”排名第61，这些地方性的石化企业围绕在中石化企业集团周围，形成一股不容低估的传播力。而在“邻避”话语行动网络中，电力企业中心性也比较突出，表6-3显示，“@国网江苏电力”中心度在所有行动者主体之中排名第1。这表明，社交媒体的兴起的确改变了环境风险传播的参与者主体构成，不仅公众有更多参与，企业实际上也得到赋权，较以前参与风险沟通更多。

4. 环保部门

环境保护部门涵盖了从中央部委到至县级环保局的一整套完整的行政体系，履行环境治理、督察和环境宣传教育等政府职责。环境部门作为政府机构，也多在微博中开通了官方政务微博账号，从事信息传播服务。既有政务微博传播网络结构的相关研究指出，政务号之间互相转发的现象十分普遍，但是影响力并不均匀，高影响力主要集中在个别政务号身上①。在本研究中，这一特点也有所体现。而且，同上述新闻媒体的情况类似，不同行政级别的环保部门在“PX项目”话语网络中基本缺失，而在“邻避”话语网络中大量涌现。表6-3显示，“@郯城生态环境”“@山东环境”“@济南生态环境”等节点影响力较大，除此之外还有未在表6-3之列的“@临沂生态环境”（中心度为14，排名第23）、“@临沂临港环境”（中心度为8，排名第33）、“@德州环境”（中心度为6，排名第39）、“@天桥环保”（中心度为5，排名第44）等节点虽然影响力较小，但也参与了转发互动。这些环保部门账号大多围绕高级别或高知名度的环保类账号（如《中国环境报》的官方微博“@中国环境”，以及由环境保护部宣传教育司主管和环境保护部宣传教育中心主办的“@中国环境宣传教育”）展开互动，体现出一定的行政层属关系，话语体系比较紧密。

---

① 程文文. 部委政务微博的网络结构特征及优化策略研究［J］. 新媒体研究，2021，7（20）：35-36.

（二）环境风险传播的整体网络结构与核心行动者联结

除了从节点关系刻画风险沟通行动者的传播实践，本研究还从节点联结形成的网络结构这一视角揭示风险传播实践的特征。笔者对“PX 项目”和“邻避”网络的节点数、边数目、平均度、网络直径、网络密度、平均聚类系数等指标进行测量，测量结果参见表 6-4。

表 6-4　“PX 项目”与“邻避”网络的结构测量

	节点数	边数目	平均度	网络直径	网络密度	平均聚类系数
PX 项目	1 326	1 193	1.799	10	0.001	0.051
邻避	1 486	1 545	2.079	9	0.001	0.162

综合网络结构测量的以上指标，本研究对这两个传播网络做如下阐释。

1. 两个网络均密度低，节点联系松散

网络密度可以测量网络内各节点之间彼此联系的紧密程度。在数据处理阶段，本研究数据整理所得的节点总数相差不大，因此“PX 项目”网络与“邻避”网络的网络规模大小总体相当，节点数量、网络直径的测量数值相近。一般认为，密度值大于 0.05 的网络密度较大，意味着该网络结构在整体上较为紧凑①。表 6-4 中，两个网络的密度值均远低于 0.05，因此可以认为两个网络的结构十分松散、节点联系不紧密。节点之间平均度均为 2，这表明平均每个节点存在两条的转发关系。以上指标共同表明，这两个网络中虽然均有超过 1 000 的用户参与转发，但是用户之间实际平均的转发频次并不高，复杂的转发关系网络仅仅存在于少数节点身上，关于“PX”和“邻避”的话语网络在微博空间的整体分布上均呈现分散点状特征。

2.“邻避”网络子群多，凝聚性更强

子群凝聚性用来描述网络内部节点之间的集群特征，也即描述网络中存在的小群体分化现象②。平均聚类系数的计算结果显示，“邻避”网络的凝聚性远高于“PX 项目”网络，这表明在“邻避”网络之内存在更多的小群体集聚，也即众多节点围绕核心节点分布的节点群组。观察图 6-1（a）与图 6-1（b）的可视化网络结构图也能够发现，图 6-1（a）“PX 项目”网络内节点分散性更高，存在的节点群组稀少。相反，图 6.1（b）“邻避”网

① 刘军. 社会网络分析导论［M］. 北京：社会科学文献出版社，2004：100.

② 刘军. 社会网络分析导论［M］. 北京：社会科学文献出版社，2004：152-153.

络中节点密集聚集导致的深色点簇区域多于前者，且块状、团状结构明显。这说明，微博平台内用户围绕“邻避”产生的话语更加密集，引发的互动效应更强，而非像“PX”话语一样处于鲜有回应的状态。尽管“PX项目”和“邻避”网络中都存在小群体聚集（且后者多于前者），但是这种小团体分布特征并不能总体改变网络零散的特质，小群体只是零散结构中的局部微观存在。这印证了学者郑雯、黄荣贵对碎片化互联网中公共参与状况的“分化趋势与聚集趋势并存”这一论断①。

本研究对两个网络的整体结构特征进行了鸟瞰式的宏观描摹，但核心节点之间的联结结构也值得关注，即探究核心行动者之间是否存在复杂密集的关系联结。这实际上是检验核心节点之间是否存在环境风险沟通的可能性：如果核心节点只是满足于带动普通用户转发，而不与其他异质性核心节点互动，那么环境风险沟通的效果依旧有限，可能停留于传播扩散状态，而达不到对话效果，出现“传而不通”局面。笔者将表 6-2、表 6-3 中 40 个核心节点分别在“邻接名单”中查询它们是否与其他核心节点存在连接，根据是否存在关系连接制作两个 20×20 的“邻接矩阵”②，将邻接矩阵置入网络分析软件得到核心节点关系结构图（图 6-4）。

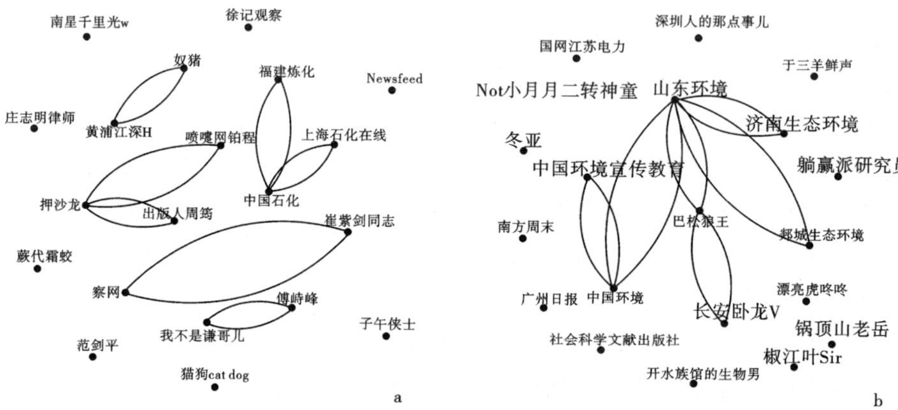

图 6-4 “PX 项目”网络核心节点关系结构（a）与“邻避”网络核心节点关系结构（b）

图 6-4 显示，核心节点互动关系也显示出分散与集聚并存的特征，即核心节点彼此相对孤立，只有少数核心节点之间存在互动。在“PX 项目”

① 郑雯，黄荣贵. 微博异质性空间与公共事件传播中的“在线社群”：基于新浪微博用户群体的潜类分析（LCA）[J]. 新闻大学，2015（3）：106.

② 本邻接矩阵为无向矩阵，以对角线为轴“行”与“列”对称。

网络核心节点关系结构图中，互动关系主要集中在石化企业和自媒体之间，在“邻避”网络核心节点关系结构图中集中在环保部门与环保人士之间。一方面，这些核心节点未能与专业媒体（尤其是知名综合性媒体，如广州日报社、南方周末社）产生互动连接；另一方面，产生互动连接的核心节点更具有同质化抱团的倾向。这都说明，这些核心节点要么发挥着单独行动的角色，要么只限于小圈子内部行动，无法形成多元主体（包含政府部门、专业媒体、自媒体、意见领袖、环境企业等）彼此联动的沟通结构局面。但这种联动并非完全不可能，如果不依靠核心节点之间的直接联结，而是依靠转发扩散后的 N 级扩散者，即通过“弱连接”将这些核心节点的信息或意见间接桥接，也将起到一定的风险沟通作用。这在后文将做进一步阐述。

（三）环境风险话语传播“破圈”的可能性

“中介中心度”也称作中间中心度，是网络分析者衡量节点权力大小的另一种维度，它测量的是行动者对资源的控制程度，具体而言就是对关系连接通道的“桥接性”位置特征及其对信息传播过程的中介控制力①。由于高中介中心度的节点扮演了“信息桥”的连通角色，因而它们能够连接不同小群体，扩大信息的流通圈层，创造不同行动者沟通对话的空间。点度中心度分析及网络结构测量已表明，“PX 项目”和“邻避”网络中包含了不同身份背景的环境风险话语传播行动者，但整体结构松散、缺乏紧密联系，且存在小群体分化。那么是否存在某些节点能够发挥信息桥的角色功能，将环境风险话语扩散、桥接至圈层化的其他小群体内部？笔者分别对“PX 项目”网络和“邻避”网络中节点的中介中心度进行计算，并在表 6-5、表 6-6 中将排序前 20 的节点予以呈现。

表 6-5　“PX 项目”网络节点中介中心度排序（前 20）

序号	节点	点度中心度	序号	节点	点度中心度
1	押沙龙	20 441.2	11	奶猪	2 680.8
2	黄浦江深 H	11 982.2	12	我不是谦哥儿	2 633
3	中国石化	7 016.5	13	南星千里光 w	2 335
4	上海石化在线	5 169.5	14	不想再炸号的搬砖狗	1 257
5	傅峙峰	3 838	15	福建炼化	1 143

① 刘军. 社会网络分析导论［M］. 北京：社会科学文献出版社，2004：122.

续表

序号	节点	点度中心度	序号	节点	点度中心度
6	出版人周筠	3 751.8	16	中专生喷子	1 139
7	喷嚏网铂程	3 310	17	猫狗 cat dog	1 085
8	最后的檀歌	2 774.8	18	庄志明律师	942.5
9	尚尚亮	2 774.8	19	max 知行合一	884
10	望岳忘我	2 774.8	20	子午侠士	868.5

表 6-6　“邻避”网络节点中介中心度排序（前 20）

序号	节点	点度中心度	序号	节点	点度中心度
1	国网江苏电力	86 387.192 31	11	巴松狼王	3 772.5
2	深圳人的那点事儿	72 200.307 69	12	临沂生态环境	3 321.5
3	朴西歪的小肉丸子	22 383.066 37	13	Not 小月月二转神童	3 314
4	矮玛咪	15 928.333 33	14	渣浪资深二师兄	3 248
5	碳尼阿爸康这里	15 928.333 33	15	Ilium	3 191
6	中国环境	12 342.5	16	临沂临港环境	2 841.5
7	开水族馆的生物男	8 841	17	社会科学文献出版社	2 278
8	于三羊鲜声	6 086	18	StandByU-Ⅱ	2 214.266 667
9	长安卧龙 V	4 083.795 238	19	我真不喝奶茶了·	1 641.5
10	一个有点理想的记者	3 918	20	无限 Infinite-	1 641.5

学者史安斌等曾对中国环境保护话语在国外 Twitter 平台的传播路径进行研究，发现环保领域专业人士更多作为“跨界式 KOL”的角色出现在路径网络中，其高中介中心度的网络结构位置使其显示出较大的“破圈”潜力（即跨圈层式传播），相比同以点度中心度为基准测量的政界、商界 KOL 影响力节点，环保专业人士具有身份构成差异性，且表现出更大的传播潜力①。同为环境话语的扩散路径网络分析，比较表 6-2、表 6-3 与表 6-5、表 6-6 的节点可以发现，本研究前文识别出的各类高点度中心度节点基本在高中介中心度节点列表中再次复现，具有较多直接转发关系连接的核心节点基本同样充当了沟通信息的“信息桥”角色，这与上述前述研

① 史安斌，童桐. 习近平生态文明思想国际传播的图景与路径：以推特平台“2060 碳中和”议题传播为例［J］. 当代传播，2021（4）：39-44.

究认为中国环保专业人士在社交媒体中具有“破圈”潜力的结论存在差异。虽然本研究中也存在高中介中心度节点实现“破圈”效果，但两种测量方式识别出的高影响力节点并无身份构成差异，并不存在两群意见领袖（KOL），自始至终都是同一类意见领袖在积极行动。这反映出国内社交媒体中环境风险传播的局限，即主体多元分散，风险信息在各自的圈层内循环，缺乏足够的跨圈交互与风险对话，风险沟通实质不足。

本研究发现，作为专业人士或具有专业背景的环境保护专家、意见领袖在环境风险沟通过程中并没有特别突出的角色功能。他们没有通过树立专业权威实现跨圈层式影响，而只在整体话语网络中占据边缘的位置；占主导的且更为强势的话语行动者是以粉丝和流量为底层逻辑的微博自媒体账号。这与微博平台的用户构成与国内信息生态密切相关。

最后，比较表 6-5—表 6-6 与表 6-2—表 6-3 中的两组数据，可以发现显著新增的节点大多是个人用户①，这说明发挥“破圈”传播中介性节点的，极有可能是普通个人用户。这些个人用户大多不具有高粉丝量和流量引流的能力，是平台中的微小个体，代表普通网络公众。在环境风险传播中，普通公众之间的“弱关系”反而更具有连接扩展的潜能。高影响力的权力节点大多处于传播小群体中心，呈现出圈层传播的封闭式特点。这一方面由于社交媒体基于路径依赖的传播机制所致；另一方面也因为社交媒体上的高影响力节点主体往往与流量利益因素相关，“跨圈层”传播可能导致粉丝流失、流量分散进而威胁自身利益，尤其是对于那些视流量利益为生命线的自媒体而言更是如此。这说明，对于社会整体而言，高影响力节点发挥的横向跨越式的风险沟通功能其实是有限的。

三、不均衡参与和无规则互动

本研究对微博平台上环境风险沟通过程中的多主体参与状况进行了描摹，重点关注参与行动者的构成及其整体结构特征，并探讨这种参与状况对环境风险沟通的实际或潜在作用。研究发现，在微博平台，参与“PX 项目”和“邻避”话语生产及传播的行动者比较多元，包括专家和个人自媒体、新闻媒体、石油化工及电力企业、环境保护部门以及其他参与性个体用户，但是不同主体的参与程度及其传播影响力实际并不均衡。具有核心

① 某些微博用户已注销，导致其具体身份不可查证。但从其保留下来的昵称命名特征推断，多数已注销节点属于个人用户的可能性较大。

影响力的节点在整个传播网络中所处的位置及其与其他节点的关系连接，显示环境风险沟通仍停留在圈层范围，整体网络缺乏充分的观点交互与信息流通，风险沟通互动不足。

政府通常被认为在风险沟通中是主导角色，而新闻媒体则主要是风险沟通的渠道①。但实际上媒体的风险沟通角色不仅限于渠道的简单连通，而是更加主动积极，媒体内部曾就环境议题主动展开框架争夺，亦存在框架的共鸣和扩散现象②，宣传性媒体通过媒介融合策略不断寻求与民间话语沟通的尝试③。但是，反映到社交媒体上，新闻媒体的影响力整体羸弱。作为社会公器的专业新闻媒体在平台的环境风险话语传播中虽然没有完全缺失，但在“PX”话语网络中几乎缺席，在“邻避”话语中影响力稍微提高，但总体上表现不佳，节点影响力微弱而边缘。对于一个社会的风险传播而言，这种情形是非正常的。专业媒体队伍在社交媒体中未达到期望的角色功能和应有的影响力范围。

网络媒体，尤其是社交新媒体发挥的环境风险沟通作用显然得到了极大彰显，从新媒体行动者构成及其结构影响力来看均是如此。微博自媒体（包括各类财经博主、搞笑幽默博主、互联网科技博主、视频或资讯博主等）作为较强势和规模较大的行动者，在“PX 项目”与“邻避”话语生产与传播中均发挥了显著传播效应。一方面，这预示着自媒体具有促进环境传播（尤其是环境风险沟通）的正向潜质；另一方面，这导致社交媒体上的环境传播无方向化和非专业化，一旦自媒体内容导向出现偏差，容易带偏方向或者导致非理性沟通。社会网络分析可以揭示出自媒体在传播网络中的结构性位置和影响力潜质，却并不能判定这种影响力的正负方向。自媒体节点能否与公众、政府、专业媒体等其他行动者实现协调或互动竞合，需要借助其他研究方法作进一步深入分析。同样，作为自媒体构成部分的专家型意见领袖成分比较复杂，学者、律师、作家等身份下的意见领袖在网络结构中比较突出，但知名环保组织和环境专家组织作为网络节点却并不存在，环保力量更多以个人化的民间环保人士身份出场，其风险沟

---

① 范新爱. 新媒体时代政府风险沟通管理研究 [J]. 新闻界，2014 (19)：45.

② 曾繁旭，戴佳，郑婕. 框架争夺、共鸣与扩散：PM2.5 议题的媒介报道分析 [J]. 国际新闻界，2013，35 (8)：96-108.

③ 戴佳，曾繁旭，王宇琦. 官方与民间话语的交叠：党报核电议题报道的多媒体融合 [J]. 国际新闻界，2014，36 (5)：104-119.

通参与并不突出①。

作为政府部门，环境保护部门在微博中的风险话语参与十分突出，但与媒体的表现相似，参与重点在“邻避”话语网络中，而在“PX 项目”话语网络中少见。鉴于我国政府行政部门的层级划分，以及政务微博的关注列表规律（下级政府关注上级政府，同级同类平行政府部门相互关注），少数高行政级别、高影响力的官方环保账号与地方性环保部门微博账号的互动具有上下统领关系，内部层级色彩突出，共同致力于环保宣传。这种传播结构对于环境风险沟通而言，其不利之处在于它依旧接近于政府行政圈层内部的上传下达式内部互动，话语封闭性较强。环境话语是否向公众扩散取决于该环保部门账号是否被公众用户关注，以及关注的规模量，如果环保部门账号缺乏公众关注，那么它们起到的风险沟通作用终究是十分有限的。本书还观察到，政府环保部门账号与新闻媒体之间的连接性较弱，即转发互动基本缺失。如果缺少媒体“调停”或媒介参与建构的风险话语资源，也缺乏环保部门的积极风险沟通，社交媒体上的风险沟通实践可能走向一种偏狭和不平衡发展状态。

企业作为与环境风险相关的一方，大量出现在社交媒体的行动者网络之中，且占据较高的影响力地位，这是社交媒体风险传播的一个显见变化。但是正如学者郭小平所揭示的，企业作为环境话语传播的参与者，究竟是环保发展理念驱动，还是为企业利益发言，抑或不过是一种“漂绿”修辞②？还值得仔细分析。作为整个行动者网络中最不突出的个体小用户，尽管它们只是作为核心节点的追随者，但是在发挥“破圈”的桥接作用上较为显著。微小的个体用户以“弱关系”沟通不同群体，将原本分散的小群体加以连接的角色不可缺失。如若没有这些弱连接的存在，这个传播结构将更加零散、分割和壁垒高筑。在一个高度圈层化、以圈占粉丝与流量为追求的社交媒体空间中，这些细小而微弱的“弱关系”连接需要进一步培植。

上述这些核心节点以及众多其他参与性个体用户节点共同构筑了“PX”和“邻避”话语在微博平台中的生产与传播行动者网络。这两个网

---

① 洪大用. 中国民间环保力量的成长［M］. 北京：中国人民大学出版社，2007；陶贤都，李艳林. 环境传播中的话语表征：基于报纸对土壤污染报道的分析［J］. 吉首大学学报（社会科学版），2015，36（5）：108-114.

② 郭小平，李晓. 环境传播视域下绿色广告与“漂绿”修辞及其意识形态批评［J］. 湖南师范大学社会科学学报，2018，47（1）：149-156.

络都存在结构分散、节点关系松散的特点，这说明微博平台围绕“PX”与“邻避”所展开的风险话语沟通并不充分，且呈现无规则互动的特点。有学者指出，社交新媒体平台为新媒体环境下的环境抗争行动提供了政治机会，主要在于行动者能够借助新技术搭建网络将“有影响力的盟友”纳入其中。这种“同盟”关系囊括了传统媒体和新媒体空间牵涉或卷入的多种主体，是一种协同发挥作用的“拓展了的媒介生态体系”①。实际上就是行动者群体的“抱团”过程，在共同目标或利益互惠下，以小群体之力推进环境沟通的集体诉求。但是本研究发现社交媒体平台更多的是小群体分化现象，这种小群体集聚并没有改变整体网络分散的特征，核心行动者节点之间彼此孤立，无互动规则。所谓“同盟”关系更多体现为圈层内的相互强化，这离一个社会系统内环境风险沟通的达成还有相当差距。

① 曾繁旭，戴佳，王宇琦. 媒介运用与环境抗争的政治机会：以反核事件为例[J]. 中国地质大学学报（社会科学版），2014，14（4）：116.

第七章　新媒体时代公众风险认知与环境素养

随着全球化和现代化进程的加快，我国同样面临乌尔里希·贝克所言的“风险社会”的挑战，环境风险快速升级。“压缩现代化”（compressed modernization）既加强了风险的生产，又来不及给风险的制度化预期和管理留下时间①，尚未完全实现工业化的国家要面对西方国家在后工业社会所遭遇的现代风险，这使得我国环境风险问题具有超乎想象的复杂性②。在风险社会理论中，风险具有两个层面的含义，一是客观存在的、可被量化的风险，即技术性风险；二是一种心理建构的、被社会主体意识到的风险，即感知的风险③。在风险社会学视野中，风险并不是客观存在的事物，而是感知的事物，因而具有建构性特征。环境问题直接引起环境与生态的可见的破坏，环境风险的传递则集中体现了公众的环境焦虑与恐慌。面对环境风险，公众往往采取一种直觉式的、捷思的判断，比如“这一风险是否只对我有不利影响？是否会影响我的后代子孙？”等④。这即是公众的风险认知建构问题。

作为风险沟通的基本主体，专家、公众往往并不享有一套共同的风险评估体系，这导致专家与公众之间出现风险认知差异。专家群体在评估风险时将概率作为研判的主要指标，比如年度死亡率的估值、毁灭性可能、可控性等等。而公众则更多的是采用经验式或体验式的认知模式进行风险

---

① 贝克，邓正来，沈国麟. 风险社会与中国：与德国社会学家乌尔里希·贝克的对话［J］. 社会学研究，2010，25（5）：221.

② 项一嵚，张涛甫. 试论大众媒介的风险感知：以宁波 PX 事件的媒介风险感知为例［J］. 新闻大学，2013（4）：17.

③ 曾繁旭，戴佳，王宇琦. 技术风险 VS 感知风险：传播过程与风险社会放大［J］. 现代传播（中国传媒大学学报），2015，37（3）：40；项一嵚，张涛甫. 试论大众媒介的风险感知：以宁波 PX 事件的媒介风险感知为例［J］. 新闻大学，2013（4）：18.

④ 黄懿慧. 风险沟通：打造专家—公众共通话语体系［J］. 全球传媒学刊，2022，9（2）：1.

认知[①]。克里姆斯基（Krimsky）和普劳（Plough）等学者通过对专家与公众风险认知差异的持续关注，制作出公众与专家的风险认知差异表，认为专家的风险认知是客观的、冷静的，是对科学方法、证据和解释的信任；而公众的风险认知是主观的、情绪的，是基于政治文化和民主参与的信任[②]。曾繁旭基于不同主体的风险认知，运用风险故事模型探讨 PX 事件中专家、公众和媒体的风险故事竞争[③]。也有学者通过研究风险项目建设时期不同群体间的认知差异，提出政府官员更注重制度和政策的执行可行性，专家关注与专业有关的知识考量，而风险项目周边的公众则更关注与自身利益相关的现实需要[④]。在同一风险场域中，不同的风险主体基于不同的考虑与风险评估方式，产生不同的风险认知，这无疑给不同主体间的风险沟通带来了困难。

风险沟通起源于风险分析研究，其主要目的是知情、说服与咨询服务，是风险评估者、风险管理者及与风险有关的其他各方为了更好地理解什么是风险以及与风险有关的问题、决策，是相关因素相互交流信息和意见的过程。理想的风险沟通的过程是各个涉及的参与者都要在其中接纳其他意见不合者，从而形成一个被大多数人所认同的风险决策[⑤]。风险沟通有两个基本模式：一是线性模式[⑥]，是以专家为中心的风险管理模式[⑦]，所强调的是公众在沟通中的被动性，是一种“风险评估者（专家）—风险管理者（政策制定者）—风险沟通（面向受众）”的单向线性传播模式。在这种模式中，专家是风险定义者，风险沟通被看作风险知识的普及和公众接受风险教育的过程。这种模式可能使得公众对层出不穷的新科技理解

① 肖梦黎，陈肇新. 突发公共危机治理中的风险沟通模式：基于专家知识与民众认知差异的视角［J］. 武汉大学学报（哲学社会科学版），2021，74（6）：117.

② 毛庆铎，马奔. 邻避风险认知偏差与沟通：社会判断理论的视角［J］. 北京行政学院学报，2017（5）：18.

③ 曾繁旭，戴佳，杨宇菲. 风险传播中的专家与公众：PX 事件的风险故事竞争［J］. 新闻记者，2015（9）：69-78.

④ 毛庆铎，马奔. 邻避风险认知偏差与沟通：社会判断理论的视角［J］. 北京行政学院学报，2017（5）：21.

⑤ 欧阳薇. 国外风险沟通研究概述［J］. 东南传播，2009（8）：88-89.

⑥ 黄懿慧. 风险沟通：打造专家—公众共通话语体系［J］. 全球传媒学刊，2022，9（2）：1.

⑦ 华智亚. 风险沟通：概念、演进与原则［J］. 自然辩证法通讯，2017，39（3）：97-103.

不足，甚至引发对科学的敌意或新的技术迷信现象。而填平公众与科学之间鸿沟的办法就是让公众参与决策，使公众在参与中提升理解和认识，从而站到科学这边来①。这就是第二种风险沟通的模式，认为公众拥有对生存环境、生存状况的共同决定权。

PX项目在国内所引起一系列争议，使得研究者反思风险沟通模式及其障碍。部分学者强调公众参与在风险沟通与决策中的重要性。另一些学者强调应重视公众的风险认知，加强社会沟通理性建设。杨建国将环境风险治理视为一个知识生产与运用的话题，认为技术专家掌握社会管理权力，而将普通公众排除于决策过程的方式遮蔽了公众智慧，应“赋予公民与专家以认知能力平等基础上谋求多元主体的协商对话权利”，建立一种“扩大的共同体”，从而达成对科学、决策等问题的共识②。张海柱认为，科学知识的不确定性要求公众参与的角色由原来科学知识的被动接受者转变为理性反思基础上的“选择者”，这是由积极公民身份所要求的③。要变传统科层式、自上而下的风险关系模式为互动的、合作生产式的模式④。黄懿慧、曾繁旭等学者提出建立一套专家-公众共同的风险沟通体系⑤。

参与风险决策不仅是一项权利，同时也需要一定的风险认知能力与沟通理性能力。2015年，清华大学化学系学生与网友展开“PX百度词条争夺战”，围绕PX究竟是“低毒”还是“剧毒”的争论，凤凰网曾做过一项关于“如何看待PX项目”的调查，在参与调查的1 647人中，有59.31%的被调查者不知道什么是PX，59.89%的被调查者不知道许多日常生活用

---

① 李大光. 启蒙：公众参与科学的起点［C］//中科院研究生院社科系科学传播中心，辽宁省科学技术协会. 中国科普理论与实践探索：2009“全民科学素质行动计划纲要”论坛暨第十六届全国科普理论研讨会文集. 北京：科学普及出版社，2009：209.

② 杨建国. 从知识遮蔽到认知民主：环境风险治理的知识生产［J］. 科学学研究，2020，38（10）：1735-1742.

③ 张海柱. 科技论争与公众参与：环境风险研究中的公民身份议题［J］. 公共行政评论，2017，10（5）：86-104.

④ 张海柱. 环境风险治理中的知识生产与公众参与［J］. 人文杂志，2018（1）：103-111.

⑤ 黄懿慧. 风险沟通：打造专家—公众共通话语体系［J］. 全球传媒学刊，2022，9（2）：1-3；曾繁旭，戴佳，杨宇菲. 风险传播中的专家与公众：PX事件的风险故事竞争［J］. 新闻记者，2015（9）：78.

品中都含有 PX①。在信息渠道和专业知识缺乏的情况下，公众对风险分析的能力不足，实际上难以通过理性和逻辑思考的方式形成对风险的态度和行为。公众倾向于将风险项目的评估与对政府的信任等联系起来，也就是将风险认知转换为了信任问题，以此作为态度和立场依据②。国内诸起 PX 风险项目争议的爆发，并不完全是科学知识传播不够或信息流通不够的问题，而是社会信任问题。

2015 年的全国政协十二届三次会议上，国科协副主席、中国科学院院士秦大河发表题为《提高全民科学素养 抓牢创新驱动发展基础》的讲话，其中指出，正是由于公众坚信“PX 剧毒”和缺乏社会信任，PX 项目建设陷入了“一闹就停”的局面，给国家带来损失。此现象背后所折射出的，除了风险决策模式和风险沟通有问题以外，还有一部分是公众的科学素养问题③。生态环保部于 2018 年组织进行了“中国居民环境与健康素养调查”，调查结果显示我国居民环境与健康素养的总体水平为 12.5%，环境与健康素养基本理念、基本知识和基本技能素养分别为 25.8%、5.8%和 25.4%，居民科学素养平均水平偏低。据此，中国环境科学学会提出，如果公众可以掌握有助于正确判断环境与健康问题的基础科学知识，将有利于提高风险沟通的效率、澄清并避免谣言传播、化解邻避效应等与环境相关的社会问题④。

第一节 环境风险的公众认知

互联网的发展与普及对于公众的风险认知与表达有着深刻的影响。近年来，学术界尤其关注网络环境中的公民的风险表达，从不同视角归纳了

① 马龙，刘先云，吕毅品，等. PX，一场特殊的“科学保卫战” [EB/OL]. (2014-04-06) [2022-06-03]. http://scitech. people. com. cn/n/2014/0406/c1007-24835955. html.

② 黄懿慧，王啸，方慧妍，等. 政府信任对公共健康风险管理的影响：基于长生生物疫苗事件的创设情境研究 [J]. 公共管理学报，2019，16 (4)：93.

③ 周光扬. 秦大河委员代表科协界委员发言：提高全民科学素质 筑牢创新驱动发展基础 [EB/OL]. (2015-03-10) [2022-06-03]. http://www. xinhuanet. com/politics/2015lh/2015-03/10/c_1114578278. htm.

④ 萧野. 引导公众正确认知环境风险、守护健康 生态环境部发布《中国公民生态环境与健康素养》[J]. 环境与生活，2020 (8)：107.

公众环境风险意愿表达的途径。如李凌汉和李一[①]将风险沟通中的公众参与具体划分为弥散性参与行为和规制性参与行为，前者指非正式、无组织的、公众自发开展的环境风险沟通活动，微博上围绕环境风险议题展开的讨论就属于此类；后者指由正式机构发起，面向群众且具有固定议题的有组织的活动，这类活动更可能对于公共政策产生影响。学者 Esaiasson 的分类与之相似，将居民环境风险表达途径分为体制内表达和体制外表达两类[②]。随着公众对环境风险的危机感的增强，其意愿表达过程也形成了一定的规律[③]，在信息技术高度发达的当代社会，网络参与在一定程度上取代了组织集会的过程。而线上渠道的飞速发展使得线上与线下沟通方式开始融合，网络已然成为公众环境风险认知与意愿表达的重要途径。不过，正如学者所提示的，不应抽象地理解公众，在风险舆论场中，公众本质上是由一个个具体而微的个体构成[④]，这些活生生的个体应当得到应有的关注。

本研究采取话语分析的方法，对微博关于“PX 项目”的内容进行深入研究，以探析公众的风险认知模式和话语表达特征。笔者运用八爪鱼采集器在微博主页面对“PX 项目”这一关键词进行搜索（截止时间 2022 年 5 月 13 日 17：00），爬取微博“综合”页面的所有数据共计 207 条（串）。随后对样本及数据进行了筛选与清洗，剔除新闻媒体、自媒体、石化/电力企业、环保部门发布的相关新闻或简讯，仅保留由网民自发发布的博文或转发评论，并浏览其内容，判断其与本书主题是否具有密切相关度和广泛的代表性。由于技术限制以及部分博文被删除，或者因阅读权限设置导致不可访问，最终在 207 条微博的基础上，得到 123 条样本，基本符合话语分析对原始资料的要求。这些样本的发布时间最早为 2016 年 5 月 26 日，最晚为 2022 年 4 月 30 日。

话语分析最早出现于 1952 年美国语言学家哈里斯（Zellig Harris）的著作中。随着符号学、人类学等学科的蓬勃发展，话语分析不再局限于传

---

① 李凌汉，李一. 城镇居民环境风险非理性意愿表达的影响因素及形成机理：基于扎根理论的一个探索性研究 [J]. 广东行政学院学报，2020，32（6）：31-40.

② ESAIASSON P. NIMBYism：a re-examination of the phenomenon [J]. Social science research，2014（6）：47-48.

③ 李凌汉，李一. 城镇居民环境风险非理性意愿表达的影响因素及形成机理：基于扎根理论的一个探索性研究 [J]. 广东行政学院学报，2020，32（6）：31-40.

④ 黄河，刘琳琳. 媒介素养视角下公众对环境风险议题的负向建构 [J]. 现代传播（中国传媒大学报），2018，40（2）：158-159.

统的语言学和修辞学的研究领域，逐步成为一种涉及多个学科、专业跨度较广的综合性方法。在大众传播研究领域，话语分析往往被用于研究新闻话语以及受众在交际中使用的语言。其中，梵·迪克（Teun A. van Dijk）最早提出将话语分析这一研究方法扩展并且应用到新闻话语结构分析上，分析新闻话语的超结构、宏结构和微结构；学者费尔克拉夫则是当代批判话语分析的杰出代表。国内学者如胡春阳在其《话语分析：传播研究的新路径》一书中，较早将话语分析用于研究新闻话语[①]。目前国内利用话语分析对新闻文本进行研究的比重较高且较为成熟，而着眼于社交媒体平台的话语表达的研究较少。

本研究借助费尔克拉夫（Norman Fairclough）的文本、话语实践和社会实践的三维批判话语分析模式对文本进行分析（图 7-1）。费尔克拉夫在其《话语与社会变迁》一书中，提出语言不仅是一种交际的工具，更是一种社会事实和社会符号，与社会实践紧密联系在一起，和意识形态、社会秩序、文化信仰等有着复杂的关系，语言文本不可避免地受到社会的制约[②]。因此，话语分析不仅要对语言文本本身进行拆解和分析，更要关注文本中包含的社会力量和意识，探索语言文字背后的意识形态与权力机制，从而能进一步发现语言对于推动社会进程的影响。简而言之，费尔克拉夫的批判性话语分析方法将语言的文本分析与社会实践分析结合，注重从社会制度和社会构成这一较高的层次来寻求解释话语的原因，强调社会制度、社会变革与话语的互动关系。

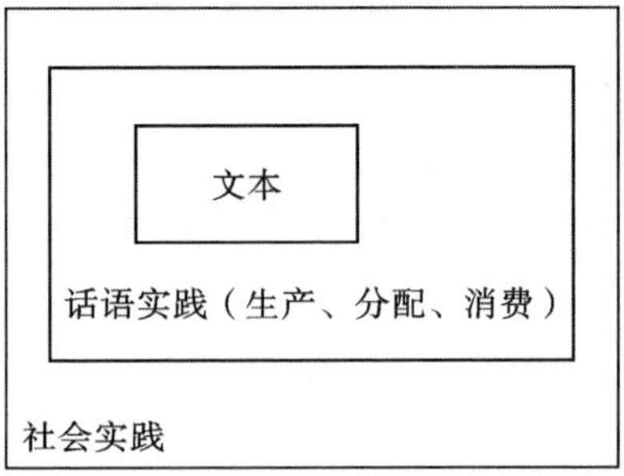

图 7-1　三个层次的话语概念

① 胡春阳. 话语分析：传播研究的新路径 [M]. 上海：上海人民出版社，2007：121-122.

② 费尔克拉夫. 话语与社会变迁 [M]. 殷晓蓉，译. 北京：华夏出版社，2003：254-255.

本研究设置了三大类样本分析单位，通过编码为后续的话语分析提供量化材料参照，具体包括：公众的发文态度、PX 项目风险认知程度和修辞策略三类。

一、公众态度和情绪探究

根据已有研究，公众的态度模式可分为“关注/情绪/游离/质疑/寻求解决”五类。表 7-1 显示，公众关于 PX 项目持质疑态度（36.6%）与宣泄情绪（33.3%）的比重最多，质疑态度占比略高于发泄情绪，其次是持客观中立的关注态度（19.5%）。这与学者岳丽媛、张增一对 2011 年至 2016 年公众关于 PX 在微博发帖态度的统计结果存在较大的差异，岳丽媛等人的统计数据显示，在微博平台中网民宣泄情感的比重最高（40.1%），其次是客观关注（30.6%）及提出疑问（12.7%）①。据此推测，随着时间的推移，公众对于 PX 项目的讨论逐步趋于理性，情感宣泄减弱。这反映了随着话语讨论的推进，公众的风险认知更多地关注项目本身的科学性问题，试图对项目提出更具建设性的意见。这样的过程与态势也表明，公众的风险认知是可塑的。公众的参与不仅是风险沟通的前提，也是风险理性形成的必要条件之一。同理，公众的环境素养和理性沟通能力并不能一蹴而就，而是一个不断“养成”和形塑的过程。

表 7-1　微博发文态度

态度	数量	占比
关注	24	19.5%
情绪	41	33.3%
游离	6	4.9%
质疑	45	36.6%
寻求解决	7	5.7%

二、公众的风险认知程度

经过归纳样本特征，本研究将公众对 PX 项目风险认知的程度划分为“危害巨大/存在风险/不确定/风险可控”四类。表 7-2 显示，微博用户持

① 岳丽媛，张增一.“PX”风险何以持续争议：基于微博和知乎文本的公众话语分析［J］. 自然辩证法通讯，2019，41（6）：85-91.

PX项目“风险可控”这一态度的占比最高，为32.5%；认为PX项目“存在一定风险”的态度的比重其次，为27.6%；对PX项目的“风险不确定”的比重为22.8%；认为PX项目“危害巨大”的人最少，比重为17.1%。

这一结果显示微博用户在对PX项目的风险认知上仍存在一定的分歧，但整体上更多的人持正面态度，认为风险是可控的。这与2007—2014年PX风险事件集中爆发时期相比，有了很大变化。此研究结果有助于深入理解公众对PX项目风险的态度和认知为何有了积极变化，为更有针对性的风险沟通提供参考。这也提醒决策者和风险沟通者在公众参与的问题上应该更有耐心，坚持加强公众参与，更全面地考虑不同群体的认知和态度，以更好地回应公众的关切和疑虑。

表7-2　微博用户对PX项目风险认知程度

风险认知	数量	占比
危害巨大	21	17.1%
存在风险	34	27.6%
不确定	28	22.8%
风险可控	40	32.5%

由于爬取数据均为语言文字类微博博文，本书借助ROST CM6内容挖掘软件，对微博发帖进一步分析，以探析公众对PX环境风险的基本认知。ROST CM 6软件是以辅助人文社会科学研究为目的的社会计算统计工具，可对文本材料进行分词、词频统计、流量分析、聚类分析等。经过过滤与本研究主题无关或无意义词汇以后，本书基于文本词汇频率分析方法进行统计，得到相关微博文本中排序前20的高频词（表7-3），这些高频词展现了用户对于PX项目的核心关注点，也间接体现了公众关于环境风险的认知模式或认知习惯。

表7-3　高频词表

序号	词	词频	序号	词	词频
1	反对	55	11	漳州	28
2	爆炸	49	12	泄漏	27
3	安全	41	13	政府	26
4	化工	40	14	企业	26

续表

序号	词	词频	序号	词	词频
5	问题	36	15	当年	25
6	科学	35	16	不懂	24
7	事故	31	17	市民	24
8	中产阶级	31	18	事件	23
9	环保	29	19	环境	22
10	污染	28	20	科普	21

词频最高的是“反对”，表明部分公众对PX项目不满或反感。“爆炸”和“安全”等词则凸显公众对于项目风险的恐惧情绪和核心诉求，这可能与国内先前发生爆炸的PX项目事故有关。此外，“化工”一词则表明公众对于项目的归类，体现认知敏感性。“环境”“科普”这些词虽然在总体词汇中进入前20，但相对排名靠后，说明公众较少将PX项目与科普、环境问题进行认知关联，公众的注意力主要集中在安全和负面情绪的表达方面，较少有知识性的、理性的探讨。

词汇排名显示公众对“事故”“污染”“泄露”等词提及较多，这符合社交媒介的传播特性。一般来说，事件性、争议性和戏剧性的话题在社交媒体中更容易被关注和讨论，情绪、情感性内容而不是知识性内容更容易形成传播链条。这提示，研究公众在社交媒体上的风险认知和表达时，需要充分考虑社交媒体传播的偏向性和内容偏好，避免过分注重负面情绪和争议性话题的权重。另外，需要通过更深入的语境分析去理解公众的风险认知全貌，关注他们的需求、期望、知识生产等多维度信息。

三、风险认知的纵深：互文与历史关联性

微博博文中公众对PX项目的讨论呈现出鲜明的互文性特质。这种互文性的表达建构了舆论中不断变化的话语秩序（即特定场合或情境相关的话语实践规则）。“互文性”这一概念在费尔克拉夫的批判性话语分析框架中占据极为重要的地位，他延续了克里斯多夫（Julia Kristeva）最早对于互文性的界定，并对福柯的话语分析中对“互文性”概念的陈述进行了补充与深入，系统地阐述了互文性概念对于话语分析的潜在意义。互文性指的是“某个文本中存在其他文本的片段与要素，文本之间可以相互吸收与

融合，也可能对另一个文本产生冲突，对其进行批判或嘲讽。”① 比如这一段风险论说就体现了互文性：

> 当年厦门抵制 px 项目的运动，某大学化学系的学生跳出来说公众缺乏科学常识，最近当年的一个学生发文表示感慨，说现在看来，是我们当年缺乏社会常识。赞成常识还是反对常识，这是一个假问题。用“缺乏常识”去反对一项提议，其实本身就是缺乏常识的，是感情用事。（网友@杨陈 ecupl，@聋子的打听，2020 年 10 月 1 日 18：08）

在围绕 PX 议题的系列探讨中，由于时间和空间的跨度较大，涉及多个事件，因此相关的博文往往会涵盖对历史事件的描述，或者引述其他早期文本（如引用新闻消息、转发自己或其他用户的博文等），文本纵深跨度大，同时具备水平和垂直的向度。在这些历史性关联性的文本中，公众有的以直接引用的方式来佐证自己的观点；有的则以讥讽性、模仿式的语气对这些文本进行强调或重构，用以表达自己的态度和立场。由于微博机制是未设置仅自己或仅粉丝可见的博文将处在完全公开的状态，用户在微博中留下的文本会互为背景，所以具备互文性特征的文本不断被产出，各种各样的文本被历史性地连接在一起。这样的文本网络有利于展现 PX 议题的全貌，有助于预测舆论进程，但也可能加剧谣言的链条式传播和二次发酵。

环境风险议题并非孤立存在的议题，而是与其他环境问题、政治、经济与文化问题挂钩。环境风险沟通的难题往往是多维的，且相互联系，较为复杂。学者德莱泽克在其《地球政治学：环境话语》一书中，提出环境议题的复杂性可能取决于“一种决策体制的环境中相关元素的数量和种类以及它们之间的相互作用”，并点明了由于环境难题正好处在生态系统问题与人类社会系统问题的交集上，因此环境议题具有“双重的复杂性”。不同的环境风险话语意味着由不同利益立场、知识体系与权力意识所搭建起来的“环境观”，也暗藏着不同的权力关系和意识形态特征。

第二节 环境风险公众表达的网络特征

新媒体环境下公众对于环境议题的自由建构与呈现是公众风险表达的

① KRISTEVA J. Word，dialogue and novel ［M］ //MOI T. The Kristeva Reader. Oxford：Basil Blackwell，1986：34-61.

核心要点，也是公众主体性与权利的体现。过往关于公众环境风险表达的研究大多基于线下的场景，对互联网技术发展后公众的线上风险表达所产生的新特征缺乏足够的研究或验证。

微博作为 Web 2.0 时代下最具代表性的新媒介平台，为公众提供了一个便捷的沟通平台。微博用户不用受时间、地点、写作格式的限制，只要有发布的终端设备，日常生活中的所见、所闻、所思和所感都可以随意点染、上传到自己的微博页面上①。微博也因此成为公众进行环境风险表达的重要场域。基于此，我们仍然选取微博平台上公众关于“PX 项目”的讨论作为研究案例，分析公众网络环境风险表达受何种因素的影响，又产生了哪些新特征。

与上一节相同，本研究运用八爪鱼采集器在微博主页面对“PX 项目”这一关键词进行搜索，爬取“综合”页面的所有数据（数据采集时间为 2022 年 5 月 13 日 15：00—17：00），共计 207 条。本书对样本及数据进行了剔除与清洗，最终进入分析范围的样本共有 103 个，涉及从 2007—2020 年间的共 12 个案例（表 7-4）。根据性质的不同，各个案例又可被分为“抗建”（项目引发了公众对抗行为）、“爆炸/泄露”（项目发生爆炸/泄露后引发公众讨论）、“建立”（项目建立引发公众讨论）。总体来看，微博用户关于“PX 项目”的讨论总数较少，从各案例的发生时间及公众的讨论量来看，公众对于早期的 PX 项目讨论得更为热烈。这就是说，越是往前追溯，公众讨论量越多。这一现象或与近年来在网络空间“PX”被“邻避”等关键词代替有关。

表 7-4 案例的性质及个数

编号	项目/事件	性质	样本条数
1	2007 年福建厦门 PX	抗建	41
2	2008 年四川成都 PX	抗建	5
3	2011 年辽宁大连 PX	抗建	10
4	2012 年浙江宁波 PX	抗建	13
5	2013 年云南昆明 PX	抗建	6

① 喻国明. 微博价值：核心功能、延伸功能与附加功能［J］. 新闻与写作，2010（3）：61-63.

续表

编号	项目/事件	性质	样本条数
6	2014 年广东茂名 PX	抗建	2
7	2015 年上海金山 PX	抗建	5
8	2015 年福建漳州 PX	爆炸/泄露	22
9	2017 年海南 PX	建立	1
10	2018 年福建泉港 PX	爆炸/泄露	8
11	2020 年山东东营 PX	建立	1
12	2020 年四川五通桥 PX	爆炸/泄露	1

一、网络表达的强邻避性

对微博中各 PX 项目的讨论数量（按照案例来划分讨论数量）以及不同地区用户对于 PX 项目的讨论数量（即按照省份来划分讨论数量）进行统计，再在中国地图中进行分层设色处理，对数据进行地区对比，本书发现，PX 项目在我国东南部，浙江、福建等省份引发了较多的讨论；其次是辽宁、四川、云南、广东。在讨论数量上，这几个省份的用户讨论数与其他省份相比也更多。这一特征与 PX 项目部署的地域差异相关。

环境风险议题的表达具有较强的地域性，且呈现出事件驱动的特点。当本地出现环境风险冲突时，公众才倾向于参与环境风险的网络表达。因此，环境议题的网络表达具有较强的邻避性特征。在既有研究中，关于环境议题的邻避效应往往被赋予“具身性”特征，即研究者将环境公众的概念划定到“与该环境议题有关的利益相关者”的范畴内，并不存在普遍的环境公众或环境议题。如学者孙盟对某个污水处理厂周围的居民进行距离划定，距离越近，居民的反对意愿才越强①。这类研究佐证了环境议题虽然具有公共属性，但更普遍存在的其实是因利益划分而产生邻避属性②。

① 孙盟. 基于邻避效应的公众态度影响因素及邻避设施空间范围研究：以西安市污水处理厂为例［D/OL］. 西安：西安建筑科技大学，2021［2024-12-11］. https://kns. cnki. net/kcms2/article/abstract? v＝32-8vZI681JB7D1xV2erlrToRHWeeuryJaoVf8q8k2crrtaPgPh8_mH3ciMWKj1unUBmCUikvcppITSIAE9W3I7lwjl_qetj7Bh39xRDF1AXIQzq1lcclO8CCNX8Ugt-L30MrOuJcOBkvoAb1AenvWCu4Gq26GOIDl5zzOf9ZbOHp4NJNJvNVfXHtrkHk6pMlDPUxVHbxew＝&uniplatform＝NZKPT&language＝CHS.

② 陶鹏，童星. 邻避型群体性事件及其治理［J］. 南京社会科学，2010（8）：63-68.

邻避性与公共性是一对相对的概念，二者相反相成。邻避性又往往与近距离性和具身属性密切相关。互联网建立之初，具身性和时空性就是它要超越的前提，网络不仅为人们提供一个超越具身性的跨越空间交流的可能，还要终结地理边界，让来自世界各地的信息得以自由流动，将人们从“此地”的限制中解放出来①。换言之，互联网的特质就是为公共议题的表达提供一个公开共享的平台。公众不必像过去那样要去到固定的地点才能展开讨论与交流，网络在技术上可以将环境议题带出邻避情结和地域局限，开辟更广阔的公共讨论空间，从而赋予其公共性。但本书的研究结果显示，即使网络可以将不同地域的人连接在一起，实现麦克卢汉“地球村”的预言，但现实中的人们依旧会遵循社会关系的逻辑，在网络上构建自己的交流圈。因此，公众有关环境风险议题的网络表达依旧遵循着“利益相关者”规律，体现出强大的邻避性和私域性特征。与以往不同的是，这种邻避效应跨越线下与线上的区隔，将公众重新组成了一个个小圈子。

二、情绪话语驱动

在新媒体背景下，情感与情绪（特别是来自民间的负面情绪）更容易驱动公众的环境参与。在看待环境风险问题时，公众更愿意倾听“普通人”的意见，继而相互印证和强化。情绪因而成为群体认同的催化剂。在这一前提之下，微博环境风险话语形成了“报忧不报喜”的传播特征。

> 刚刚看到厦门PX项目最后搬去了漳州，太难受了。愿我未来行事不完全自私，富有同理心；愿所有人都可享有一定话语权，在表达中得以捍卫自我的权利。（微博用户@人间孤儿，ID无认证）
>
> 越看金山的产业基础和以前的PX项目，就越难过，越难过就越想离开，毕竟个人能力有限。更想告辞。（微博用户@fct805029，ID无认证）

“难受”“难过”这类情感表达在PX项目的讨论之中经常出现。对于利益受损的普通人来说，他们感到无力改变现状，通过情绪表达舒缓痛苦，在表达中得到心理慰藉。但是这样容易形成一种传播偏向，就是互联网表达情绪大于内容。公众容易将“负面情绪输出”看作争取权利的手

① 莫斯可．数字化崇拜：迷思、权力与赛博空间［M］．黄典林，译．北京：北京大学出版社，2010．

段，脱离实在的政策场景，忽视环境理性治理的需求，在极端情况下公众情绪聚集还会对社会稳定和秩序带来冲击。

学者黄河和刘琳琳指出，公众在进行风险感知时，普遍倾向于采取感性的态度，对环境议题本身进行负向建构①。其原因虽然不排除是环境素养不够健全，但也有相当程度是公众的“有意为之”。这种“有意性”被学者郭小平总结为，“追求互联网能见度激化公众的表演性环保抗争”②。相较于线下场景与传统媒体，互联网为公众的风险表达提供了一个更为自由与主动的表演平台。受到网络化心理的驱动，底层群众在环境权益受损时，更常以受难者叙事来唤起社会的关注。这一叙事突出作为环境风险承受者所遭受的不公平对待，他们的身体健康和生活环境正在或将会被风险项目伤害。通过描述“被害”处境，受难叙事往往能有效激发社会“同情”③。但是，表演性抗争也可能弱化和解构环保的正当性与合法性，偏离于环境风险的沟通。

三、对知识价值理性的排斥

本研究发现，在社交媒体中进行风险表达的公众表现出对环境知识排斥倾向。部分网络公众不仅不倾向于传播环境知识，甚至在环境知识“在手”的情况下，也排斥环境参与。在环境议题强大的邻避性影响下，部分公众拒绝任何技术面的、经济面的或行政面的理性知识④。因为知识的传播意味着理性意识的传播，一旦接受，便意味着他们借助情绪进行的传播无效或者效用降低，导致达不到维权目标。在一定程度上，与其说是他们在风险表达过程中丧失理性，不如说是他们不愿意诉诸理性。

从现有的样本来看，目前在微博平台上传递风险知识话语的用户较多是有认证的公众人物，他们所持的态度大多是中立或支持，更加倾向于认同和传递理性知识，比如：

---

① 黄河，刘琳琳. 媒介素养视角下公众对环境风险议题的负向建构 [J]. 现代传播（中国传媒大学学报），2018，40（2）：157-161.

② 郭小平. 中国网络环境传播与环保运动 [J]. 绿叶，2013（10）：13-20.

③ 黄河，刘琳琳. 媒介素养视角下公众对环境风险议题的负向建构 [J]. 现代传播（中国传媒大学学报），2018，40（2）：157-161.

④ VITTES M E，POLLOCK P H，LILIE S A. Factors contributing to NIMBY attitudes [J]. Waste management，1993（13）：125-129.

#每日一书# 07年厦门PX事件；12年什邡反对钼铜项目事件、启东反对排污项目事件、宁波填海PX事件；13年成都、昆明、茂名反对PX项目事件；2015年深圳拒绝垃圾焚烧厂建造、广东河源群众聚集反对河源电厂二期火电项目等等这类环境群体事件备受社会各界关注。《环境风险法律规制研究》以环境群体性事件中的权利为视角，对环境风险法律规制进行系统研究。（微博用户@北大出版社法律图书，ID认证为北京大学出版社法律图书事业部官方微博）

这类话语具有较强的科普性。公众人物在网络空间作为意见领袖，他们更习惯于理性表达，虽然理解和同情相关方的邻避要求，但多站在公共性立场判断事物，并不一定完全认同邻避表达者的话语。因此，部分风险表达者在网络中采取了“敌视”知识意见领袖和排斥知识价值理性的立场，坚持强化反对、负面的情绪，不愿意接受折中意见，直至达到改变现状的目的。

本研究发现，在互联网时代，风险沟通的公共性、理性和沟通效能并未随技术的演进有显著提升，环境风险议题的认知与表达依旧带有明显的邻避性色彩。相关利益者在进行风险表达时，偏好展示强烈的负面情绪，这一负面情绪又成为推动网络表达的驱动力和构成要素；不同价值立场的风险话语框架之间存在着难以调和的冲突；科学知识和理性价值在公众的环境风险表达中被排斥和边缘化。这些迹象都显示，社交媒体平台的沟通理性建设以及环境风险素养问题十分突出，而解决这一问题任重而道远。

第三节 风险利益表达与环境素养

20世纪60年代，美国学者罗斯（Charles E. Roth）提出了“环境素养”概念，意在针对媒体提出的“环境污染是由环境盲造成的”这一说法，辨认有环境素养的公民①。1978年，联合国教科文组织召开政府间环境教育会议，明确“公民环境素养”概念以及主要内容，是公民在对待环境问题所展现出的感知、经验、情感、技能等方面。在国内，环境素养经

① ROTH C E. Environmental literacy: it's roots, evolution and directions in the 1990s [R]. US, Massachusetts: ERIC Clearing-house for Science, Mathematics and Environmental Education (ED 348235), 1992.

常与环境意识的概念相互混淆①。学者们尝试从主观意识出发，将环境素养与环境意识进行整合②，或是强调客观行为，将二者区分开来③。王倩和丁娜妮则将环境素养理解中的“主客体论”进行统一②，指出环境素养应包括两方面的含义，第一是环境价值观，即人们对环境的认识水平，包含心理、认知、感受、思维等因素；第二是人们环保行为的自觉程度，即为保护环境而不断调整自身活动和行为，促进环境问题解决的实践活动的自觉性。也就是说，环境素养应该是一个主体与客体不断互动的过程，从对环境知识的认知层面内化于环境意识的态度、情感层面再外化于语言、行动的实践层面。有学者强调环境素养是指人们通过后天的学习而获得和形成的关于人类生存环境的知识、态度、意识、行为和技能的综合④。由于媒介是民众风险感知的重要来源，有学者从媒介素养的角度，提出风险视域下的媒介素养问题，强调公众要能够认识并使用各种传播媒介获取风险信息；批判解读媒介内容、评估风险报道，做出较科学的风险决策；能够有效使用媒介并利用媒介参与社会风险争论与风险决策等⑤。

为评估公众环境素养的高低，毛雷尔和博格纳构建了一个“环境素养模型”，包括三个层次：认知知识类型、价值观和个体行为⑥。这一模型佐证了环境素养培育中“主客体互动”的重要性。公众的环境素养首先应是对外部环境知识的吸纳，而后转换为内部的态度与情感，最后落实到公众主体的行动中。这是环境知识（包括对政策的理解）、公民情感、公共行动（包括对政策的配合）的有机配合过程，各部分环环相扣、密不可分。国内学者在既有的关于环境风险沟通的研究中，对环境素养问题的关注严

---

① 王倩，丁娜妮．论网络传播对公民环境素养的构建：以新浪网空气污染报道为例［J］．北京联合大学学报（人文社会科学版），2016，14（3）：24-30.

② 徐嵩龄．环境意识关系到中国的现代化前途［J］．科技导报，1997（1）：46-49.

③ 李宁宁．环保意识与环保行为［J］．学海，2001（1）：120-124.

④ 王敏达，张新宁．美国环境素养测评发展及对我国的启示［J］．安徽农业科学，2010，38（21）：11553-11554.

⑤ 张燕，陈宝峰．风险社会公众媒介素养的内涵与养成［J］．现代传播（中国传媒大学学报），2011（8）：149-150；郭小平．风险传播视域的媒介素养教育［J］．国际新闻界，2008（8）：52.

⑥ MAURER M，BOGNER F X．Modelling environmental literacy with environmental knowledge，values and（reported）behavior［J］．Studies in educational evaluation，2020（65）：100863.

重不足，对互联网技术条件的环境素养研究更显不足。

为了探索国内社会公众的环境风险素养状况，本研究从实际发生的风险沟通实践出发，选取九江 PX 风险案例、茂名 PX 风险案例、漳州两次 PX 爆炸事件的媒体报道作为研究样本，考察环境风险沟通过程中的公众环境认知与环境素养。根据分析需要，本书首先围绕这些案例，收集到 243 篇有效媒介样本，制作了一个内容分析表格，包含新闻标题、媒体名称、发布日期、消息来源、主要内容、报道类型、情感立场、引语、评价、隐喻、风险沟通、公众表现等要素。经对比筛选，发现有 34 篇论及公众环境素养表现①。本书侧重对选中的目标样本进行详细分析。

本书主要采用框架与话语分析方法展开研究。框架是一种“阐释基模”，指行为主体如何依据一套规则来管理自己的社会生活经验②。有学者指出，主流媒体在报道环境议题时，公众常被建构为环保意识有待提高、参与并监督环境治理活动、破坏环境等形象③。本书基于媒介赋权视角，以公众（消息源）为研究对象，探讨研究样本中公众环境风险素养的表征和特点。

一、公众环境素养类目建构

公众环境素养并非单纯的公众科学知识素养是否足够的问题，而是在环境风险传播场域中多元主体之间的沟通、互动问题，其中也包含官民之间以及公众群体间的劝服传播，即致力于改变人们对化工项目态度的交互式传播④，霍夫兰（Carl Hovland）的经典研究证明，面对面的劝服最为有效，讯息的内容和结构也能影响到最终的劝服效果⑤。对公众而言，周

① 黄河，刘琳琳. 论传统主流媒体对环境议题的建构：以《人民日报》2003 年至 2012 年的环境报道为例 [J]. 新闻与传播研究，2014，21（10）：57.

② 陈阳. 框架分析：一个亟待澄清的理论概念 [J]. 国际新闻界，2007（4）：20.

③ 黄河，刘琳琳. 论传统主流媒体对环境议题的建构：以《人民日报》2003 年至 2012 年的环境报道为例 [J]. 新闻与传播研究，2014，21（10）：59.

④ 刘瑛. 互联网改变健康行为的作用探讨 [J]. 华中科技大学学报（社会科学版），2008（5）：109-113.

⑤ 周葆华. 大众传播效果研究的历史考察 [D/OL]. 上海：复旦大学，2005：55-57[2024-10-09]. https://kns.cnki.net/kcms2/article/abstract?v=32-8vZI681Jm-7SgndbBX95M7wuZHv6u5DyNvKCn3IBlPwdWdTRlHlIKHhFufhvgUYd58v86kr5nESqvp-d1OM4Rv8Castu8TH5fiNyZ5vnHBYKrDCTzkuBMzowIkkw5PJOZ2fCEwWtcdwq5oU_AXAtbjuAs1-EQnG-B1BgrvraB-L4vGrYFqWgbEnFm8gwQ&uniplatform=NZKPT&language=CHS.

边人的意见与话语可能比官方话语更令人信服。

通过对243篇文本中涉及公众表现的部分进行编码分析，本书初步将环境风险事件中公众环境素养的影响要素分为以下十个类目。

①经济利益：村民对征地、拆迁补偿不满意；环境污染会影响当地旅游业、水产业等发展。

> 然而，“漳州PX项目被叫停”消息已然通过媒体在古雷半岛扩散。“高兴！”与腾龙芳烃厂区毗邻的半湖村村民姚家寿说。此前，因为拆迁补偿未达到理想要求，他与诸多村民不愿搬迁，环保部的处罚让他觉得有了更大的博弈筹码。(《南方周末》，《三年等待，发改委终核准；半年欣喜，环保部再棒喝 最敏感PX项目环评违规始末》，2013年2月1日)
>
> “当年要在古雷建PX项目，我们岛上的民众也表示反对，因为旅游业和渔业是我们全县生存的基础。”曾乐靖称，“东山县一直在提倡建设生态旅游海岛，如果PX项目建立，谁还希望到我们这里旅游。”(《重庆青年报》，《漳州，谁在背书？“保证PX绝不会爆炸”》，2015年4月9日)

②个人健康：如果环境出了问题，没人为自己的健康埋单。

> 让当地村民矛盾的是，一方面，他们无法预知长期与化工厂为邻，究竟是否会给他们的身体健康带来影响，他们想要逃离这个地方；但另一方面，离开之后如何生存，村民心里都没有底。(《长江商报》，《漳州PX落户后酸臭弥漫两年 渔民称鲍鱼常死亡》，2015年4月12日)

③担责问题：如果受到了侵害，企业、政府及其他机构可能会踢皮球，导致追责无门。

> 对于一些污染严重的地区，不少人甚至集体去找企业，希望企业离开，细数癌症村，就能发现，这些癌症村周围遍布各大污染企业，可是结果，生病后，无人承认是污染惹的祸，这些村民自掏腰包，一贫如洗，忍受着病痛与精神的双重压力，要维护自己的权利，想要讨个说法，只能是经过各种各样的反反复复的和相关部门沟通的办法，但是收效甚微，远远补偿不了自己所受到的伤害。(《财讯》，《漳州PX项目管道闪燃 你为何会害怕》，2013年7月30日)

④科普方式：及时、客观的科普有助于公众进行独立的理性判断，但

类比式、夸大式“科普”则会招致适得其反的效果。

比如，媒体文章《揭开PX的神秘面纱》将PX与咖啡进行比较，称其致癌性与咖啡同级，属于“可能致癌物”。此文章被专家批评“混淆视听”①。

“但是近几年，随着科普，我们对PX的印象也没有那么不好了。”刘女士说，人们的担心，从PX的毒性转到了对政府监管的不信任。“我们意识到如果PX生产规范的话，应该没有问题。”（《财新周刊》，《古雷PX之殲》，2015年4月13日）

⑤刻板印象：民众不愿相信媒体、专家为PX正名，而选择相信道听途说的谣言。

王浩宇（参加百度百科PX词条“保卫战”的清华学生）：对于篡改词条的人，他们不一定都是恶意的，有些可能是不了解化学，因此对沾了“化学”二字的东西都心怀恐惧。（《人民日报》，《我们为什么捍卫一个词条》，2014年4月14日）

⑥恐惧放大效应：比如漳州PX项目第一次爆炸属于“闪燃”，第二次爆炸是意外的“生产事故”，但更加剧了人们的恐慌。

东山铜陵镇的口罩成了抢手货，甚至还有居民想买防毒面具。（《中国科学报》，《大爆炸或令PX产业再陷困境》，2015年4月8日）

财新记者在前往复燃现场的路上，被四名拿着大包袱的村民拦车。他们说“要逃命”，称自己是附近油澳村中的最后几个人，其他人均已撤离。他们说在遇到财新记者前，已经在路上拦了一个多小时的车，但车辆都是满载。一夜之间，古雷镇许多个自然村成了空村。村民怀疑海水有问题。这几天他们连本地的蔬菜和海鲜也不敢吃。（《财新周刊》，《古雷PX之殲》，2015年4月13日）

⑦心理累积效应：比如漳州PX厂区爆炸了两次，人为灾难比自然灾难对心理的冲击更大，公众对PX项目的信任度和容忍度跌至谷底。

漳州PX变鞭炮厂，谁还说群众愚昧。（红辣椒评论，《勿因爆燃事故而给PX项目贴标签》，2015年4月8日）

⑧塔西佗效应：管理者公信力不足，部分公众不愿支持PX项目建设。

---

① 顾骏. 拿“PX与咖啡并列”能消除社会紧张吗？［EB/OL］.（2013-06-29）［2025-01-30］. https://finance.sina.com.cn/roll/20130629/015515959026.shtml.

> PX本身不危险，其凶险性取决于其建设者和管理者，但他们靠谱吗？（《中国科学报》，《PX信任危机凸显心理援助缺位》，2015年4月13日）

⑨信息透明度：某些PX项目选址、建厂、环评报告等事项没有信息公开，引起公众猜疑，亡羊补牢难显成效；九江则在两次环评公示基础上再加一次公示，并邀请市民参观石化企业。

> 参观的效果很不错。通过与专业人员的面对面交流及参观PX装置运行管理等活动，这些参观者成为支持者，并且跟别人说"PX装置没那么复杂，也就只是普通的装置"。后来，这一批人成为我们解决2013年那次危机的中坚力量。（《中国化工报》，《九江PX项目为何得以摆脱"一闹就停"》，2014年5月30日）

⑩沟通渠道：面对公众的质疑、意见及建议，地方政府态度和沟通措施是影响事件走势的重要因素。比如，九江市充分收集市民意见，并将其连同环评报告一起提交给国家环保部，化解了质疑。漳州和茂名一些部门在遇到质疑时，采取回避、打压、删除等应对方式，无法回应民众关切。

> 一些政府部门在PX项目的论证过程中不进行公开听证，不对环评报告公开或者进行说明，也不愿意回应公众的质疑。（《新京报》，《坚守社会底线，才能避免社会PX化》，2014年4月7日）

二、风险利益表达与环境素养表征

根据上述类目建构，本研究对样本书章进行细致分析，归纳其公众风险利益表达面向与环境素养分布状态，具体情况如表7-5所示。

表7-5　风险利益与公众环境素养状况分布

事件	经济利益	个人健康	担责问题	科普方式	刻板印象	恐惧放大效应	心理累积效应	塔西佗效应	信息透明度	沟通渠道	总计
漳州PX项目第一次爆炸	2	1	1	0	0	2	1	1	1	1	10
漳州PX项目第二次爆炸	1	0	1	0	0	3	2	2	1	2	12

续表

事件	经济利益	个人健康	担责问题	科普方式	刻板印象	恐惧放大效应	心理累积效应	塔西佗效应	信息透明度	沟通渠道	总计
九江 PX 风险事件	0	0	0	1	1	1	0	0	0	1	4
茂名 PX 风险事件	0	0	0	1	3	2	0	1	1	0	8
总计	3	1	2	2	4	8	3	4	3	4	34

从表 7-5 中可以看出，相较九江和茂名 PX 风险事件，媒体对漳州 PX 两次爆炸事件中的公众环境素养着墨较多，且主要偏向于利益冲突、公众心理、政府信任、沟通渠道、担责问题等方面；九江 PX 事件中的公众环境素养表现均匀分布在公众心理与科普方式、沟通渠道等方面；茂名 PX 事件中的公众环境素养表征偏向于公众心理方面。

对上述十个类目进行再归纳后，本书将公众环境素养表征框架分为利益冲突框架、信任危机框架、科学性框架、风险感知放大框架，见表 7-6。

表 7-6　风险利益与公众环境素养表征框架

框架	包含类别	具体内容	数量及占比
利益冲突框架	经济利益、个人健康、担责问题	强调经济利益、健康利益等受到或将要受到实质性损害	6（17.6%）
信任危机框架	塔西佗效应、信息透明度、沟通渠道	强调不是不信任项目本身，而是不信任项目企业及当地政府	11（32.4%）
科学性框架	科普方式	强调能否理性、科学地看待化工项目，与科普方式有关	2（5.9%）
风险感知放大框架	刻板印象、恐惧放大效应、心理累积效应	强调项目的潜在风险，并放大可能带来的严峻后果，导致谣言传播或加剧公众恐惧和质疑心理	15（44.1%）

以上分析显示，四起环境风险争议事件中，公共风险利益表达集中在经济利益和个人健康利益。公众环境素养表征框架最集中的是风险感知放

大框架，即公众在表达风险、劝服他人时表现出的环境素养，是放大风险，也即存在风险认知偏误；其次是信任危机框架，政府公信力成为公众十分关注的话题；频次较低的是利益冲突框架和科学性框架，特别是科学性框架在公众风险认知中很不显著，只出现在“PX 百度词条保卫战”中。公众大多以感性认知 PX，加剧自身恐惧心理。

在多次同主题的风险冲突中，公众对 PX 形成了许多夸大的情绪化认知，也难以克服邻避动机而全面、科学与理性地看待问题。不过随着多个事件在多重社会情境中运作与发展，部分公众逐渐形成了一种反思倾向，特别是 2015 年 PX 百度词条的竞争性书写事件以后，知识理性逐渐回到 PX 的风险论述场域。尔后，公众对 PX 符号进行了正、反两个方面的建构，形成一种对照的多元化话语结构和趋于开放的认知框架。

本研究继续通过对博文文本的修辞手法进行统计，发现采取“比较”修辞的博文占比最高（44%），包括类比与对比两种方法：公众对 PX 项目进行比较时，体现出鲜明的情感倾向，表现出了不同的风险认知框架，既持正面态度的，也有态度消极或者较为犹疑的。但无论认知程度如何，公众都将 PX 符号化为多种代名词，成为风险利益的集中表达方式。

1. 将 PX 等同为“高风险”代名词

将博文中进行比较研究，发现“PX”在公众话语中被用于与新冠疫情、DNA 库建设、转基因技术、雾霾、垃圾焚烧发电厂建设、其他石油化工企业的环境风险事件（如福建碳九泄漏、天嘉宜化工厂特大爆炸、核电废水排放等）相比较，表达对同类风险事件的担忧与恐慌，例如：

> @三体-二向箔专卖（2022 年 02 月 16 日　07:45）：说 PX 项目百分百安全，而且历史经验也确实百分百安全，但是不到半年真就炸了一个，打破了历史经验，哦历史神话。……真要建了全国 dna 库，有些人干的第一件事，就是把这数据导出去……
>
> @飞不起来乌鸦级@专业戳轮胎熊律师（04 月 03 日 11:07）：讲个笑话，当年 PX 项目有一堆人吼不要光看 PX 有没有毒……和以前一样，一些人就是过于相信自己的专业领域。

厦门 PX 项目搬迁至漳州后发生爆炸的系列事件被公众视作“防患于未然”的风险象征，且成为环境风险难以控制的佐证。不仅在其他 PX 事件中，更在各种风险议题中大量出现，对公众有强烈的说服效果，“PX”因而成为高风险的代名词。一旦风险议题出现，就会触发这一集体记忆，公众自动使用“PX”符号为风险事件贴上消极标签。

2. 将PX风险事件视作国家科技发展的反面教材

“PX项目”也被用于与“中国该不该建超级对撞机”“连云港电厂核燃料棒处理产业被叫停”“5G基站辐射超量谣言”“氧化铝项目因环保被否”和转基因技术争议等议题相联系并相比较，表达对科技产业发展受阻的惋惜和对国家经济与科技发展进程的担忧，例如：

> @澳洲的墨尔本（2018年10月27日08:34）：地方保护主义将葬送中国人自己的转基因科技事业。像PX项目一样放手让外国公司敞开手脚大赚特赚中国人的钱，而中国人只能眼睁睁地看着而毫无作为。

> @庄志明律师（2019年05月25日22:16）：我个人认为，像移动信号基站、垃圾处理站、PX项目之类，侧重考虑的是科学，科学，科学。符合科学和法律程序的，该上就得上，对由此而引起的“民意”之争、多数决问题完全可以一笑了之、嗤之以鼻。听见拉拉蛄叫，就不种庄稼了？

随着网络话语的演绎，公众对PX项目风险认知态度发生一定的转化，部分公众肯定PX项目对于我国经济与科技发展的积极意义，同时表达出对PX项目遭到抵制的惋惜情绪。这一话语进程说明，公众风险利益表达与环境素养提升是一个在实践中发展的过程，虽然对某一事物的认知暂时无法形成共识或统一性的看法，但在这一正反论述中，政策理性、科学理性和社会理性相互交互、交流和激荡，推动公众展开环境意识和环境认知的反思，进行思维框架的调整或知识的摄取和补充。

三、环境素养的缺陷及影响

通过对环境素养类目的归纳和框架分析，以及综合前文有关公众风险感知、表达与认知的研究结果，我国公众环境素养存在一定缺陷，其导致的结果可以总结为风险沟通理性能力的不足。具体分述如下。

（一）风险话语的泛化

风险预防与治理是政府管理者的核心职能，但不够严重的社会风险无法引起重视，当风险扩大至一定程度时，管理者才被迫采取行动①。由于

① 楚德江. 风险社会的治理困境与政府选择［J］. 华中科技大学学报（社会科学版），2010，24（4）：65.

信息不透明与风险焦虑，PX 项目引发公众的信任危机。在社交媒体时代，越是被刻意隐瞒的信息和被回避的话题，越容易引起公众焦虑，反而夸大风险，加速风险传播和情绪感染①。

政府风险沟通的努力还可能因方式不当导致风险蔓延，产生新的风险，导致风险话语泛化和失焦②。治理环境邻避问题一般有补偿机制、风险消减机制、公民参与机制等路径③。面对质疑，漳州及茂名政府均以“无毒”“无污染”等话语进行宣教，而对风险利益补偿、项目未来走向等公众关心的事宜持模糊态度，导致沟通失败，政府的努力难以缓解公众对风险的恐惧。环境风险议题也由环保与利益之争演变为官方决策与民意之争，政府因公信力减弱逐渐陷入“塔西佗陷阱”，不论如何承诺，在公众看来都是文过饰非，即使宣布暂缓建设，也被认为是虚与委蛇，“做贼心虚”。在此情境下，公众的风险话语走向泛化，风险沟通容易失败。

（二）风险感知的主观放大

风险感知是指个人对风险事件发生可能性与后果严重性的主观考量。风险的社会放大框架认为，风险事件与社会制度、文化、心理因素等相互作用后，公众的风险感知度和相关风险行为可能会增强或减弱④。厦门 PX 风险争议的结果持续影响了后续项目的风险感知及判断⑤。媒体将 PX 形容为“烫手的金山芋”，在公众眼里却是“过街老鼠”。漳州 PX 第二次爆炸被定性为生产事故而非环境事故，环保部称“没有造成明显的环境影响”⑥，而当地居民人心惶惶⑦。官方回应与民众感知相差巨大，加大了居民对未知

---

① 谢金林. 网络空间政府舆论危机及其治理原则 [J]. 社会科学，2008（11）：34.

② 楚德江. 风险社会的治理困境与政府选择 [J]. 华中科技大学学报（社会科学版），2010，24（4）：66.

③ 陶鹏，童星. 邻避型群体性事件及其治理 [J]. 南京社会科学，2010（8）：66-67.

④ 卜玉梅. 风险的社会放大：框架与经验研究及启示 [J]. 学习与实践，2009（2）：121.

⑤ 黄河，刘琳琳. 媒介素养视角下公众对环境风险议题的负向建构 [J]. 现代传播（中国传媒大学学报），2018，40（2）：158.

⑥ 钟文. 漳州 PX 爆炸探因：企业急着要业绩 政府急着要政绩 [EB/OL].（2015-04-13）[2025-01-30]. http://epaper.zqcn.com.cn/content/2015-04/14/content_7786.htm.

⑦ 刘飞超，黄敏. 漳州 PX 落户后酸臭弥漫两年 渔民称鲍鱼常死亡 [N]. 长江商报，2015-04-12（4）；赵晗，于达维，张雪丰. 古雷 PX 之谶 [EB/OL].（2015-04-13）[2025-01-30]. https://weekly.caixin.com/2015-04-10/100799044.html.

风险的恐惧感，进而对政府信息进行对抗性解读①。

一边是地方政府的风险沟通失效，一边是网络论坛的密集讨论，在双重机制作用下，公众经“污名化”与“语境化”两种路径对环境风险感知进行放大②，然后继续波及其他项目与领域，引起风险“涟漪效应”③，接连爆发了一系列风险冲突，给风险决策与地方治理带来了相当大的压力。

（三）风险表达的非理性化

在一系列的风险争议中，各地 PX 项目受到抵触，这与公众的个人感知判断有关。基于社会心理学角度，健康信念模式指出，人们健康行为的形成与改变会受到感知易感性、感知严重性等因素的影响。感知易感性是个人对自己罹患某种疾病或健康问题的可能性的判断，感知严重性是个人对疾病或健康问题会产生多大程度影响的判断，除了生理健康上的影响，还包括心理及社会影响④。上述两类感知判断给个体带来的威胁感越大，其采取防御性行为的可能性就越大。本书研究的环境风险事件中，公众风险感知有一种放大效果，即其感受到 PX 对自身身体健康、生活环境的风险威胁感较强，容易唤起紧张、焦虑等情绪⑤，对环境风险的理解与表达呈现出非理性的状态。

有研究指出，公众往往凭借“常民知识”去理解可能存在的环境风险，并采取诉诸情绪、传播谣言的方式引起社会注意。常民知识偏重社会理性和价值理性，虽然可以与偏科学理性和技术理性的专家知识互补长短，但缺乏技术标准和知识框架，公众的风险认知和表达行为容易失去尺

---

① 曾繁旭，戴佳，王宇琦. 技术风险 VS 感知风险：传播过程与风险社会放大[J]. 现代传播（中国传媒大学学报），2015，37（3）：43.

② 邱鸿峰. 环境风险的社会放大与政府传播：再认识厦门 PX 事件 [J]. 新闻与传播研究，2013，20（8）：112.

③ 刘晓亮，张广利. 从环境风险到群体性事件：一种“风险的社会放大”现象解析 [J]. 湖北社会科学，2013（12）：22.

④ 靳雪征. 健康信念理论的建立和发展 [J]. 中国健康教育，2007（12）：945-946.

⑤ 黄河，刘琳琳，杨小涵. 突发公共卫生事件中风险信息对公众情绪的唤醒机制：基于新冠肺炎疫情的实证研究 [J]. 全球传媒学刊，2022（2）：13.

度和根据参数，较普遍采取非理性表达，阻碍风险沟通与协商①。本研究中，公众风险表达的非理性化具体体现在：①夸张式表述。如“原子弹”“白血病”“等着受死吧！”等；②邻避情结强。公众易产生“为什么别人不要的我们却要？”“为什么不建在别处？”“鸡屎拉在我家后院，鸡蛋却下在别人家里”② 的愤懑；③情绪对立。对地方政府不信任以及对项目企业怀有一定排斥心理，如“‘他们’拿了好处一走了之，留下‘我们’饱受污染之害”③。需要指出的是，这些非理性话语宣泄的表象之下，需要看到公众对未知风险的担忧、对参与方式的不满以及对一套行之有效的社会沟通机制的渴求。

（四）环境知识较欠缺，风险理性不足

“怎样培育拥有环境知识的理性公众”是环境素养研究的重点。这一过程中，环境知识可以发挥重要作用，它影响与调节公众环境态度和环境行为之间的关系④。毛雷尔和博格纳甚至认为，环境问题在很大程度上在于公众环境知识的缺失⑤。从某种程度上说，环境知识的缺失意味着公众关于环境的理性意识不足，容易受到谣言影响，产生极化情绪。为了应对这种极化情绪，政府又普遍采用防御型手段，即向公众输出环境知识，以提升公众对谣言的抵御力。但是随着新媒体技术的发展，公众普遍拥有了媒介资源，这种临时知识灌输式的防御手段容易被瓦解。其后果是公众逐渐暴露在各种似是而非的知识与流言中，进一步恶化风险沟通和环境素养。

环境知识教育是提高公民环境素养、完善公民风险表达机制的重点。

---

① 邓理峰. 风险治理中的常民知识生产、传播及影响：基于我国内陆核电争议中反核群体的研究 [J]. 全球传媒学刊，2022（2）：53.

② 原碧霞. 靠什么破解“一闹就停”难题 [EB/OL].（2014-04-15）[2025-01-30]. http://opinion.people.com.cn/n/2014/0415/c1003-24894908.html.

③ 阳平坚. 古雷 PX 爆燃事故背后的“中国式邻避困局” [EB/OL].（2015-04-09）[2025-01-30]. https://mp.weixin.qq.com/s/dUIw8U67R0juTozzhovV5g.

④ MANOLI C C, JOHNSON B, BUXNER S, et al. Measuring environmental perceptions grounded on different theoretical models: The 2-Major Environmental Values (2-MEV) model in comparison with the New Ecological Paradigm (NEP) scale [J]. Sustainability, 2019, 11 (5): 1286.

⑤ MAURER M, BOGNER F X. Modelling environmental literacy with environmental knowledge, values and (reported) behavior [J]. Studies in educational evaluation, 2020 (65): 100863.

在复杂的媒介环境中，公众如何观察、分析、辨别环境谣言，提高环境素养，关系到公众环境参与的成效和整个社会的风险沟通。环境知识怎么变换形式和传播渠道以适应不断增强的公众主体性，是社会管理者需要认真思考的问题。

（五）公共精神相对不完备

环境项目与环境问题是城市化和科技进步的产物，前者是为满足大众社会生活所修建的公共设施，如垃圾处理厂、污水处理中心等；后者则是在环境项目实施或公众生活过程中所产生的“负外部性”，包括环境污染、环境风险等问题①。因而，不论是环境项目的建设实施，还是环境问题的协商解决，都具有强大的公共性，不仅需要自上而下的政策保障，更需要自下而上的广泛的公共参与。

学者杜辉在解释环境问题中的公共意识时指出，具有公共精神的公民是“即便是在有损自己合法利益的情况下，仍然同意根据这些条件去合作处理环境事务”②，它要求社会个体对环境事务投以一定的公共关怀。这种关怀的实践性大于心理性，它需要公众积极参与环境治理，通过与环保职能部门、非官方组织形成互动网络，分享相关的资源与信息，对环境事务进行监督、合作治理。在具体的实践场景中，环境的公共性受到了公众利益性的挑战。以 PX 项目为例，项目选址一般是政府综合分析后决策的结果，但决策一旦影响了部分民众的利益，便产生了邻避矛盾，并且表现出强烈的情绪化特征③。“邻避”概念通常以负面视角将公民描绘为狭隘的利己主义者，在关乎自身利益的问题上反应激烈，与自身无关的问题则毫不

---

① 陶鹏，童星. 邻避型群体性事件及其治理［J］. 南京社会科学，2010（8）：63-68.

② 杜辉. 环境治理的制度逻辑与模式转变［D/OL］. 重庆：重庆大学，2012［2024-01-30］. https://kns. cnki. net/kcms2/article/abstract? v＝32-8vZI681JrzUrUgfVfO2Wvhv0C24AhUc2MGFkbXryjPfm5WfZGQJNIL6U4l6zA4d--Yts9ymIeBbcCL_0rKuWB7SMSq _ eWi23Sht0kxrF9TE4RPr8B1wcuZGP278UdJjodWVrp0C6zAhf5aEkWRXIZfvf3njIGdP40mmkmS_ntaNCGnG0LCrrkfKsSkjpR&uniplatform＝NZKPT&language＝CHS.

③ 杜晚晴. 城市化过程中邻避运动的生成逻辑及其困境化解［J］. 常州工学院学报（社科版），2022，40（2）：103-108.

在意①。公共精神与公众环境素养的培育息息相关。拥有良好的环境素养的公众会培育发展出健康的环境价值观，他们善于对影响公共利益的环境事件或问题发表意见、采取行动。

（六）社会信任缺失

公众参与环境事务一方面是为了维护自身利益，另一方面是为了了解环境治理中的各种信息，更好地实现社会协调与合作。但是如果将公众排除出环境治理模式之外，在新媒体技术条件下，容易诱发环境利益冲突和风险纷争。为了缓解这种紧张关系，政府经常会采用“专家理性”来向公众解释环境问题，比如邀请专家来解释 PX 项目的无害性。但专家亦非是完全理性的，在面对具有特定价值取向的政策决策时，专家也会在正义与效率、经济与生态、秩序与速度等间进行选择，而这种选择有时候又受到权力的限制或左右②。

公众环境素养的培育的另一个重点便是对政策的理解与配合度，一旦公众对政府产生了强烈的不信任感，那么他们便容易抛弃理性意识，产生对抗性。如果对政府和专家缺乏信任，公众就会质疑环境政策的科学性和合理性。约翰逊和奇塔诺在其所作的一项公众环境素养评估方案中便指出：“对政府信任度较高的个人不太可能相信政府所作的某项环境决议会对他们造成威胁。”③ 在政府和公民之间建立信任，减少公众对公权力的排斥对于公众素养培育具有重要意义。

（七）模糊公共领域与私人领域界限

新媒体平台中的用户往往采用更加个人化的语言风格，使得一些公共性质的话语也呈现出更加私人化的特点。这种语言转换不仅影响了信息的客观性，还使得环境风险话题在公共性媒体平台上更容易受到主观情感和

---

① JOHNSON R J，SCICCHITANO M J. Don't call me NIMBY：public attitudes toward solid waste facilities [J]. Environment and behavior，2012，44 (3)：410-426.

② 杜辉. 环境治理的制度逻辑与模式转变 [D/OL]. 重庆：重庆大学，2012 [2024-01-30]. https://kns.cnki.net/kcms2/article/abstract?v=32-8vZI681JrzUrUgfVfO2Wvhv0C24AhUc2MGFkbXryjPfm5WfZGQJNIL6U4l6zA4d--Yts9ymIeBbcCL_0rKuWB7SMSq_eWi23Sht0kxrF9TE4RPr8B1wcuZGP278UdJjodWVrp0C6zAhf5aEkWRXIZfvf3njIGdP40mmkmS_ntaNCGnG0LCrrkfKsSkjpR&uniplatform=NZKPT&language=CHS.

③ JOHNSON R J，SCICCHITANO M J. Don't call me NIMBY：public attitudes toward solid waste facilities [J]. Environment and behavior，2012，44 (3)：410-426.

情绪的左右。由于微博平台受众的广泛性与无门槛的特性，公众可以任意预设自己的表达对象，并因此出现了将公共语言转化为通俗的私人语言的现象。公众在引述新闻和政府文件内容时，会自动地将新闻或文件的语言进行词汇转换或私人解读，例如“没出事的化工企业”“炸了一个”等用语，并结合反问、设问等修辞将独白式的发言转换为交谈式的对话，在假想的或者真实的私人生活经验的基础上发表言论，从而将社交媒体平台中“公共交谈”的话语秩序转向了私人话语。这样的话语表达方式容易引发情感共鸣，但也导致公私混淆的话语模式的出现，更容易扰乱风险沟通的理性话语秩序。

第八章　智能媒体来临：环境风险沟通的新视野

新媒介一般指互联网、数字电视、交互式多媒体、虚拟现实、移动通信和视频游戏等媒介物及其媒介现象的松散集合。智能媒介则是指以大数据为依托，将机器算法、数据挖掘、传感器等人工智能技术应用于信息的生产与传播的传播系统，其特点是生产的智能化与用户体验的个性化①。从新媒介到智能媒介的发展，是一个技术的跃迁，也是人类信息文明与沟通潜能的跃迁。智能媒介的来临必将对社会现实产生深远影响。因为媒介在一定程度上决定我们的境遇，媒介即“我们直接体验到的社会现实”，“媒介不仅正在改变我们的共同世界，而且更根本地改变了我们的周遭世界”②。媒体提供了关于世界的感知材料，不仅影响和中介社会，也参与改造人类主体的思维与认知。有什么样的媒介，就创造了什么样的传播视野和沟通可能性。智能传播不仅是智能技术带来的新一轮传播变革，更是不同于以往任何技术革命逻辑的全新媒介信息传播现象。技术推动信息生产智能化的同时，也推动了新一轮媒体生态的重构，我们将进入一个世界互联、万物皆媒的智媒时代。

当我们回顾媒介从15世纪末印刷术的扩张到20世纪末新媒体技术的出现，发现在漫长的媒介演化历史中，媒介形态和传播方式已发生了翻天覆地的变化。这段历史见证了人类传播方式的革命性转变，从最初的手工制作和口头传播，到印刷术的发明和广泛传播，再到电信技术和数字媒体的崛起，每一次技术革新都带来了生活方式和文明模式的巨大转变。但正如麦克卢汉所强调的，任何单一媒介都不具备孤立的存在意义，它们的价

① 郭小平，秦艺轩. 解构智能传播的数据神话：算法偏见的成因与风险治理路径［J］. 现代传播（中国传媒大学学报），2019，41（9）：19-24.

② 库尔德利，赫普. 现实的中介化建构［M］. 刘泱育，译. 上海：复旦大学出版社，2023：36-37.

值是通过与其他媒介的互动和融合而产生的[①]。例如，广播不仅改变了新闻报道的形式，也对有声电影中的角色形象产生了影响，进而影响了电影的发展轨迹；而电视作为一种新兴媒介，不仅在形式上改变了广播节目的呈现方式，还通过引入纪录片和纪实小说等形式，为节目内容带来了全新的表现形式和叙事手法；数字传播更是融合了过往一切传播的技术特征，成为“元技术”[②]。当前，我们生活在一个复杂、多元和混合的媒介系统中，人际传播、大众传播、数字传播交融互叠，共同建构我们对真实世界的认知和理解。这种媒介间的相互作用构成了一个复杂而动态扩展的媒介生态系统，其中各种媒介交互影响，塑造着信息的流动和意义的生成。

媒介演进的历史脉络引发了学者们对媒介技术史的关注，他们深入讨论了新旧媒体的技术更替及其历史影响。但正如上文所言，每种媒介的进化并不是沿着一条单独的轨道行进，而是在与其他媒体的不断互动中成长、进化。学者 Wilzig 和 Avigdor 提出，一个新媒体出现时，其他媒体要经历其霸权阶段，旧媒体要努力适应以求生存[③]。对此，他们绘制了“新媒体进化的自然生命周期”（表 8-1），总结媒体（以互联网为例）在其发展过程中所经历的转变。新媒体的进化阶段可分为出生、市场渗透、成长、成熟、防御性抵抗、适应、趋同或过时六个阶段。这六个阶段的自然生命周期模型又可以浓缩为三个阶段：出现（出生＋市场渗透）、统治（成长＋成熟）、生存或灭绝（防御性抵抗＋适应、趋同或过时），分别对应着媒体演化中必经的三个时期：质疑期、迷思期、批判期。

第一，质疑期：在新媒体出现之初，人们通常会对其产生怀疑和不确定感。新媒体的可靠性、安全性以及对社会和个人生活的影响被质疑。在这个阶段，公众可能持保守态度，对新媒体采取观望姿态，同时也可能批评和反对，通常伴随着对新媒体的探索和试错，以及对其潜在风险的关注。

---

① 麦克卢汉. 理解媒介：论人的延伸［M］. 何道宽，译. 南京：译林出版社，2019：1-14.

② SCOLARI C A. Media evolution：emergence，dominance，survival and extinction in the media ecology［J］. International journal of communication，2013（7）：24.

③ LEHMAN-WILZIG S，COHEN-AVIGDOR N. The natural life cycle of new media evolution：Inter-media struggle for survival in the internet age［J］. New media & society，2004，6（6）：707-730.

第二，迷思期：随着时间的推移和新媒体的逐渐普及，人们开始形成对新媒体产生惯性认知，即对其产生“迷思”。人们高估其潜在优势，并过分理想化其作用和影响。这种迷思可能导致对新媒体的盲目崇拜或过度依赖，忽视可能存在的负面影响和局限性。

第三，批判期：随着对新媒体的深入理解和经验积累，人们对其进行更理性和深入的审视和评价，进入批判期。在这个阶段，人们更加客观地看待新媒体，认识到它既有积极的一面，也存在负面的影响，开始对新媒体的运作方式、商业模式、隐私保护等方面提出更为深刻的质疑，并寻求解决方案来应对可能的问题和挑战。

在传播政治经济学者莫斯可（Vincent Mosco）看来，对媒介技术史的考察可以让我们有“自知之明”。他指出，尽管每一次新媒介的兴起都伴随着各种有趣的探索和活动，但最终它们都会变得平凡，就像之前出现过的所有媒介一样①。换言之，媒介发展的历史是一个周而复始的过程，人们不断重复着相似的尝试和实践，一再对新技术的出现“赋予光环”或为旧技术打上“沉重”的标签，不是给予过高期望就是过度贬低它们的作用。在这个过程中，人们不断陷入质疑、迷思和批判的循环之中，反复探讨新旧技术的优劣、影响和发展趋势。因此，媒介发展的历史实际上是一部人类对技术和媒介的认知与态度变迁的历史，是一场又一场的“新瓶装旧酒”实践。

表 8-1　新媒体进化的自然生命周期②

阶段	描述
出生	“生命周期”的开始。新媒体借鉴了现有技术或媒体出现，但其发明人可能并不总能预见其真正的最终用途。
市场渗透	新媒体进入市场，开发新用途，吸引用户。市场份额从 0% 到 16%。如果成功通过 16%（创新者 + 早期使用者），则进入下一阶段；如果没有，新媒体就会消失。

① 莫斯可. 数字化崇拜：迷思、权力与赛博空间［M］. 黄典林，译. 北京：北京大学出版社，2010：109-131.

② LEHMAN-WILZIG S，COHEN-AVIGDOR N. The natural life cycle of new media evolution：inter-media struggle for survival in the internet age［J］. New media & society，2004，6（6）：707-730.

续表

阶段	描述
成长	市场份额从 16% 增长到 50%。开发人员和用户学习利用、应用和扩展媒体的独特功能。
成熟	新媒体（或改编旧媒体）在动态的通信环境中找到了自己的位置。市场份额从 50%到 90%。最大限度地利用和应用媒体的能力。
防御性抵抗	旧媒体与新媒体之间的竞争迫使前者寻求新的方向以保护其传统受众。传统媒体的市场份额从 90% 下降到 50%。
适应、趋同或过时	适应：传统媒体通过开发不同的功能和/或保留（寻找）其（新）受众来适应新形势。
	融合：传统媒介无法单独生存，但可以通过与新媒介合并或并入新媒介来保留其功能。
	过时：传统媒体无法成功适应变化，就会减弱或消失。

尽管有莫斯可对新技术的悲观论调和历史性批判，但本书仍然认为，智能媒体的来临及其大规模应用，必将带来一场交往革命，将对人类的沟通、传播产生重大影响，为未来的风险沟通打开新的局面。本章致力于探索这种重要影响以及智能媒介技术所创造的沟通潜能，从正反两方面进行辩证综合，为环境风险善治和打造新的风险沟通体系寻找新的可能性。

第一节　智能媒介及其可供性

新闻传播学较早研究智能媒体大致可追溯到 2008 年，学者张雷在《从“地球村”到“地球脑”：智能媒体对生命的融合》一文中将智能媒体视为从“地球村”到“地球脑”的转折点[①]。2010 年，中国互联网信息中心将“智能媒体”概括性地定义为智能化的终端设备，如智能手机。此后，国内学者从不同的角度或层面对智能媒体继续做出界定，认为“智能媒体是将媒体智能化，使用户在使用过程中更趋于人性化、大众化、简单

① 张雷. 从“地球村”到“地球脑”：智能媒体对生命的融合 [J]. 当代传播，2008 (6)：10-13.

化、全球化，让用户的搜索结果更集中、多样以及全面地展示在用户面前”①，“智能媒体是智能终端、智能网络、智能传输平台发展的结果”②，“智能媒体是能够感知用户并为用户带来更佳体验的信息客户端与服务端的总和”③，“智能媒体通过模拟人类智能实现各种认知能力以及协同机制，使人与人、物与物以及人与物产生联系的自主实体”④，等等。许志强则从生态视角，认为智能媒体不仅是传递信息的介质，更是集“单向广播＋双向交互＋智能引擎”三种特点于一体，在媒体融合中注入智能思维，将内容、渠道、资源、媒体和受众连在一起，解构需求的社会关系链的“用户洞察”⑤。

与此相关，学者们对智能传播进行了相应界定。周葆华等人指出，智能传播是指人工智能技术所主导并参与的各种传播行为。这些行为既可以在生产阶段出现，例如人工智能生产新闻，也可以在分配和应用阶段出现，如算法推荐和分发⑥。彭兰指出智能传播最为本质的特征是机器作为传播主体⑦，且这一领域的研究和实践正在不断推动新的创新，如为广告、新闻、教育、医疗、金融等领域提供更多可能性。智能传播深入渗透和发展的同时，也面临着相应的技术风险与伦理困境。

一、智能媒介传播的新特征

作为智能媒介技术发展的表征，5G、个性化算法、人工智能、大数据、物联网等新技术的出现正在推动媒体进一步转型，技术优势带来内容生产和分发的深刻变革，出现从社交新媒体到智能新媒体的重大开拓。智

---

① 王艳，高铭．混合式学习在智能媒体中的应用［J］．黑龙江科技信息，2009（35）：290.

② 吴纯勇．改革中的中国广电行业如何突围：把握智能媒体蓝海［J］．中国数字电视，2011（5）：55-56.

③ 许志强．智能媒体创新发展模式研究［J］．中国出版，2016（12）：17-21.

④ 喻国明，杨名宜．平台型智能媒介的机制构建与评估方法：以智能音箱为例［J］．新疆师范大学学报（哲学社会科学版），2019，40（2）：120-126.

⑤ 许志强，王家福，刘思明．物联网；大数据：数字媒体变革的思考与未来媒体进化［J］．电视研究，2017（11）：37-40.

⑥ 周葆华，苗榕．智能传播研究的知识地图：主要领域、核心概念与知识基础［J］．现代传播，2021（12）.

⑦ 彭兰．从 ChatGPT 透视智能传播与人机关系的全景及前景［J］．新闻大学，2023（4）：1-16.

能媒体借助大数据和人工智能，获取用户的使用轨迹，捕捉情绪和心理的变化，进而为用户提供更加个性化、准确性、沉浸式的内容体验。如此种种，智能媒介传播正在涌现新的实践场景，也呈现出全新的传播特征。

第一，万物互联，万物皆媒。

随着物联网、传感器等技术的兴起，连接已经不仅限于内容与内容之间、人与物之间，甚至延伸到了物与物之间。物体媒介化成为大势所趋，一切物体都可以成为媒介进行信息传输。人们对于物体的状态、动态的监测变得更加容易，对物质世界的感知更为全面、及时。既存的不同媒体也可以通过深度互联，基于可视化互联、语音互联、手势互联等技术共同完成信息的生产过程。同一媒体的各个不同环节，也能够利用智能化技术，比如 5G 的超高传输速率、大数据的追踪与管理，传感器采集节省人力，高效完成信息采集端、信息编辑端、信息分发端的协作。智能媒体必然带来媒介融合，正是媒体对于人机互动、人机协同等智能技术的不断采用，使得各媒体甚至是各物质之间，共同协作、万物和谐共生，创生信息传播新的生态循环系统，也形成区别于传统印刷媒体和电子媒体的边界。

第二，算法驱动，精准传播。

算法是人工智能的核心技术，存在于智能媒介传播的整个流程，内置于内容采集、生产到传播的各个环节。在编码阶段，算法代替了人归纳和整理材料的过程，改变了原来获取和预处理信息的方式。译码算法则模仿人的逻辑推理和思辨过程，改变人类原有传播信息的方式。在传播环节，算法嵌入平台互动界面促进场景生成，通过强化学习等算法体现对客户需求的终极关怀，又通过适应注意力经济的关注量和点播量逻辑而生成流量产品，进而影响供求关系①。智能媒体时代的信息传播因而呈现出个性化、私人定制等特点，有望实现真正的精准传播。

第三，沉浸体验，感官共振。

智能媒介提供了高度互动的界面，用户可以通过触摸、语音、手势等多种方式与媒介进行交流，这种即时反馈机制增强了用户的参与感和沉浸感。此外，智能媒介不仅通过视觉，还可以通过听觉、触觉甚至嗅觉和味觉来刺激用户的感官，例如，通过耳机提供的环绕声效、通过振动马达模

---

① 闫欢，靖鸣，刘家豪．智能媒体时代网络安全隐患与治理策略［J］．新闻爱好者，2017（11）：56-58.

拟的触感反馈等。虚拟技术通过模拟不同的感官体验，如触觉、嗅觉、听觉等，让用户在虚拟环境中感受到与现实世界类似的感受。虚拟空间的互动也给身体感官带来更多的体验，身体不再是人机交互的工具，或传达信息的手段，身体的体验本身成为目的。随着智能媒介技术的发展，未来的智能传播还将在以下方面进一步发展。

第一，全息体验，感官平衡。

2014 年，人类已经研发出 ASI 全感交互技术。该技术是在虚拟现实的基础上结合体感互动、图像识别的技术完成多维人机交互功能。随着 VR 全景报道和全息投影的应用，裸眼 3D 及不受位置限制的视觉交互技术的发展，传受双方对于周围事物表达的含义将更加清晰。有学者预测："随着计算能力的提升，智能媒体或将采用包括视觉、听觉、嗅觉、触觉和味觉在内的全感技术，以及全息技术，使得虚拟体验达到超现实的状态。通过智能媒体，受传者在解读信息的过程中，可以一边观看美食纪录片，一边无须借助实物就能感知佳肴的美味；在欣赏景观图片的同时，也能呼吸到大自然的新鲜空气。"① 这种全息化的传播图景将给环境风险沟通带来革新性影响。

第二，机器深度参与信息生产全过程。

2022 年底，生成式大语言模型引发世界强烈关注。2023 年，百度公司也推出"文心一言"生成式 AI（人工智能）产品，AI 大语言模型的技术突破及其应用掀起了一轮又一轮热潮。AIGC 的相关技术已经被包括新闻传播行业在内的多领域采纳，新闻记者、编辑等从业者同 AIGC 算法、语言模型的合作成为未来新闻信息生产的趋势。对 AI 技术的使用成为各行各业工作中的常态，强人工智能的发展将使得信息机构能够实时生成和发布信息内容，如 AI 实时分析社交媒体数据，识别新闻事件，并生成初步报道，而人类记者则可以在此基础上进行深入调查和编辑。

第三，人机深入交互，构建人机沟通新局面。

以 ChatGPT 为代表的人机对话交流模式兴起后，人机交互关系持续深化，机器不仅仅是有"互动性"的工具，而且可能成为有"主体性"的交流对象。人与机器之间的沟通和交流提升到一个新的高度，让人对机器

---

① 罗自文，熊庾彤，马娅萌. 智能媒体的概念、特征、发展阶段与未来走向：一种媒介分析的视角 [J]. 新闻与传播研究，2021，28（S1）：59-75.

产生了更多的信赖和期望，人机交互变得越来越普遍①。用户可以根据自己的喜好设计想要的角色，满足自己的交际需要。人类将打破生理、社会等方面的局限，创造出属于自己的“新世界”。人工智能体具有“机器人的客观特征和类人的情感黏度”，在“似人非人，胜于人”的交往过程中，形成一种特殊的情感依赖体验②。未来可能的情形是，人将机器视作情感伴侣，影响到人与人的关系③。这将深入影响人们之间的交往与沟通。

二、智能媒介的多元可供性

从大众媒介到社交媒介再到智能媒介时代，技术是媒介发展的重要驱动力。但是媒介的演进始终围绕“人本主义”趋势，用户的角色从被动接受者转变为主动参与者，信息的传播方式越来越双向、互动和个性化。未来，随着人工智能技术的不断“道德化”发展和向人类价值对齐，智能媒介传播将更加精准有效，也更好地满足人们的需求，发掘出更多的传播可供性。

“可供性（affordance）”这一概念由美国生态心理学家吉布森（James J. Gibson）于1979年首次提出。他将“可供性”概念界定为“环境对于动物提供行动的可能”，强调对于环境与生物之间的相互关联性与互惠关系的考察，这种关系能被生物感知并使它们采取相应的行动。2003年，Wellman等学者率先将此概念引入传播学，并将其视作“技术/物影响日常生活的‘可能性’”，借此研究互联网提供给人的诸多功能，凸显了“可供性”概念的社会属性④。中文传播学界关于可供性的想象更多受到学者潘忠党的影响。2017年，潘忠党在一次访谈中首次使用了“可供性”概念，并提出了三种媒介可供性框架：信息生产的可供性、社交可供性、移动可供性，具体可分解为13项可供力（affordability）评估，作为衡量

---

① 曹博林，罗炼炼. 陪伴型聊天机器人的发展特征与机制效果［J］. 青年记者，2023（2）：19-22.

② 彭兰. 智能素养：智能传播时代媒介素养的升级方向［J］. 山西大学学报（哲学社会科学版），2023（5）：101-109.

③ 彭兰. 人机传播与交流的未来［J］. 湖南师范大学社会科学学报，2022，51（5）：12-22.

④ WELLMAN B，QUAN-HAASE A，BOASE J，et al. The social affordances of the Internet for networked individualism［J］. Journal of computer-mediated communication，2003，8（3）：JCMC834.

“新媒体”之“新”的程度，“在三种可供性上水平越高的媒体，往往就是越‘新’的媒体”①。随后，研究者在此基础上展开对于媒介可供性的探索，比如借用对媒介可供性框架的操作化定义解读“四全媒体”的建设进路②；从生产、社交、移动可供性三个维度出发考察新媒体平台可见性实现机制等③。

智能媒介是人工智能主导的、依托于互联网的技术媒体，它强调智慧、智力和智能的特点。作为互联网媒体的升级版，智能媒介通过人工智能对信息生产与传播的全过程进行蜕变，实现了协同知识自动化和协同认知智能。智能传播的内涵与外延拓宽了原有信息传播活动的内容边界与生产边界，增添了由机器生产、处理、扩散信息的全新技术层级。智能媒介可供性就是智能技术给人提供的行动机会、空间、尺度、效能感和可能性。

媒介可供性常被误解只涉及媒介的结构功能问题，忽视了媒介使用者的心理效能和能动性。吉布森指出可供性概念是强调主体对效用的主观感知与对象的客观特质之间的相互作用，可供性构成人在特定场所行动的可能性，它提供的其实是一种技术想象空间和可能的行动路线。学者纳吉（Peter Nagy）和内夫（Gina Neff）因此进一步提出“想象可供性”的概念，强调用户对媒介技术的特定期待可能会塑造他们与媒介的互动行为与方式④。它既包含技术/物对人类的“示能”，也包括在人类情感上对于技术产生的期待与想象⑤。因此，智能媒介的可供性不仅是一种技术示能，也是一种心理示能和想象力示能，在一定程度上可以决定网络参与者的行动框架，也可以通过影响参与者意愿和期待的方式来改变媒介生态环境。具体来说，智能媒介的传播可供性可以表征为以下几个方面。

---

① 潘忠党，刘于思. 以何为“新”？“新媒体”话语中的权力陷阱与研究者的理论自省：潘忠党教授访谈录 [J]. 新闻与传播评论，2017 (1)：2-19.

② 喻国明，赵睿. 媒体可供性视角下“四全媒体”产业格局与增长空间 [J]. 学术界，2019 (7)：37-44.

③ 曾丽红，叶丹盈，李萍. 社会化媒介赋权语境下女性“能动”的“可见性”：兼对B站美妆视频社区的“可供性”考察 [J]. 新闻记者，2021 (9)：86-96.

④ NAGY P, NEFF G. Imagined affordance: reconstructing a keyword for communication theory [J]. Social media+ society, 2015, 1 (2): 1-9.

⑤ 喻国明，苏芳. 媒介有效建构社会信任的全新模式：想象可供性视角下价值媒介、平台媒介与用户的连接与协同 [J]. 视听理论与实践，2021 (3)：3-9.

第一，信息生产可供性。

在信息生产方面，智能媒介提供了前所未有的便利和效率。具体表现为：信息收集速度加快：装载有传感器的各类信息终端可以收集到各类之前所无法想象的时空信息，如极端天气下的环境信息、人体健康信息、人群流动信息等，这些信息极大地丰富了媒体信息内容的广度、深度和准确度；信息生产速度加快：以写作机器人为代表的人工智能式信息生产大大促进了信息生产的速度。人工写作质量虽然在某些方面优于机器人，但在速度上却远远落后。

第二，社交可供性。

智能媒介的社交性已不再局限于人与人之间的互动，而是将人与物、人与服务之间进行了广泛连接。如智能家居为家庭中的人和物建立个性化的连接，提供人性化的服务。这种连接使得信息变得立体、多层而可视。各类智能家用设备不仅是人们生活便利的助推器，也是家庭成员间情感沟通的载体。社交媒体平台根据用户的兴趣推荐内容，为用户提供了更加个性化的社交体验，将人们带入“大社交”时代。

第三，移动可供性。

智能媒介的可供性还体现在其可携带性、可获取性、可定位性和可兼容性上。智能设备（如智能手机、平板电脑等）可被用户随身携带，随时随地进行信息传播和接收。在无人驾驶技术的助力下，车与人、车与车以及车与公共信息系统得以在移动中实现交互，这都使得媒介网络更具可操作性。

第四，个体化可供性。

智能媒介为技术的个体化进程提供了可供性。基于大数据和算法技术，智能媒介可以根据用户的兴趣爱好和浏览历史进行个性化推荐，提高信息传播的针对性和有效性。通过虚拟现实（VR）、增强现实（AR）等技术，智能媒介可以为用户提供沉浸式的信息体验，使用户仿佛置身于信息所描述的情境中。

总而言之，智能媒介的多元可供性为信息传播带来了前所未有的机遇，但同时也伴随着风险与挑战，引发虚假信息、深度伪造和隐私保护等问题。因此，在利用智能媒介进行信息交互和传播时，需要保持理性和审慎的态度，充分发掘其优势，并努力克服其局限性。

三、作为技术“行动者”的智能媒介

传播是一种行动与实践。“传播是可与其他形式的‘人类行为’相提并论的‘做’的形式。”[①] 这个传播行动中的行动者不仅包括人，还包括技术。法国社会学家拉图尔（Bruno Latour）在行动者网络理论（Actor-Network Theory，ANT）中就力主物质技术作为行动者的重要地位。智能媒介正在深度介入人的传播行动，智能媒介作为“非人行动者”与“技术行动者”，正与人类行动者一起，组构成差异化的“行动者网络”。所谓智能媒介，就是指依托高速移动互联网、大数据、云计算、传感器等人工智能技术的支持，能够自主感知用户需求，针对特定的时空和场景，动态向用户推送所需信息，从而实现技术驱动、人机协同、智能传播、精准高效的媒体形态，其本质是算法驱动的媒体形态[②]。

学者梵·迪克（Van Dijck）在其著作《连接文化：社交媒体的批判性历史》中着重强调了社交媒介所蕴含的“社交”概念不仅仅是简单的人与人之间的联系，更包含了通过自动化系统实现的连接[③]。这种双重含义展示了社交媒体的复杂性，它不仅是促进个体之间直接交流的平台，也是通过智能算法和自动化技术推动内容传播和互联的重要工具。自动化连接是数字时代社交互动的一种新形式，它以智能的方式分析用户行为和兴趣，通过个性化推送将用户与内容相连。随着社交媒体平台的不断发展和普及，算法这类自动化技术在媒介系统中的地位日益突出，并预示着智能媒介时代的到来。

尼尔·波兹曼（Neil Postman）认为媒介作为感知环境，是观看社会的一面镜子，人们通过媒介感知、构建或重构事实，生成意义。与此同时，媒介又作为符号环境，语言的内部符号或逻辑是我们认知世界的参数。与大众媒介、社交媒介的“文本”或“介质”性质不同，智能媒介以自动化算法为核心，真正成为人类与媒介意义之间的“转译者”。“转译

---

① 库尔德利，赫普. 现实的中介化建构［M］. 刘泱育，译. 上海：复旦大学出版社，2023：36-37.

② 罗自文，熊庾彤，马娅萌. 智能媒体的概念、特征、发展阶段与未来走向：一种媒介分析的视角［J］. 新闻与传播研究，2021，28（S1）：59-75.

③ VAN DIJCK J. The culture of connectivity：a critical history of social media［M］. New York：Oxford University Press，2013.

（translation）”这一概念最早由拉图尔提出，在拉图尔等人所提出的影响力广泛的行动者网络理论（ANT）中，一切实体（包含人类和非人类实体）都可以被视为“行动者”（Actors），这些行动者之间具有相互作用、影响和构建的能力。在社会实践中，不同的行动者之间会发生相互作用和关系，而这种相互作用往往需要经过一种“转译”的过程。因此，“转译”可以理解为将一个行动者的意图、能力、资源等转化成另一个行动者可以理解和接受的形式的过程。这种转译不仅包括语言的翻译，还包括对于不同社会、文化、背景的理解和沟通。在这个过程中，信息会被重新编码、重构，以适应不同行动者之间的交流和互动。拉图尔强调，“转译”是一种创造性的过程，它不仅是简单的信息传递，更是意义的生成和重构。通过“转译”，不同的行动者之间可以建立联系，形成共同的语境和理解，从而实现合作和共同行动①。因此，“转译”在拉图尔的理论中被视为社会建构和交流的关键机制之一。在媒介层面上，“转译”是指媒介在人类行为中的介入调节了个人身体的行为方式和行动意愿。媒介物往往预先被铭刻了某种行动程序，其物理实体与铭刻者相互联结形成复合行动者，共同指引人的行为，改变包括行动意愿、行动方式等在内的行动程序②。“转译”同时包含了人类和非人类两方面力量的互动，由媒介物的物理实体、铭刻“脚本”和人类的身体感官、行动能力、既有经验、意愿等相互作用、随时调节，在多方面要素的连接和合作中构成“行动者网络”，共同形塑社会实践的发生。同样，智能媒介通过其自动化算法的运作，将大量的数据转化为可理解的信息，同时将用户的需求、兴趣和行为“转译”为可操作的指令。它不仅能够根据用户的个性化特征和偏好为其提供定制化的内容和服务，还能够根据不同的情境和需求调整自身的运作方式，以最大程度地满足用户的需求。

拉图尔的这一思路与媒介“可供性”概念形成某种呼应。“可供性”强调媒介物所能发挥的能力不只源于物质的本质属性，也不完全依托人作为主体的主观使用，而是来自人与物的相互激发，在主体与客体互动的实

---

① 吴莹，卢雨霞，陈家建，等. 跟随行动者重组社会：读拉图尔的《重组社会：行动者网络理论》[J]. 社会学研究，2008（2）：218-234.

② LATOUR B. On technical mediation-philosophy，sociology，genealogy [J]. Common knowledge，1994（2）：29-64.

践中促发物的更多潜能①。拉图尔在论述“转译”时对这一概念也有所借用，但更进一步强调主客体的一体化，将媒介物的中介能力提升到和人类行动能力同样的主体位置。媒介物不只是人类试图达成另一种行动方式或身体处境而借用的渠道、工具，而是具有更大主动能力的“代理人”，在社会实践中与人类的习惯、能力、意愿等合力，为行为提供“授权、允许、支持、鼓励、建议、影响、阻碍、渲染、禁止”等诸多变化，充当不同行为状态之间重要的居间力量②。学者胡翼青和马新瑶则认为，在ANT的思路下，可供性不是在技术的属性和人的能动性之间的交互中显现的，而是在异质集合中，由人类行动者与非人行动者持续不断的多重内部行动所生成的③。没有稳定不变的可供性，每一个行动者的加入、退出、改变，每一条关系的扭曲、折叠、反转都会导致异质集合的变动，可供性也在这个过程中不断建立、丧失、重建、崩溃④。可供性和ANT虽然都反对主客体二元论，但二者的思路完全不同，可供性借助“动物—环境”相互依存的天然联系绕过了二元论的争执，但当这种联系不再天然存在的时候，主客体之间的本质分离还是暴露无遗。而ANT直接消除了主客体的差异性，在这种异质网络中，没有人与物的明确分界，只有各种行动者在相互作用和影响中构建和塑造着意义和可供性⑤。尽管行动者网络理论（ANT）和可供性理论的思路有所不同，但它们都强调了媒介物的能动性，即媒介物作为行动者在网络中参与和塑造意义的过程。尤其是在智能媒介的语境下，将媒介物视为“行动者”是十分关键的，因为智能媒介不再是简单的信息传递工具，而是拥有自主性、能动性的实体。智能媒介通过内

---

① GIBSON J. The ecological approach to visual perception [M]. New York: Psychology Press, 1986: 127-129.

② 黄显. 技术变迁下的媒介中介与人的媒介化生存 [J]. 青年记者, 2023 (20): 13-17.

③ 胡翼青, 马新瑶. 作为媒介性的可供性：基于媒介本体论的考察 [J]. 新闻记者, 2022 (1): 66-76.

④ SHARMA D, SAHA B, SARKAR U K. Affordance lost, affordance regained, and affordance surrendered [C] //Beyond Interpretivism? new encounters with technology and organization: IFIP WG 8.2. working conference on information systems and organizations. Cham: Springer, 2016: 73-89.

⑤ 胡翼青, 马新瑶. 作为媒介性的可供性：基于媒介本体论的考察 [J]. 新闻记者, 2022 (1): 66-76.

置的智能算法，具有了一定程度的类主体性，它们能够感知、分析和响应用户的行为和需求，从而影响着意义的生成过程，使得媒介与用户之间的关系更加复杂和多样化。

算法（Algorithm），作为一种“将输入数据转换为所需输出的编码程序”①，在智能媒介平台中发挥着至关重要的作用。智能媒体中的算法通常基于机器学习和人工智能技术，其设计旨在不断学习和优化以适应不断变化的环境和用户需求。这些算法可以根据用户的行为和偏好，以及其他相关数据，自动调整其行为和输出，以提供更加个性化和精准的服务。在社交媒体平台上，算法可以根据用户的兴趣、朋友圈和行为历史为其推荐内容；在搜索引擎中，算法可以根据用户的查询历史和地理位置为其提供相关的搜索结果。学者 Beck 认为，算法具备“准修辞主体”（Quasi-rhetorical Agents）的属性。“修辞”（rhetorical）指的是运用语言、逻辑和符号等手段，以塑造和影响人们的观点、信念、行为的艺术和技巧②。Beck 指出，智能算法在执行和运作的过程中展现出一种象征性或说服性，能够影响用户的行为或对信息的解释。为此，研究者引入“算法说服”（Algorithm Persuasion）的概念，并将其定义为“说服者通过由算法介导的在线交流来影响人们的信念、态度和行为的任何‘故意尝试’”③。“故意尝试”意味着该过程是由说服者有目的地发起的：商业公司可以通过使用算法向消费者展示相关产品；新闻机构可以利用算法来策划或选择他们要向读者展示的新闻内容，以此来吸引更多的读者；社交平台他们可能会使用（过滤）算法来呈现个性化搜索结果，从而增加用户与平台的互动；等等。

大型社交媒体平台通常配备专门的算法，用以决定用户对自然内容的可见程度。自然内容指的是未经过付费或操控的用户生成内容，但由于算法的干预，不同用户可能看到的内容并不相同，这些算法在塑造用户观点

① GILLESPIE T. The relevance of algorithms [M] //GILLESPIE T, BOCZKOWSKI P, FOOT K, et al. Media technologies: essays on communication materiality and society. Cambridge, Massachusetts: MIT Press, 2014: 167-194.

② BECK E. A theory of persuasive computer algorithms for rhetorical code studies [J]. Enculturation, 2016, 31 (1): 23-27.

③ ZAROUALI B, BOERMAN S C, VOORVELD H A M, et al. The algorithmic persuasion framework in online communication: conceptualization and a future research agenda [J]. Internet research, 2022, 32 (4): 1076-1096.

和决策方面具有显著的说服力影响[①]。2006年，Facebook引入了其著名的边际排名（Edge Rank）算法：$\Sigma = U_e \times W_e \times D_e$，其中$\Sigma$=排名（rank）；$U$=亲和力（affinity）；$W$=重要性（weight）；$D$=时效性（decay）；$e$=边际（edge）。该算法基于以上因素对帖子进行排名，以确保用户看到的内容最具相关性和吸引力。亲和力是用户与其他用户或页面之间的互动程度，如果用户经常与某个用户或页面互动（例如喜欢、评论、分享），则他们更有可能在其新闻源中看到该用户或页面的内容；重要性是不同类型的互动被赋予不同的权重，例如，评论比喜欢的重要性更高，因此更可能影响帖子在新闻源中的排名；时效性是指较新的帖子往往比较旧的帖子排名更高，以确保用户看到最新的内容。此外，算法还考虑了用户的网络连接速度和设备类型，频繁与他人互动的用户以及考虑到连接速度的情况下，计算设备信息有助于在较慢的网络连接条件下查看新闻源中的内容[②]。Facebook的算法有助于将用户与他们感兴趣的内容连接起来，实现个性化实用。然而，在语言层面上，基本方程式具有预定的治理规则，方程的结构可以允许字母有任意数量的无限变量，某些符号的出现意味着排除了所有其他类型的数学函数。正如帕里瑟（Eli Pariser）在他的著作《过滤泡沫》（The filter bubble）中所指出的，社交媒体平台的个性化算法可能会导致用户与他人的观点产生更多的不一致[③]。这是因为算法对用户喜好的过度重视，会根据用户的偏好和行为过滤掉与他们的观点或想法不一致的用户的内容。在这种环境下，人们更容易受到同质内容的影响，而忽视了不同观点和公共话语的重要性。

“算法说服”是利用算法将人和特定内容建立关联的过程，本质上是在配置“可见性”（Visibility）。近些年来，“算法可见性”（Algorithm Visibility）在互联网平台研究中备受关注。简单来说，“算法可见性”是指通过算法决定哪些内容能够在互联网平台上获得展示，从而影响用户的

---

① EPSTEIN R，ROBERTSON R E. The search engine manipulation effect (SEME) and its possible impact on the outcomes of elections [J]. Proceedings of the national academy of sciences，2015，112 (33)：4512-4521.

② BECK E. A theory of persuasive computer algorithms for rhetorical code studies [J]. Enculturation，2016，31 (1)：23-27.

③ PARISER E. The filter bubble：what the Internet is hiding from you [M]. London：Penguin Books，2011.

信息获取和消费体验。通过介入可见性与注意力的生成和分配过程，算法成为信息过滤、塑造和呈现的主要决策者之一，影响了用户对世界的认知和态度。在过去，信息的可见性主要受限于地域、传统媒体的编辑选择和传播范围等因素，而随着互联网的普及和社交媒体的兴起，媒介可见性的范围和方式发生了根本性的变化[①]。社交平台上的算法决定了用户看到的内容，从而直接影响了他们的信息获取和消费体验。算法可见性不仅使某些内容更容易被用户看到，同时也导致了其他内容被忽视。由于算法的运作方式往往是由平台所有者或运营者制定和控制的，因此其决策过程可能受到商业利益、政治立场或其他利益因素的影响。算法的可见性决策并非完全客观和中立，而可能受到外部操控和影响。在这种情况下，用户的信息获取和认知过程可能会受到潜在的偏见和局限性的影响。此外，算法可见性的出现也引发了对信息获取透明度和公平性的质疑。由于算法的工作机制通常是保密的，用户往往无法准确了解为何会看到特定的内容，以及这些内容是如何被筛选和排列的。这种信息不对称可能导致用户对于所接触到的信息的真实性和客观性产生怀疑，进而影响到用户对信息的信任度和使用体验。

第二节　智媒时代的环境风险传播

随着互联网不断深入发展，人类社会的信息传播范式已经发生根本性改变。回溯来看，数字传播其实并不是一夜之间出现的，而是经历了百年的数字化、半个世纪的网络化、二十年左右的社交化和移动化，以及新兴的智能化等五大阶段[②]。

不同的媒介技术环境中的环境风险传播有不同的特点，风险研究的侧重点也各有不同。传统意义上的传播理论将传播限定为人类之间的交互，机器仅被视为中介。但随着人工智能技术的发展，机器开始拥有更强的交流性，它开始以独立行动者的身份介入环境风险传播的实践，如环境新闻的自动化写作、风险信息的分拣分送等。然而，学者 Sadowski 认为“一

---

① 易前良. 算法可见性：平台参与式传播中的注意力游戏［J］. 现代传播（中国传媒大学学报），2022，44（9）：16-25.

② 方兴东，严峰. “健康码”背后的数字社会治理挑战研究［J］. 人民论坛·学术前沿，2020（16）：78-91.

切智能的背后，都是监控与控制”，因为智能的背后是数据，数据的背后就是每一个人的基本权益和利益①。一旦数据被算法监控，个体就会成为被“计算”的数据，其主观能动性就被忽视了，随之而来的是一系列信息风险与社会问题，如，深度伪造、信息茧房以及人类思维固化等。同时，流量经济中的算法控制与反控制也增强了风险信息传播的不确定性。这些既生成了智媒时代环境风险传播的新特点，也成为当下技术环境中的风险传播必须直面的问题。

一、视觉表达：智能时代的风险影像

视觉表达是环境风险传播的重要组成部分。虽然文字表述通常被视为环境风险交流的主要方式，但图像却被认为是“见证”环境风险的有力手段。学者 Bauder 研究了图像在公众如何看待 2009 年墨西哥湾漏油事件中的影响，最终结果表明图像是塑造公众对风险问题看法的关键因素②。学者 Chapman 等人的一项实证研究亦发现有关“气候变化”的图像对个人对气候这类环境问题的情感、态度和行为都会产生影响③。公众在理解风险时存在着两类平行但却不同的风险处理系统：其一是具备理性、逻辑、分析特征的认知处理系统，它以抽象的术语来对现实进行编码；其二是具备整体、情感、直观特征的体验处理系统，它以图像和隐喻来对现实进行编码④。实际上，后者就是通过图像等视觉因素的使用来塑造公众对环境风险的情感和态度。因此，图像是帮助公众进行理解、生成意义、调动情感的有效工具，在向公众传达复杂、抽象且备受争议的环境风险问题上更是如此⑤。几十年来，大众媒体尝试以各种方式利用图像并将融入文字表

① SADOWSKI J. Too smart：how digital capitalism is extracting data，controlling our lives，and taking over the world [M]. Cambridge，Massachusetts：The MIT Press，2020：1-4.

② BAUDER D. Arresting images of oil spill help drive the story [M]. New York：Associated Press，2010.

③ CHAPMAN D A，CORNER A，WEBSTER R，et al. Climate visuals：a mixed methods investigation of public perceptions of climate images in three countries [J]. Global environmental change，2016（41）：172-182.

④ LEISEROWITZ A. Climate change risk perception and policy preferences：the role of affect，imagery，and values [J]. Climatic change，2006，77（1）：45-72.

⑤ O'NEILL S J，BOYKOFF M，NIEMEYER S，et al. On the use of imagery for climate change engagement [J]. Global environmental change，2013，23（2）：413-421.

达，例如，在开始于1998年淮河治污的“零点行动”报道中，新闻图像就在调动各方积极性过程中充分展示了其魅力①。

在智能媒体的环境风险的视觉表达中，不止文字和图片这一种形式。数字技术催生的各种音视频剪辑等技术让风险影像的传播实践更加丰富，也在很大程度上增强了公众的风险体验感。视频的格式本身在传播环境知识方面具有巨大的潜力，它可以将文本、图像、动画、字幕许多其他创新和创造性的视觉交流方式结合起来②。从技术上讲，视频可以成为风险教育和科学传播的有力工具。另外，技术门槛的降低让公众也能参与到视频的制作中，成为风险信息的制作者和发布者，他们对环境风险的表达和认知也产生了新的变化。

智能媒体的最大优势之一就是视觉效果的广泛使用，所谓风险视觉表达，就是指采用图像、视频等作用于视觉的表达方式来传播风险。智能移动设备的使用使公众可以随时随地直播，或者在采集素材后运用“傻瓜式”剪辑软件对图像、音视频进行加工、上传、发布、传播。这一特点让公众在环境风险新闻生产过程中发挥着积极的作用，越来越多的人可以自行将环境风险事件的音视频剪辑上传，通过互联网和社交媒体平台参与到环境风险事件的报道中。在大众传播时代，对于风险信息以及现实环境的考察，都是由新闻机构以及新闻工作者所承担的，他们需要根据事件新闻价值、新闻伦理、记者偏好甚至内外部权力关系来进行筛选，最终形成“被建构的”风险事实。环境风险事件大多切中了公众对于生存的不安与恐惧，相比于线性叙述的理性文字，风险发生后他们更加需要以非线性和动态的方式更为直观快速地了解风险③。但是，大众媒体的风险图像大多

① 郑广嘉. 新媒体时代环境运动的媒体图像传播与意义建构［D/OL］. 上海：华东师范大学，2017[2024-01-31]. https://kns. cnki. net/kcms2/article/abstract? v=32-8vZI681J9ejaWyFU8bz1eGS9m3J7WnGWHF92AFCkPKI54EIpHh7CMVnFBKuBWPNOGi7K0Xv5txebqvNdvCU2rxO5vWJf3qE-6EPo_wlyXXhQZXDcvCxBQE4iZREXY6FgKQaRdTMWWB1HyuEED-uqaAzRJh9Qjhf-XUpEPkH5abBZCwjuSj49wvaJ1LRf64ANc05AiUls=&uniplatform=NZKPT&language=CHS.

② ALLGAIER J. Science and environmental communication on YouTube: strategically distorted communications in online videos on climate change and climate engineering [J]. Frontiers in communication，2019（4）：36.

③ HANSEN A，MACHIN D. Researching visual environmental communication [J]. Environmental communication，2013，7（2）：151-168.

都是经过了层层挑选与审批之后才能呈现在公众眼前，报道不及时加之视觉呈现的不完整使公众无法完全获知环境风险全貌，对风险管理者产生不信任，导致谣言四起①。

互联网兴起以来，大众媒体不再是唯一的信息源，公众得以自发地参与到环境新闻生产过程中，来自各地的公众可以在各类媒体平台中分享风险画面，实现风险的全球直播。可以说，智能媒体所实现的全天候不间断的视觉传播增加了突发风险的即时性和公众对于风险的在场感，最大程度减少记者和编辑对新闻的控制，让风险透明化。公众自发的视觉表达的确拓展了风险的表现形式，但同时也引发了关于新闻伦理的担忧。环境风险新闻通常具有负面性和社会性等特征，一旦报道不慎，将造成社会混乱等诸多后果，所以在新闻报道中，无论是方式、内容，还是情感色彩，都应与普通社会事件有所差异。公众视觉表达由于可以跳过把关，直接发布，并且以碎片化、不间断直播、小道消息的形式进行发布，甚至是为追逐流量对视频材料进行恶意剪辑，在环境风险的报道中也容易引发各种社会问题，如风险体验增强导致的恐慌和焦虑、对风险受害者的二次伤害，等等。在风险事件中，媒体必须具备社会责任感和人文关怀，对于风险画面应选择性呈现。

除了对风险事件的多角度实时传播，由于智能媒体降低了公众参与新闻生产的技术门槛，有关环境风险的深度分析也不再是专业媒体的专利，大量制作风险解读和科学传播视频的自媒体也得到了关注。学者 Welbourne 和 Grant 在一项实证研究中发现，专业媒体发布的科学视频数量远远多于自媒体所发布的，但是自媒体的订阅量和视频浏览量却明显高于专业媒体。他们得出结论，YouTube 用户似乎更偏好由自媒体生产的业余科学视频，但前提是该视频的制作者需要保持与观众的互动②。可见，在社交和智能媒体时代下，公众的风险视觉表达不仅仅是内容的输出过程，也是一个情感的沟通和互动的过程。同时，自媒体的科学传播也面临质量良莠不齐的问题。例如，学者 Venkatraman 等人发现 YouTube 上一

① 李想. 浅析媒体在灾难性报道中的伦理缺失 [J]. 传播力研究，2019，3（10）：195-196.

② WELBOURNE D J，GRANT W J. Science communication on YouTube：factors that affect channel and video popularity [J]. Public understand，2015，25（6）：706-718.

些质量极低、背离了科学事实的视频反而受到了极大的关注。把关的缺失和对关注度的渴求让自媒体的风险传播容易涉及阴谋论和其他极具争议的话题[①]。因此，智能时代下公众的风险视觉表达是把双刃剑，它既可以帮助公众最大程度看到风险，让他们从非专业人士的角度去理解风险，但也会强化他们的风险感知，陷入对风险的更大恐惧中。

二、具身传播：虚拟现实中的风险体验

在接入互联网后，人们就有了数字化生存这一新的形式。数字化生存的个体是脱离现实的一种虚拟存在，是一种纯粹的符号化生存。数据从不同维度映射着人的"虚拟实体"，意味着从人的实体脱离，也就是"离身性"[②]。与此同时，虚拟现实（Virtual Reality，简称 VR）技术的发明和创造改变了虚拟空间的呈现方式，曾经以"离身性"为主的虚拟空间又越来越多地体现出"具身性"。VR 是以计算机技术为核心，结合相关科学技术，生成与一定范围真实环境在视、听、触感等方面高度近似的数字化环境，用户借助必要的装备与数字化环境中的对象进行交互作用、相互影响，可以产生亲临对应真实环境的感受和体验[③]。在学者彭兰看来，当越来越多的智能物体（如智能手机、VR 等可穿戴设备）存在于人的身体上时，带来了人的能力的增强，包括人与人、人与内容、人与服务连接能力的增强，也包括人的自我感知和环境感知能力的增强。VR 技术的具身化就体现在需要人们的数字化身体全方位在场，需要人们在某一个情境中身体状态与情感的专心投入，从而使人们在一段时间内沉浸于某一空间[④]。这种沉浸式体验会吸引人们进入一种经验模式之中，其意识被限定在一个框架内，其他不相关的想法、感官体验被屏蔽，只对特定的事物有

---

① ENKATRAMAN A，GARG N，KUMAR N. Greater freedom of speech on Web 2.0 correlates with dominance of views linking vaccines to autism [J]. Vaccine，2015，33 (12)：1422-1425.

② 彭兰. 智能时代人的数字化生存：可分离的"虚拟实体"、"数字化元件"与不会消失的"具身性"[J]. 新闻记者，2019 (12)：4-12.

③ 赵沁平. 虚拟现实综述 [J]. 中国科学（F 辑：信息科学），2009，39 (1)：2-46.

④ 彭兰. 智能时代人的数字化生存：可分离的"虚拟实体"、"数字化元件"与不会消失的"具身性"[J]. 新闻记者，2019 (12)：4-12.

回应和反馈①。学者喻发胜和张玥提出，VR 主要通过“感官共振”和“形象还原”来实现沉浸式体验：“感官共振”是通过现代技术与感官的双向交互，人在虚拟环境中产生的高度真实的感官感受，而“形象还原”指 VR 技术通过克服时空局限，模拟真实场景，人作为传播的主体重新回归到传播过程中。

在智能传播时代，VR 这类数字现实设备介入人类的感官与现实世界，人们无须借助现象来感知虚拟世界，因为他们就在世界中，体验成为他们认知世界的新方式②。目前，VR 技术为人熟知的是被运用于娱乐领域，如 3D/4D/5D 电影，使用户能够在虚拟空间中欣赏音乐，观看演出，提供全新的娱乐体验。然而，早在 1996 年，学者 Cronon 就提出 VR 将成为自然环境及其风险再现有力工具③。而后，学者 Markowitz 等人的研究证明，VR 在促进人们产生环境意识方面有相当大的潜力，表明“虚拟现实在改变人们的行为方面比文字或视频等其他表现方式更有效”④。事实上，通过 VR 进行模拟体验的力量已经远远超出了娱乐范围，数十年来对 VR 的研究表明，人们会将虚拟体验内化并将其视为真实的场景，它为公众提供了一个沉浸式体验环境及其风险的具身空间⑤。心理距离理论认为，如果一个物体或事件在心理上被认为是接近的，那么它通常会被人们以具体的方式内化；反之，就会以抽象的方式内化⑥。对于环境风险这样一个紧迫、复杂又充满不确定性的问题，VR 技术可以各种环境风险解释为一种心理上的接近现象，帮助公众将有环境风险问题内化。学者 Schuldt 等人的研

---

① 喻发胜，张玥. 沉浸式传播：感官共振、形象还原与在场参与 [J]. 南昌大学学报（人文社会科学版），2020，51（2）：96-103.

② 殷乐，高慧敏. 具身互动：智能传播时代人机关系的一种经验性诠释 [J]. 新闻与写作，2020（11）：28-36.

③ CRONON W. Uncommon ground：rethinking the human place in nature [M]. New York：Norton Press，1996.

④ MARKOWITZ D M，LAHA R，PERONE B P，et al. Immersive virtual reality field trips facilitate learning about climate change [J]. Frontiers in psychology，2018（9）：23-64.

⑤ BLASCOVICH J，BAILENSON J N. Infinite reality：avatars，eternal life，new worlds，and the dawn of the virtual revolution [M]. New York：Harper Collins，2011.

⑥ MARGOLIN D，MARKOWITZ D M. A multi-theoretical approach to big text data：comparing expressive and rhetorical logics in Yelp reviews [J]. Communication research，2018，45（5）：688-718.

究表明，人们之所以会对环境风险感到犹豫不决或不确定，是因为他们无法亲眼或定期感受到环境变化①。例如，污染会引起环境风险从而使得环境恶化，但这一过程是具有时间滞后性的，这会导致公众并不相信环境恶化是由污染这一单一现象导致的②。这些研究都证明，如果环境风险问题在心理上与观察者更接近，也许就可以帮助他们了解风险并影响他们的行为。学者 Wu 和 Lee 发现，具身传播的实践（有关环境风险的 VR 体验或者游戏体验），让公众可以在“做和存在”中动态感受，而不是以大众媒介单方面宣讲的形式感知信息，可以更好地引发用户的情绪反应③。

VR 是公众体验环境风险的工具。美国纪录片《寂静之所》（*Sanctuaries of Silence*）就使用了生态学家记录奥林匹克半岛霍赫雨林中的声音时所采集的 360 度镜头，这种 VR 体验减少了媒体对图像的过度依赖，将自然世界的音频与温带雨林的沉浸式视频相结合，将观众带到森林中，亲身体验“倘若森林不再寂静将会是怎样”。学者 de la Peña 则使用安装在直升机上的 360 度摄像机来记录格陵兰冰盖，这段视频又被用来创建虚拟体验视频，生动解释“过去 15 年格陵兰冰川融化的程度比过去 70 年还要多”的观点④。在研究观众对格陵兰冰川融化的反应时，de la Peña 发现具身体验可以“揭开环境科学的神秘面纱”，让观众更好地了解科学家正在做的工作以及他们得出的有关环境风险的结论。然而，VR 沉浸式体验也带来一个悖论：它既为连接远程环境提供了机会，同时也构成被智能媒体技术所表征和中介的环境。这些经过净化、脱离语境的环境影像在一定程度上作为一种“姑息疗法”，应对环境风险和环境崩溃的焦虑，但过分沉浸在虚拟的环境表征中可能导致“技术生物癖”，即过分关注技术呈现

---

① SCHULDT J P, MCCOMAS K A, BYRNE S E. Communicating about ocean health: theoretical and practical considerations [J]. Philosophical transactions of the royal society B: biological sciences, 2016, 371 (1689): 20150214.

② WEBER E U. Doing the right thing willingly: using the insights of behavioral decision research for better environmental decisions [M] //Shafir E. The behavioral foundations of public policy. Princeton NJ: Princeton University Press, 2013: 380-397.

③ WU J S, LEE J J. Climate change games as tools for education and engagement [J]. Nature climate change, 2015 (5): 413-418.

④ DE LA PEñA N. Emblematic Group- MIT open documentary lab [EB/OL]. (2020-10-13) [2025-01-21]. http://opendoclab. mit. edu/presents/nonny-de-la-pena-emblematic-group.

的生命过程和逼真程度，更喜欢模拟自然而不是进入自然世界去体验①。

三、算法控制：风险认知的核心环节

随着人工智能技术的发展，智能技术的核心“算法（algorithm）”开始以社会行动者的身份参与到信息生产和分发的整套传播流程中来。算法是“组织和操作数据以快速达到特定结果的一套逻辑化的程序步骤”②。对于新闻生产来说，算法的新闻判断遵循的是数学公式与机器程序，而不是人类编辑即时的主观判断，其新闻价值判断更加客观中立③。此外，在信息过载的大数据时代，算法推荐能够使用户的信息个性化体验成为可能，甚至能够脱离人工记者和编辑，利用数据自动化生成可发布的新闻故事，极大地提高了环境风险新闻生产与分发的效率。

在智能媒体时代，算法主导的信息传播机制逐渐嵌入人们的日常生活，控制着媒体的内容生产与用户的信息消费行为。但是算法的社会本质则是一种权力，在一个媒体和代码无处不在的社会，算法将世界连接构建成一个整体，本身却暗含着复杂的权力关系，算法中介的数字传播实质是权力关系运作的产物④。算法往往处于黑箱之中，是不公开、不可理解且不受人类审查的，因此偏见和错误可能进入智能系统⑤，造成片面或者与客观实际不符的信息、观念的生产与传播，如回音壁效应、流量经济中的深度伪造等现象，影响公众对环境风险信息的正确认知。

（一）自动化新闻与公众风险认知

在移动互联网的环境下，大数据、人工智能技术不断发展，新闻生产的未来趋向是媒体智能化，自动化新闻（automated news）正是新闻生产智能化现阶段的体现。自动化新闻，是指在初期算法编程完毕后，不经人

---

① THOMAS S. Techno-biophilia：nature and cyberspace [M]. London：Bloomsbury，2013：12.

② GILLESPIE T. The relevance of algorithms. media technologies：essays on communication [J]. Materiality and society，2014，167-194.

③ 郭小平，秦艺轩. 解构智能传播的数据神话：算法偏见的成因与风险治理路径 [J]. 现代传播（中国传媒大学学报），2019，41（9）：19-24.

④ 季为民. 数字媒体新闻伦理研究的新观点、新问题和新趋向 [J]. 现代传播（中国传媒大学学报），2020，42（4）：31-37.

⑤ 郭小平. 智能传播的风险治理：技术创新观与人文价值观的平衡 [J]. 青年记者，2018（22）：61-62.

为干预，软件或算法即可自动生成新闻故事的过程。一旦算法生成，从收集和分析资料，到实际的撰写和发布新闻，新闻生产的每个环节都可以自动完成①。算法技术介入新闻信息生产具有天然的优越性，传统的环境风险新闻生产机制中，记者与编辑的新闻判断因人类的“主观性”遭到质疑②，引发受众对风险管理者的“信任危机”。同时，传统的点对面的新闻传播模式，信息覆盖面较广但精准度却不高。学者郭小平和秦艺轩比较了传统新闻与算法新闻生产机制的区别（表 8-2），发现算法新闻更优先于满足用户需求，为用户生产与他们更相关的新闻，跳过了人类编辑的把关，使得新闻表达更加客观公正③。2015 年，腾讯财经开发了一款自动写作新闻软件 Dream writer，可以在第一时间自动生成稿件，瞬时输出分析和研判，一分钟内就将重要资讯和解读送达用户。国外媒体《洛杉矶时报》《华盛顿邮报》和彭博社等新闻集团也在其新闻制作中建立了自动化流程。如今，利用算法来自动化输出环境风险新闻并不罕见。

表 8-2　传统新闻与算法新闻生产机制比较④

	传统新闻	算法新闻
新闻价值观	新颖或奇特、冲突或争议、有趣的、重要的、有影响或后果的、轰动，及时、接近性	场景、朋友关系、用户公开表达的兴趣、用户先前的参与、用户含蓄表达的偏好、发布时间、平台优先级、页面关系、用户的负面表达、内容本身的质量
判断标准	重要性、因果关系	相关性
把关人	人类编辑	智能算法
传播模式	点对面	个性化推荐点对点

有学者认为，算法实践使新闻传播领域产生新的潜力，以“技术中

① TANDOC JR E C，YAO L J，WU S. Man vs. machine? the impact of algorithm authorship on news credibility [J]. Digital journalism，2020，8 (4)：48-562.

② DEVITO M A. From editors to algorithms：a values-based approach to understanding story selection in the Facebook news feed [J]. Digital journalism，2017，5 (6)：753-773.

③ 郭小平，秦艺轩. 解构智能传播的数据神话：算法偏见的成因与风险治理路径 [J]. 现代传播（中国传媒大学学报），2019，41 (9)：19-24.

④ CARLSON M. Automating judgment? algorithmic judgment，news knowledge，and journalistic professionalism [J]. New media & society，2018，20 (5)：1755-1772.

立”的姿态昭示着新闻客观性的“回归”与“在场”①。因此，相比人工编辑，算法技术更能客观中立地为用户呈现个性化的新闻，降低读者对于偏见的担忧，故而算法可能对环境风险新闻的可信度产生积极的影响。学者 Sundar 研究发现，面对同一篇稿件，相比于被告知是由新闻编辑写作的参与者，被告知是算法写作的参与者对于稿件的评价更好②。学者 Jung 等人在韩国进行的一项实验也发现，读者绝大多数更喜欢算法撰写的文章，而不是人类撰写的文章③。在环境风险管理中，社会信任会降低公众的风险感知，减轻公众焦虑。在这种情况下，自动化新闻可以提升公众对风险信息的信任度。

环境风险传播中的自动化新闻也产生了一系列问题。公众的环境风险认知不仅是一个科学问题，还涉及科学技术、制度建设、政治文化、社会心理等一系列复杂因素的社会问题，需要花费大量的时间和专业技能才能转化为非专业受众可以轻松理解的新闻。算法只能从现有的信息中“拼凑”新闻，或根据线索挖掘故事，无法像人类一样分析社会问题，灵活运用各种风险传播策略。在智能技术和自动化新闻的冲击下，新闻机构中从事环境风险报道的全职记者数量却在下降，专业新闻系统面临的压力使得报道复杂的风险话题变得更加困难④。自动化新闻给公众的一层隐喻在于，“如果是机器选择的新闻，那么它的选择必须是客观且没有意识形态偏见的”⑤。自动化新闻的“正确、客观、公正”隐喻并不意味着它行之有效，反而走向“知识赤字”的极端。虽然算法写作让“新闻客观性”回归的初衷是好的，可能缓解人们对传统媒体的不信任焦虑，但如果公众阅读自动

---

① CARLSON M. Automating judgment? algorithmic judgment，news knowledge，and journalistic professionalism [J]. New media & society，2018，20 (5)：1755-1772.

② SUNDAR S S. The MAIN model：A heuristic approach to understanding technology effects on credibility [M]. Cambridge，MA：MacArthur Foundation Digital Media and Learning Initiative，2008.

③ JUNG J，SONG H，KIM Y，et al. Intrusion of software robots into journalism：the public's and journalists' perceptions of news written by algorithms and human journalists [J]. Computers in human behavior，2017 (71)：291-298.

④ BROSSARD D，SCHEUFELE D A. Science，new media，and the public [J]. Science，2013，339 (6115)：40-41.

⑤ KUNDA Z. The case for motivated reasoning [J]. Psychological bulletin，1990，108 (3)：480.

化新闻的目的是“弄清事实”，那么这种写作并不会有效。社会科学的研究表明，人类本身就是带有偏见的信息处理者，尽管公众认为自动化新闻本身是不带情感偏好和主观偏见的，但他们的动机、成见和先验判断会影响他们对信息的处理和认知方式。对于环境风险这类与科学有关的问题，公众的认知动机会更加复杂，他们总倾向于选择并支持符合自己观点的风险信息①。最终，自动化新闻的“客观”也成为强化公众风险认知的工具。

（二）过滤气泡中的“信息孤岛”

智能技术的发展，尤其是算法驱动的自动化新闻的出现，导致包括环境风险新闻在内的各类新闻数量呈现指数级增长。为了帮人们筛选出何种信息更“重要”，算法推荐系统开始被应用于公众的媒介生活。1992 年，学者 Goldberg 等人创造了人类历史上第一个算法推荐系统 Tapestry②，旨在帮助人们筛选出真正感兴趣的电子邮件。与现在的推荐系统不同，Tapestry 的协同过滤是一个手动、相对透明的过程，用户必须自己设置符合他们独特偏好的过滤器。哪些信息能够通过过滤器、打分规则等都可以由用户本人决定。但现有的算法推荐系统更像一个自动运行的黑箱。算法会根据已经设定好的程序，自动获取用户浏览记录、购买记录、朋友圈等数据来进行评分并预测用户喜好。用户本人对评分规则一无所知，算法决定了用户可以看到哪些内容。比如算法新闻的判断标准就是“相关性”，从某种程度来看，算法自动推荐可以提高公众浏览效率，在最短的时间内让用户看到他们想看的新闻③。

随着各类媒体平台不断涌现，新闻媒体之间的竞争日益凸显。为了尽可能长时间地保持用户在该平台上的参与度和活跃度，各大新闻媒体都在不断优化算法推荐系统以吸引公众的注意力④。这让新闻生产模式发生了

---

① HOWELL E L，BROSSARD D.（Mis）informed about what? what it means to be a science-literate citizen in a digital world [J]. Proceedings of the national academy of sciences，2021，118（15）：e1912436117.

② GOLDBERG D，NICHOLS D，OKI B M，et al. Using collaborative filtering to weave an information tapestry [J]. Communications of the ACM，1992，35（12）：61-70.

③ 郭小平，秦艺轩. 解构智能传播的数据神话：算法偏见的成因与风险治理路径 [J]. 现代传播（中国传媒大学学报），2019，41（9）：19-24.

④ CACCIATORE M A，SCHEUFELE D A，IYENGAR S. The end of framing as we know it and the future of media effects [J]. Mass communication and society，2016，19（1）：7-23.

转变，新闻机构不再试图吸引用户观看他们“应该看的”，而是给予他们“想看的”内容①。然而，新闻媒体具有传递信息和承载公共讨论的双重功能，正因如此，学者们开始担心个性化的算法分发会导致用户完全根据个人偏好来定制他们的信息环境。个性化的确有助于帮助人们找到他们想要的信息，但“可见”的另一面是“不可见”，它也隐藏了其他信息，从而导致“过滤气泡（filter bubble）”的出现②。公众的环境风险认知深受媒体环境影响，媒体有责任将相关风险信息传递给公众，并形成公共意见表达。但过滤气泡抹杀了有关风险讨论的异质化声音，形成一个个的信息孤岛。例如，学者 Yang 和 Kahlor 发现，在有关环境变化的公共表达中，公众通过智能算法推荐强化了他们原本就持有的环境认知③。

风险信息个性化程度的提高并不完全是由新闻机构和社交平台导致的，用户的各项数据是算法推荐的养料，公众自身的媒介参与行为是过滤气泡得以产生的另一原因。尽管环境风险的“不确定性”容易引发公众感知风险的放大，但有关风险沟通的研究表明，人们会优先避免接触有关风险的负面信息，以保持他们的不确定性状态。也就是说，在某些情况下，不确定性甚至是公众在环境风险认知时的理想的状态，而“信息回避”是维持这种状态的手段④。为此，学者 Griffin 等人开发了风险信息寻求和处理模型（RISP），他们认为，在面对风险时，人们首先会尽一切努力寻找各种信息，当他们获取的现有信息已经足够支撑他们的判断后，他们可能会忽略甚至故意避免新信息⑤。换句话说，在算法主导信息分发的媒体环境中，公众并不是纯粹的受动方；相反，他们会主动选择和构建他们的环

① SCHEUFELE D A，NISBET M C. Commentary online news and the demise of political disagreement ［M］//SALMON C T. Communication yearbook 36. London：Routledge，2012：45-54.

② PARISER E. The filter bubble：what the Internet is hiding from you ［M］. London：Penguin Books，2011.

③ YANG Z J，KAHLOR L A. What，me worry? the role of affect in information seeking and avoidance ［J］. Science communication，2013，35（2）：189-212.

④ BRASHERS D E. Communication and uncertainty management ［J］. Journal of communication，2001，51（3）：477-497.

⑤ GRIFFIN R J，DUNWOODY S，NEUWIRTH K. Proposed model of the relationship of risk information seeking and processing to the development of preventive behaviors ［J］. Environmental research，1999，80（2）：S230-S245.

境风险信息网络①。

考虑到用户的主动性，目前多数媒体平台都允许用户设置自己的偏好，如不感兴趣、拉黑、举报等功能，用以定制他们的专属信息页面和好友圈。学者 Bakshy 等人认为，虽然算法排序功能是影响内容呈现的关键，但用户个人的决策对他们的个人信息环境影响更大②，原因在于，个人构建社交网络和使用媒体平台的方式过滤了他们不感兴趣的风险信息和用户群，只留下了同质化的信息和群体，这些因素又成为新的“过滤气泡”，进一步控制他们在网上接触到的风险信息和观点。由此，环境风险的讨论场不再“众声喧哗”，反而成为彼此隔离和排斥的信息孤岛。

为了减轻算法带来的过滤气泡问题，学者 Allgaier 尝试采用一个开放网络 Tor，来减轻实证研究中算法的干预③。Tor 是一个由数千个中继（Relay）④ 组成的免费的、全球性的志愿者网络。在使用该网络的过程中，Tor 会通过随机选择的中继对使用者位置、目的地和 IP 地址进行多次加密，只有最终的中继才能解密并将原始数据发送到目的地。可见，控制算法过度干预公众信息环境这一问题已经引起了较为广泛的关注。如果单从智能技术来看，运用机器学习和智能算法的内容聚合平台只是一个技术公司。一旦智能算法将文本（内容）、用户（兴趣标签）和移动网络终端（移动的信息）进行聚合、匹配与推送，将个人与社会、私人信息与公共信息连接，技术公司已然被赋予媒体公司的道德义务和社会责任。学者张洪忠等人提出，技术公司在设计推荐算法把关人机制时，不能仅从个人需求角度考虑，还需从信息平衡性等专业角度考察问题，构建“孤岛”之间的公共区域来分发信息，以打破信息的区隔⑤。对于环境风险这类公共议

① YEO S K，XENOS M A，BROSSARD D，et al. Selecting our own science：how communication contexts and individual traits shape information seeking [J]. The ANNALS of the American academy of political and social science，2015，658（1）：172-191.

② BAKSHY E，MESSING S，ADAMIC L A. Exposure to ideologically diverse news and opinion on Facebook [J]. Science，2015，348（6239）：1130-1132.

③ ALLGAIER J. Science and environmental communication on YouTube：strategically distorted communications in online videos on climate change and climate engineering [J]. Frontiers in communication，2019（4）：36.

④ 中继是两个交换中心之间的传输通路，中继线是承载多条逻辑链路的物理连接。

⑤ 张洪忠，斗维红，张尔坤. 圈层的背后：网络信息传播的“巴尔干化”分析 [J]. 编辑之友，2022（5）：49-53.

题而言，要考虑按照偏好、观念的差异值推送内容，即使不求互相认同，也要达到互相认知。

（三）流量经济中的“深度伪造”

在智能算法的运作下，新闻信息的数据（流量）越好，公众的接纳程度越高，就会被算法分发给更多的用户，甚至成为“热点”，“冲上热搜”。“热点算法”就在这种前提下产生，它通过对网民集体关注焦点的计算：基于特定时间、特定群体，侦测并提取产生最大化交互行为的议题与事件，并以平台“热搜”的形态呈现①。热点算法催生了智能时代的流量经济。“流量”在字面意义上，是一套数据化的测量结果，是指“一定时间内某一内容、产品、服务的人气访问量、互动量与使用量等，其统计指标包括页面独立访问数量、浏览数、用户平均停留时间以及点赞、评论、收藏和转发数、完播率等”②。媒体用流量数据来表征和转化信息的商业价值，进而在网络空间形成一套量化新闻价值的评价机制。用户发布的内容的流量数据越好，媒体对用户本人的评价就会越高，他对潜在的广告商就越有价值，就可以使流量变现，获取利益。在这种背景下，各类环境风险信息也会被扔进流量池，数据越好的信息越容易得到关注，发布者和平台也越能受益。在热点算法的作用下，会影响公众环境认知的因素不仅包含风险信息本身，还包含这条内容的流量（浏览量、点赞量、转发量、评论量的综合指标），学者 Allgaier 将其称为“非内容的元信息”。学者 Spartz 等人进行了一项在线实验，他们让参与者分别观看了关于气候变化的两则 YouTube 视频，一则视频浏览量低，另一则浏览量高，最后发现，浏览量越多，公众越会对环境事件引起重视③。总而言之，在流量经济中，数据越好的内容越容易实现变现，也越容易引起公众重视。

用户参与度指标与内容的流量挂钩，“流量猎手”们的目标就是使发布的内容获得高额关注，就需要刺激用户进行点赞、评论、转发等互动操

① COTTER K. Playing the visibility game：how digital influencers and algorithms negotiate influence on Instagram [J]. New media & society，2019，21 (4)：895-913.

② 郭小平，潘陈青. 智能传播的“新社会能见度”控制：要素、机制及其风险 [J]. 现代传播（中国传媒大学学报），2021，43 (9)：1-6.

③ SPARTZ J T，SU L Y F，GRIFFIN R，et al. YouTube，social norms and perceived salience of climate change in the American mind [J]. Environmental communication，2017，11 (1)：1-16.

作。学者 Berger 发现，高度情绪唤醒的内容会引起公众关注，激发他们互动，从而使内容实现病毒式传播①。他发现，越是能激怒读者的内容（例如虚假信息）越会增加参与度，这些参与度被算法视为推荐信号，这些内容会被传得更广。通过调查 2006 年至 2017 年 Twitter 上发布的约 136 000 个故事，学者 Vosoughi 等人也发现，虚假信息与真实信息相比，传播得更远、更快、更深入、更广泛，尤其是当信息被认为是“新奇的”并能引起公众的恐惧、厌恶或惊讶等高唤醒情绪时，更能引起公众关注②。环境风险的虚假信息与错误信息被笼统地称为“假新闻”，但二者存在本质的不同。通常，错误信息是指反事实的信息，但这种信息仅仅是对数据的误解，或是事实或知识的缺乏，其作者并无主观恶意。虚假信息是捏造数据或事实而设计的客观反事实信息，其作者意图通过向读者展示反事实信息来影响他们的认知。但后者往往能以另辟蹊径、反常识和套路的特点引发大量围观和讨论，在智能媒体时代，这种虚假信息有了更新的表现形式——深度伪造。

“深度伪造”译自英语中的组合词 Deepfake，是计算机“深度学习”（deep learning）和“伪造”（fake）的组合，出现于人工智能和机器学习技术时代。它又被称作一种合成媒体（synthetic media），是通过自动化的手段，特别是使用人工智能的算法技术，进行智能化生产，操纵、修改数据，最终实现媒体传播行为的一种结果③。深度伪造（简称深伪）最具代表性的就是 AI 换脸潮，引发人们对隐私泄露的普遍担忧。美国 OpenAI 实验推出基于自然语言数据的人工智能系统，可以形成书面文字并以特定的语气、主题和风格做出视频，这一技术必然助长深度伪造作品的大规模制造。随着智能系统逐渐向公众开放，越来越多的人可以创建出深伪环境风险新闻，并以此谋利，公众的风险认知将被肆意构建与操纵。学者 Allgaier 对 YouTube 上有关环境变化的伪造视频进行研究，指出对于 YouTube 平台而言，只要用户行为带来更多流量，用户是否上传了深伪视

---

① BERGER J，MILKMAN K L. What makes online content viral? [J]. Journal of marketing research，2012，49 (2)：192-205.

② VOSOUGHI S，ROY D，ARAL S. The spread of true and false news online [J]. Science，2018，359 (6380)：1146-1151.

③ 陈昌凤，徐芳依. 智能时代的“深度伪造”信息及其治理方式 [J]. 新闻与写作，2020 (4)：66-71.

频或是否观看深伪视频并不那么重要。在视频样本中，他发现大量伪造的、阴谋论的环境视频被用户用来“打广告”或从中获取利益①。

事实上，如同过滤气泡的产生，人类和算法都在深伪信息的传播中扮演了不可或缺的角色。算法推荐系统遵循“热度”指标，引发了流量经济；风险内容的接收者对虚假信息感兴趣，算法就越会给这类信息及其发布者分配流量。风险内容发布者抓住接收者的这一心理，攫取流量，获得利益。三者环环相扣，最终使得公众不断接触到这些伪信息，最终可能误导风险认知。为打击这类信息，YouTube 从 2018 年 7 月开始在疑似环境阴谋论的视频旁边放上来自维基百科和大英百科全书的简短描述。国内 BiliBili 视频平台中的换脸视频下方也被标注“该内容疑似使用 AI 技术合成，请谨慎甄别”等提示。有研究者还提出建立一个风险感知推荐系统，这一系统不仅考虑内容数据，还结合每个用户的风险感知能力进行综合推荐②。理论上来讲，这一模型可以减少向易受风险影响的个人推荐虚假信息，但是系统运行的前提是必须明确对风险进行建模并甄别用户感知。但在实际运用中，这一设想的操作难度极大，遏止环境风险深伪工作仍然任重而道远。

第三节　媒介基础设施化与环境风险沟通

一、数智媒介成为基础设施：平台媒体的兴起

作为智能媒体环境的基础配置，平台深度渗透、融合和改变人们的生活，人类社会正在步入平台社会的新阶段。在计算机领域，“平台”是指支持特定应用程序的设计和使用的基础设施。新媒体平台是允许两个或更多群体互动的数字基础设施，通过广泛接入与触达来实现社会关系的连接

---

① ALLGAIER J. Science and environmental communication on YouTube: strategically distorted communications in online videos on climate change and climate engineering [J]. Frontiers in communication, 2019 (4): 36.

② BOUNEFFOUF D, BOUZEGHOUB A, GANARSKI A L. Risk-aware recommender systems [C] //Neural Information Processing: 20th International Conference, ICONIP 2013, Daegu, Korea, November 3-7, 2013. Proceedings, Part I 20. Berlin: Springer Berlin Heidelberg, 2013: 57-65.

和社会资源的重组①。它有效连接了虚拟性和物理性，并围绕数据、算法、界面、所有权、商业模式、机制、协议等形式进行了自我的基础设施化②。在广泛连接和自发传播的社交时代，平台逐渐成为用户参与、用户主导与用户共创的数字基础设施。

2016 年我国发布《国家信息化发展战略纲要》，将“泛在先进的基础设施”界定为“信息化发展基石”③。而后在 2018 年中国经济工作会议上进一步提出了“新型基础设施”，明确“加大制造业技术改造和设备更新，加快 5G 商用步伐，加强人工智能、工业互联网、物联网等新型基础设施建设”④。2020 年国家发改委首次明确“新型基础设施”的概念和范围。具体来说，新型基础设施是以新发展理念为引领，以技术创新为驱动，以信息网络为基础，面向高质量发展需要，提供数字转型、智能升级、融合创新等服务的基础设施体系⑤。

在信息化战略阐释中，新型基础设施主要包括三个方面内容：一是信息基础设施。主要是指基于新一代信息技术演化生成的基础设施，比如以 5G、物联网、工业互联网、卫星互联网为代表的通信网络基础设施，以人工智能、云计算、区块链等为代表的新技术基础设施，以数据中心、智能计算中心为代表的算力基础设施等。二是融合基础设施。主要是指深度应用互联网、大数据、人工智能等技术，支撑传统基础设施转型升级，进而形成的融合基础设施。比如智能交通基础设施、智慧能源基础设施等。三是创新基础设施。主要是指支撑科学研究、技术开发、产品研制的具有公益属性的基础设施。比如重大科技基础设施、科教基础设施、产业技术创

---

① 孙萍，邱林川，于海青. 平台作为方法：劳动、技术与传播 [J]. 新闻与传播研究，2021，28（S1）：8-24.

② VAN DIJCK J，POELL T，DE WAAL M. The platform society：Public values in a connective world [M]. Oxford，England：Oxford University Press，2018：9-11.

③ 新华社. 中共中央办公厅 国务院办公厅印发《国家信息化发展战略纲要》[EB/OL].（2016-07-27）[2024-11-20]. https://www. gov. cn/xinwen/2016-07/27/content_5095336. htm.

④ 中央组织部. 深入学习习近平新时代中国特色社会主义思想的重大意义和科学体系 [EB/OL].（2018-12-21）[2024-11-15]. https://www. 12371. cn/2018/12/21/ARTI1545386181641879. shtml.

⑤ 刘园园. 国家发改委明确“新基建”范围将加强顶层设计 [EB/OL].（2020-04-21）[2025-01-31]. https://digitalpaper. stdaily. com/http_www. kjrb. com/kjrb/html/2020-04/21/content_443617. htm? spm=C73544894212. P59511941341. 0. 0&div=-1.

新基础设施等。

随着“新物质主义”思潮的兴起与对“非物质性迷思”的反思，基础设施研究开始受到学术界重视①。有学者指出，传播与媒介研究过往对信息、符号、舆论、身份、效果等“虚拟”维度过度倚重，导致深陷窠臼，忽略了实体基础设施的影响②。相较之下，彼得斯（John Durham Peters）从水、火、云、气四种基础媒介元素延伸至媒介基础设施，并形成基础媒介哲学的研究富有启发。他将技术和数字媒体作为一种媒介物质层面演进的基础设施来思考，并将其作为媒介研究的对象，从而超越了计算主义和技术主义③。基于此思路，彼得斯将媒介理解为“隐匿在表面之下的基础设施型媒介”，并提出了“后勤型媒介（logistical media）”的概念。后勤型媒介具有“组织和校对方向的功能，能将人和物置于网络之上，它能协调关系，又能发号施令。它整合人事，勾连万物”。彼得斯还把“基础设施”分成“软基础设施”和“硬基础设施”，因而提出“网站（通讯）协议和大坝及高速公路一样，都是基础设施”的观点④。在此类思路启发下，当下的媒介研究正迎来“基础设施转向”的趋势。

何种媒介在我们的生活中扮演着“基础设施式”的作用？研究者从媒介物质性开始展开探索。章戈浩等人认为媒介物质性泛指一切涉及“物”与“物质”的媒介构成、媒介要素、媒介过程和媒介实践，而“媒介”本身所具有的物性也由此重新显现⑤。然而当媒介以基础设施的方式作用于人的感官时，它们往往会被在其上运行的其他事物抢占焦点。因此，媒介基础设施在日常的生活中往往呈现出一种“透明化”的存在⑥。只有当它出现故障、失灵、停转甚至崩溃时，我们才能够“看见”它的存在。为了

---

① 袁艳，陈朝辉，王家东. 中国媒介物质性研究的学术图景及其反思 [J]. 华中科技大学学报（社会科学版），2021，35（4）：131-140.

② 张磊，贾文斌. 互联网基础设施研究：元概念、路径与理论框架 [J]. 中国社会科学院研究生院学报，2021（5）：22-32.

③ 陈中雨. 自然媒介、技术媒介与“媒介即基础设施”：以彼得斯的《奇云：基础媒介哲学》为例 [J]. 未来传播，2019，26（3）：65-72.

④ 彼得斯. 奇云：媒介即存有 [M]. 邓建国，译. 上海：复旦大学出版社，2020：37-43.

⑤ 章戈浩，张磊. 物是人非与睹物思人：媒体与文化分析的物质性转向 [J]. 全球传媒学刊，2019，6（2）：103-115.

⑥ 彼得斯. 奇云：媒介即存有 [M]. 邓建国，译. 上海：复旦大学出版社，2020：142.

将基础设施隐藏的、不可见的基底显现，杰弗瑞·鲍克（Geoffrey Bowker）等人提出了基础设施倒置（infrastructural inversion）的方法来理解基础设施的技术实践过程以及其中的文化效果①。这种“倒置”借鉴了格式塔心理学中“图形-背景（figure-ground）”的隐喻。贾文斌和张磊就基于对5G基站进行“寻址”的文化倒置研究指出，这一基础设施倒置的时刻也是“图形-背景”反转的时刻，具备生成性潜能，促成了一种认知递归②。朱政德等人引入麦克卢汉的图底关系方法，表明需要将数字基础设施嵌入其与人、自然结成的图底关系网中，理解图底互逆和图底竞争等过程如何影响数字基础设施的运行与效果③。张萌等人将日常算法审计视为理解算法系统的“倒置”视角，指出用户通过日常算法审计迫使算法系统这一计算基础设施发生了“倒置”并进行“修复”，从而揭示了基础设施的生成性本质④。

沿着媒介物质性和基础设施的研究方向，电⑤、边界基础设施与能源网都被视为媒介，进入研究者视野。媒介人类学者帕克斯（Lisa Parks）和斯塔罗塞尔斯基（Nicole Starosielski）在《信号交通：媒介基础设施的批判研究》一书中就将数据中心、海底电缆、移动基站等通信网络站点及其所构成的网络定义为“媒介基础设施”，是用以支持视听信号的分布与传输的社会技术系统⑥。毛万熙等人探讨边界基础设施作为一套制造与操作障碍来影响城市流动的技术装置，以及作为一种后勤媒介调节城际流动，从而揭示媒介性是连接性与断裂性的两极之间的连续体；当媒介基础

① GEOFFREY O, BUD-FRIERMAN L. Information mythology and infrastructure [M] //FRIERMAN L B. Information acumen: the understanding and use of knowledge in modern business. London: Routledge, 1994: 231-247.

② 贾文斌，张磊. 神奇基站在哪里？5G基站的位置与媒介基础设施的文化倒置 [J]. 新闻与写作，2023 (9): 80-91.

③ 朱政德，胡泳. 重思数字基础设施及其与人、自然之关系：以图底关系为方法论的本土化考察 [J]. 华中科技大学学报（社会科学版），2023，37 (1): 74-84.

④ 张萌，杨家明. 日常算法审计与计算基础设施修复：基于倒置视角的考察 [J]. 新闻大学，2023 (8): 88-100.

⑤ 赵海明. 被忽视的媒介：电的物质性与生成论探析 [J]. 自然辩证法研究，2022，38 (4): 94-99.

⑥ PARKS L, STAROSIELSKI N. Introduction [M] //PARKS L, STAROSIELSKI N. Signal traffic: critical studies of media infrastructures. University of Illinois Press, 2015: 4.

设施发挥“连接性”功能时，我们往往难以察觉其存在①。张超义考察了“能源网”“交通网”“信息网”三种网络基础设施形态，指出三网融合的基础设施网络发挥着“居中状态”的媒介作用，也不断地在现实环境下生成新的数据、权利与秩序②。束开荣区分了铭刻物质性与数字物质性，前者指互联网数据生产、存储与流动的物质性基础，包括互联网接入设备、服务器、数据中心、网络基站等，而后者主要是能被计算机识别的技术协议或技术标准，如 HTTP、HTML、XHTML、5G 等③。

媒介基础设施是兼具技术性与社会性双重属性特点的“虚拟性”基础设施④。帕克斯强调应该关注基础设施资源的分配过程以及凸显分散在广阔地域上的物理地点和技术设备，进而思考媒介基础设施分布在何处，由谁所控制，传播过程如何以及产生了什么效果⑤。段世昌引入芬伯格的“技术编码”理论分析教育网 PT 站的物质性、用户等之间的关系⑥。胡泳和张文杰从技术政治视角切入，探讨了“高精地图”的深层技术架构与权力网络空间，指出中国位置媒介的基础设施化本质上是一场“大国重器”式的技术实践，体现了媒介技术“嵌入”经济性、社会性、文化性因素的物质性“过程”⑦，其后又从媒介物质性角度审视北斗芯片在位置媒介基础设施化中的“底座”作用，分析技术路线形成“过程”中各类主体的行动进路⑧。

---

① 毛万熙，林子禹. 通关：作为障碍装置的边界基础设施与跨境流动 [J]. 国际新闻界，2023，45 (3)：67-91.

② 张超义. 能源网、交通网、信息网：作为媒介的网络型基础设施与三网融合 [J]. 全球传媒学刊，2023，10 (5)：56-70.

③ 束开荣. 互联网基础设施：技术实践与话语建构的双重向度：以媒介物质性为视角的个案研究 [J]. 新闻记者，2021 (2)：39-50.

④ 刁基诺. 人工智能在媒介基础设施建设中的实践与辩证思考：以人工智能在电影产业的应用为例 [J]. 当代电影，2021 (11)：89-95.

⑤ PARKS L. “Stuff you can kick”：toward a theory of media infrastructures [M] //SVENSSON P，GOLD-BERG D T. Between humanities and the digital. Cambridge，MA：MIT Press，2015：355.

⑥ 段世昌. 媒介基础设施视角下的技术编码研究：教育网 PT 站的“分享”规则及用户实践 [J]. 新闻界，2020 (10)：81-94.

⑦ 胡泳，张文杰. 位置媒介基础设施化的技术政治反思：从中国布局“高精地图”谈起 [J]. 南京社会科学，2023 (4)：125-134.

⑧ 张文杰，胡泳. 位置媒介的“底座”从何而来?：北斗芯片的技术路线溯源 [J]. 新闻爱好者，2024 (2)：16-25.

贾文斌和张磊则指出当下基础设施及其位置本质上是“技术-文化”实践的结果[①]。

媒介基础设施涉及人的生境问题，媒介基础设施研究因而关注媒介如何构成社会维系与人类存有的前提。其中“城市与媒介”成为媒介基础设施研究日益关注的话题[②]。戴宇辰归纳了城市生活中相互交织的物的“类别”，主要分为三个方面：一是具体社会互动所借助或面对的“对象物”（object）；二是承载社会互动发生的“场所”（place）；三是面对面互动中个体的“身体”[③]。陈刚和李沁柯聚焦于视障者的城市生活，分析数字基础设施如何通过技术协商和交互的过程，为视障人群打造数字“盲杖”和“盲道”，从而实现视障人群在城市中的“在技之在”[④]。刘子曦等人指出多样的中介组织、层叠的技术构造、复杂的传播形态、虚拟的社会空间使得网络社交媒体平台一定程度构成了数字时代婚恋匹配的基础设施形态，在推动择偶技术精细化的同时，也剥夺了亲密生活的亲身性与私人性[⑤]。孙萍从电动车的物质性出发探讨传输与交换、社会权力关系的建立与维持以及政治话语的抗争与赋权，进而重新反思外卖员的数字劳动与身体政治[⑥]。从另一个角度来看，平台劳动者的身体同样作为一种媒介，在城市化过程中通过时空、流动、病痛、个体认知等视角形塑自我的基础设施属性[⑦]。乡村空间的媒介技术也往往发挥特别作用，重塑乡村的关系格局与生活方式。刘战伟等人研究在村民接入互联网的过程中，指出 Wi-Fi 如何作为一种基础设施将村民接入互联网，并生发出基于地理、权力、

---

① 贾文斌，张磊. 神奇基站在哪里？5G 基站的位置与媒介基础设施的文化倒置［J］. 新闻与写作，2023（9）：80-91.

② 王珏. 城市与媒介：基础设施的视角［J］. 新闻与写作，2022（9）：4.

③ 戴宇辰. “物”也是城市中的行动者吗?：理解城市传播分析的物质性维度［J］. 新闻与传播研究，2020，27（3）：54-67.

④ 陈刚，李沁柯. “在技之在”：作为基础设施的数字“盲道”“盲杖”与视障者的城市生活［J］. 新闻界，2023（5）：49-60.

⑤ 刘子曦，何姣姣. 网络为媒：数字时代婚恋匹配的基础设施形态及运作逻辑［J］. 浙江学刊，2023（5）：157-166.

⑥ 孙萍. 媒介作为一种研究方法：传播、物质性与数字劳动［J］. 国际新闻界，2020（11）：39-53.

⑦ 孙萍，李云帆，吴俊燊. 身体何以成为基础设施：基于平台劳动语境下外卖骑手的研究［J］. 新闻与写作，2022（9）：28-38.

贫富和亲缘的差序共享机制[①]。

媒介基础设施的分布、发展与渗透的不均衡，不仅体现在城乡之间，也深刻地反映在国际或全球传播当中。学者史安斌和朱泓宇以跨洋电报与跨国通讯社为案例，审视全球传播基础设施的建造、使用和扩散，并最终形成全球传播“卡特尔化”的过程[②]。陆国亮通过考察国际传播的物质基底-海底电缆—的建造、连接、断裂过程，揭示了其背后的国际传播物质控制权以及伴生的社会与技术不平等现象[③]。唐士哲挖掘了海底电缆的铺设与断裂背后的多重地缘政治意涵。叶鸿宇等则对津巴布韦农村女性媒介使用状况的研究，揭示了信息基础设施的性别数字鸿沟，提倡以信息基础设施建设、数字经济经验的媒介传递等为路径推动国际传播事业与人类命运共同体的建设[④]。

随着媒介基础设施与当下数字化进程更紧密地关联在一起，学界延展出“互联网基础设施”“数字基础设施”“平台基础设施”等概念[⑤]。普兰延（Jean-Christophe Plantin）以平台的“基础设施化”来概括数字平台在当今世界中的基础性作用，指出数字平台具有三个特征：构成用户层面的社会和物质基础设施、依靠平台的属性来替代或与现有基础设施结合并获取经济利益、进一步投资基础设施项目[⑥]。丁依然从平台的应用层、协议层和基础设施层入手，理解平台上的非人行动者/物如何展开城市中的空

---

① 刘战伟，刘蒙之. 蹭 Wi-Fi：一项差序共享媒介基础设施研究［J］. 新闻与写作，2023（1）：67-78.

② 史安斌，朱泓宇. 媒介基础设施视角下全球传播史的再书写：以跨洋电报与跨国通讯社为例［J］. 上海交通大学学报（哲学社会科学版），2024，32（9）：81-91.

③ 陆国亮. 国际传播的媒介基础设施：行动者网络理论视阈下的海底电缆［J］. 新闻记者，2022（9）：55-69.

④ 叶鸿宇，奇潘加. 在地性别“数字鸿沟”与中国对非国际传播的信息基础设施问题研究：基于津巴布韦农村女性媒介使用状况［J］. 现代传播（中国传媒大学学报），2021，43（10）：65-71.

⑤ 张磊，贾文斌. 互联网基础设施研究：元概念、路径与理论框架［J］. 中国社会科学院研究生院学报，2021（5）：22-32.

⑥ PLANTIN J C，LAGOZE C，EDWARDS P N，et al. Infrastructure studies meet platform studies in the age of Google and Facebook［J］. New media & society，2018，20（1）：293-310.

间生产活动①。袁艳等人指出，微信平台已成为国人的生存型基础设施，发挥着接入并改造既有社区网络，再造邻里关系，重构社区空间的作用，并不断地渗透到我们的日常生活当中②。段世昌以淘宝购物平台的为例，指出淘宝以支付宝和菜鸟物流作为网关，接入并改造基础设施，实现从“寄生”到“共栖”的转变③。方诚与熊月蕾将网约车平台和网约车司机放置于后勤媒介的理论框架当中，依赖各种“物”的实时数据，平台实现了对网约车司机环环相扣的算法监控，在物、人、技术总监的缠绕中实现人车耦合，促使新的劳动主体性的产生④。不少研究者也注意到平台基础设施化的潜在危机⑤。王沛楠指出，数字媒体从内容属性到内容平台属性，再到基础设施属性的变化使其实现了“基础设施化”的结构转型，但其商业属性与基础设施的公共属性呈现出明显的冲突⑥。毛天婵以腾讯平台为研究对象，指出基础设施化模式呈现出高度内卷化的特征，因而塑造了鲜明的地缘鸿沟⑦。郭小平与杨洁茹也关注到平台媒体化与基础设施化的同时，存在遮蔽公共议题、威胁个人数据安全、改写行业规则、形成新垄断等风险⑧。刘战伟聚焦于“平台”这一隐喻概念本身，指出这一话语装置凸显了平台在基础设施化等过程中的中立性、公平性、公共性的公权力属性，遮蔽蕴含其中的商业性、私利性、垄断性的私权力属性⑨。因此，如何在服务人

---

① 丁依然. 交往在门口：平台之“物”与城市空间的（反）社会化生产［J］. 新闻记者，2022（11）：69-82.

② 袁艳，沈梦晨. 疫情催生下微信在城市邻里空间的基础设施化研究：以武汉市G社区为例［J］. 新闻与写作，2022（9）：16-27.

③ 段世昌. 从“寄生”到“共栖”：淘宝平台如何走向基础设施化［J］. 新闻记者，2021（7）：86-96.

④ 方诚，熊月蕾. 技术织网：后勤媒介视角下的网约车研究：基于珠海市的田野调查［J］. 新闻与写作，2023（10）：81-91.

⑤ 郭小平，杨洁茹. 传播在云端：平台媒体化与基础设施化的风险及其治理［J］. 现代出版，2021（6）：30-37.

⑥ 王沛楠. 跨国数字平台的基础设施化：结构转型与规制［J］. 青年记者，2022（21）：96-98.

⑦ 毛天婵，闻宇. 游戏之厂，内卷生长：地缘视角下腾讯平台的基础设施化研究［J］. 新闻记者，2023（8）：62-72.

⑧ 郭小平，杨洁茹. 传播在云端：平台媒体化与基础设施化的风险及其治理［J］. 现代出版，2021（6）：30-37.

⑨ 刘战伟. 凸显什么？遮蔽什么?：作为隐喻的“平台”：连接、中介与基础设施［J］. 新闻记者，2022（6）：54-66.

类良善生境的同时规避或治理风险，应当是包含平台基础设施在内的媒介基础设施研究未来思考的方向。

媒介基础设施深刻地塑造着新闻业态，并不断地深化对新闻传播实践的影响。王家东指出云平台为代表的广播电视技术系统，以及以手机、短视频为代表的社交媒体技术系统正深度互嵌，成为县级融媒体中心的技术基础设施①。数字媒介平台作为数字阅读基础设施，深刻影响着阅读意义的生成模式、象征机制与时空结构，重塑了作者、读者、文本、介质等要素之间的构序法则②。吴璟微指出媒介的中介性和物质性特征被引入新闻价值要素的分析中，共同强调人与技术在数字新闻生产和传播中的重要作用，以及技术变迁所带来的新闻价值变化③。陈静则基于科学技术社会（STS）视角来考察数字基础设施与新闻创新之间的关系，指出数字基础设施是数字新闻业中人、物、信息交汇的技术基底，保障了新闻业的生产运行，打开了人类主体的情绪、身体、感知和交流的缺口，并为新闻创新提供了技术环境④。当下媒体深入融合的目标应该是形成一个聚焦于公共性的数字基础设施，在能力上匹敌商业互联网平台的同时，转化评价标准，坚定政治立场的代表性⑤。总之，媒介基础设施化如何重塑新闻实践和媒体组织的问题需要更多关注和重视。

随着人工智能技术成为新的人类技术增长点，人工智能将成为一种媒介基础设施，甚至成为社会赖以发展的基础设施。胡翼青等人指出，以ChatGPT为代表的人工智能模型，并不是玩具般的数码物，而成为数字化的语言基础设施。作为语言基础设施的ChatGPT，正在借助服务于用户的需求，成为一个重新型构社会秩序的行动者⑥。人工智能如何影响人类生

---

① 王家东．基础设施的互嵌：技术怎样赋能县级融媒体中心［J］．新闻记者，2023（10）：57-68.

② 赵立兵．数字阅读基础设施：元概念、方法论与意义场［J］．编辑之友，2024（6）：31-38.

③ 吴璟薇．基础设施与数字时代的新闻价值变迁：对媒介技术、新闻时效性与相关性的考察［J］．西北师大学报（社会科学版），2022，59（4）：94-102.

④ 陈静．STS视域下数字基础设施与新闻创新：理论、路径及挑战［J］．社会科学战线，2024（6）：210-219.

⑤ 姬德强．媒体融合：打造数字时代的基础设施［J］．青年记者，2019（24）：4.

⑥ 胡翼青，胡欣阅．作为语言基础设施的ChatGPT［J］．新闻记者，2023（6）：21-27.

存的迷思尚未定论，但这并未阻挡人工智能技术跨过语言，走向影像，潜入日常生活，成为人类生存的媒介基础设施。从媒介基础设施视角切入，有助于认识人类社会与人工智能技术的复杂纠缠。

二、环境治理新进展与基础设施媒介赋能

数字化进程与媒介化社会的发展提出了新的挑战和机遇，基础设施媒介为环境风险沟通与生态文明建设所提供的赋能作用值得重视，其潜能需要得到充分的挖掘和发挥。

截至 2023 年 6 月，我国互联网用户数高达 10.79 亿，其中，移动互联网用户数达 10.76 亿；在线视频用户数为 10.44 亿，其中，短视频用户数达 10.26 亿；在线新闻用户数达 7.81 亿①，10 亿多用户访问互联网，形成了世界上最大且充满活力的数字社会。互联网已成为人们参与媒介生活的主要方式，越来越多的人洞察到新传播技术引发的当代媒介环境变革。传播媒介的数量不断增加、类型日益多元，多种形式的媒介逐渐整合并融入日常生活实践中，媒介在社会变化中扮演越来越重要的角色，“现代社会已然完全由媒介所‘浸透’，以至于媒介再也不能被视为一种与文化和其他社会制度相分离的中立性要素”。由此，一个旨在把握媒介更广泛嵌入日常生活的新概念：“媒介化”被创造出来，并迅速成为全球范围内媒介与传播研究的重要理论概念②。这意味着媒介化社会的全面到来，媒介治理成为社会系统、媒介系统、风险系统等有效“链接”的中介③。

媒介化社会理论为探究新媒介技术条件的环境风险传播和沟通提供了新的切入视角。环境行动者在新媒体平台平等互动、建立关系、生成情感，为风险沟通生成认知前提。智能媒体的发展让环境风险的视觉表现增强、VR 技术给人提供的具身体验真切化了风险感知，也为更好实现环境素养培育、唤醒环保意识提供了新的解决方案。可以说，互联网和当代数字技术已生成了新的“技术公众”，新技术已全面中介了公众的认知、信

---

① 中国互联网络信息中心. 第 52 次中国互联网络发展现状统计报告 [R/OL]. (2023-08-28)[2024-02-10]. https://cnnic.cn/n4/2023/0828/c199-10830.html.

② 喻国明，耿晓梦. “深度媒介化”：媒介业的生态格局、价值重心与核心资源 [J]. 新闻与传播研究，2021，28 (12)：76-91.

③ 李春雷. 风险、技术与理性：媒介治理的逻辑脉络 [J]. 广州大学学报 (社会科学版)，2022，21 (5)：28-32.

息输入与对公共事务的理解。这是数智媒介影响生态文明建设的最大变量，也是技术赋能的基石。

1. 我国生态文明建设战略与环境治理新进展

生态环境问题与社会可持续发展已被认为是人类21世纪面临的最富有挑战性的难题之一。环境难题处于生态系统与人类社会的交集之上，具有双重的复杂性①。生态环境问题的解决往往需要国家或是国际社会一起努力，共同制定政策和方案，才有可能取得成效。

党的十七大报告提出“建设生态文明”是实现全面建设小康社会奋斗目标的新要求，将生态文明作为经济结构转型战略附属。报告中提出“关键要在加快转变经济发展方式、完善社会主义市场经济体制方面取得重大进展。要大力推进经济结构战略性调整，更加注重提高自主创新能力、提高节能环保水平、提高经济整体素质和国际竞争力”。

2012年召开党的十八大确立了经济建设、政治建设、文化建设、社会建设、生态文明建设“五位一体”总体布局，标志着我国社会主义现代化建设进入新的阶段，体现了中国共产党治国理政的新境界。党的十八大报告指出：建设生态文明，是关系人民福祉、关乎民族未来的长远大计。面对资源约束趋紧、环境污染严重、生态系统退化的严峻形势，必须树立尊重自然、顺应自然、保护自然的生态文明理念，把生态文明建设放在突出地位，融入经济建设、政治建设、文化建设、社会建设各方面和全过程，努力建设美丽中国，实现中华民族永续发展，其中首次提出“美丽中国”的概念。为深入贯彻落实党的十八大精神，政府部门提出“优化国土空间开发格局”，“全面促进资源节约”，“加大自然生态系统和环境保护力度”和“加强生态文明制度建设”四大战略部署及总要求②。

2015年3月，中央政治局审议通过《关于加快推进生态文明建设的意见》，制定我国生态文明建设的纲领性文件，在总结中国探索经济增长与资源环境相协调的理论成果和实践经验的基础上，完整、系统地提出了生态文明建设的指导思想、基本原则、目标愿景、主要任务、制度建设重点和保障措施。

---

① 德赖泽克. 地球政治学：环境话语［M］. 蔺雪春，郭晨星，译. 济南：山东大学出版社，2008：9.

② 郇庆治. 生态文明及其建设理论的十大基础范畴［J］. 中国特色社会主义研究，2018（4）：16-26.

2015 年 9 月中央政治局审议通过的《生态文明体制改革总方案》提出了生态文明领域改革的顶层设计和部署，搭建好“四梁八柱”基础性制度框架。我国以“生态文明建设”为关键词的话语体系趋于完善。依据《生态文明体制改革总方案》，国家打出“1＋6”生态文明改革组合拳，“1”即《总方案》，“6”包括《环境保护督察方案（试行）》《生态环境监测网络建设方案》《开展领导干部自然资源资产离任审计试点方案》《党政领导干部生态环境损害责任追究办法（试行）》《编制自然资源资产负债表试点方案》和《生态环境损害赔偿制度改革试点方案》。

自然资源资产离任审计试点方案要对被审计领导干部任职期间履行自然资源资产管理和生态环境保护责任情况进行审计评价，界定领导干部应承担的责任。自 2018 年开始建立经常性的审计制度。生态环境损害责任追究办法明确了追究相关地方党委和政府主要领导成员、政府有关领导成员、政府有关工作部门领导成员责任的各类情形，坚持依法依规、客观公正、科学认定、权责一致、终身追究的原则。

2015 年 10 月，党的十八届五中全会报告提出“创新、协调、绿色、开放、共享”的新发展理念，并提出生态环境保护在“十三五”规划中的重要地位。

2017 年党的十九大报告对“生态文明建设”有了更进一步的理解，党的十九大报告的第四部分“决胜全面建成小康社会、开启全面建设社会主义现代化国家新征程”，对新时代中国特色社会主义不同发展阶段的生态文明建设目标作出明晰的构想与规划，首次独立使用了“生态文明”这一概念，从以往将“生态文明建设”作为过程来理解转变为从理论意义上进行理解①。党的十九大报告中首次提出“生态文明观”，一方面是党的十七大报告中“生态文明观在全社会树立”的延续；另一方面提高人民参与生态文明建设的参与度，同时提出“人与自然和谐共生的现代化”，其目标是“既能够创造更多物质财富和精神财富以满足人民日益增长的美好生活需要，也能够提供更多优质生态产品以满足人民日益增长的优美生态环境需要”，体现出生态文明建设推进中愈发注意人民的需求。

这些法律法规的制定是对环境风险沟通的制度性规范，也是对环境风险善治的顶层赋权。我国生态环境质量开始出现优化转折，环境治理取得

① 郭红欣. 环境风险法律规制研究［M］. 北京：北京大学出版社，2016.

显著成效。

回顾过去，我国突发环境事件经历了一个上升—下降的过程（如图 8-1）。特别是自 1996 年以来，环境事件一直保持年均约 29%的增速。2005 年—2022 年间，环保部接报处置的事件共 4 655 起，重特大环境事件 98 起①。其中在 2013 年，全国突发环境事件达到顶峰，全年达到 712 起，其中重大突发环境事件 3 起，较大突发环境事件 12 起，一般突发环境事件 697 起②。国家环境咨询委员会专家 2015 年指出："我国已经进入环境高风险期。"③ 国家统计局发布界定，突发环境事件是造成或可能造成重大人员伤亡、重大财产损失和对全国或者某一地区的经济社会稳定、政治安定构成重大威胁和损害，有重大社会影响的涉及公共安全的环境事件④。

2016 年，全年共发生各类突发环境事件 304 起，同比下降 7.9%。垃圾焚烧、化工、涉核等环境敏感项目选址建设和污染地块处理处置日益成为舆情热点⑤。

2017 年，全国共发生突发环境事件 302 起，较 2016 年下降 0.7%⑥。2018 年，全年共发生各类突发环境事件 286 起，同比下降 5.3%，但环境安全形势依然严峻，涉危险化学品、危险废物、重金属等重大环境风险源

---

① 曾繁旭. 环境抗争的扩散效应：以邻避运动为例［J］. 西北师大学报（社会科学版），2015，52（3）：110-115；数据根据中华人民共和国生态环境部生态环境统计年报所提供的数据进行累计，加总所得，统计年份从 2005 年至 2022 年。

② 中华人民共和国环境保护部. 中国环境状况公报 2013［EB/OL］.（2014-06-05）［2022-04-25］. https://www.mee.gov.cn/hjzl/sthjzk/zghjzkgb/201605/P020160526564151497131.pdf.

③ 张泽昕. 中国进入环境高风险期 应对突发环境事件尚于法无据［EB/OL］.（2015-09-28）［2025-01-30］. https://www.chinanews.com.cn/m/gn/2015/09-28/7547109.shtml.

④ 国家统计局. 资源与环境［R/OL］.（2019-12-02）［2022-04-25］. http://ihb65.com/HuanBaoNGOD7.html.

⑤ 中国人大网. 国务院关于 2016 年度环境状况和环境保护目标完成情况与研究处理环境保护法执法检查报告及审议意见情况的报告［R/OL］.（2017-04-24）［2022-04-25］. http://www.npc.gov.cn/npc/c30834/201704/d8c66c0038194f00aadcaa56372fa6b5.shtml.

⑥ 中国人大网. 国务院关于 2017 年度环境状况和环境保护目标完成情况的报告［R/OL］.（2018-04-25）［2022-04-25］. http://www.npc.gov.cn/npc/c30834/201804/9ea27a8b943d4d25bbfc7f74b8fc9f2b.shtml.

较多存在①。至 2019 年，情况已全面好转，全年发生各类突发环境事件 263 起，同比下降 8%，均得到及时妥善处置②。2020 年，全年共发生各类突发环境事件 208 起，同比下降 20.3%③。2021 年，全年共发生各类突发环境事件 199 起，同比下降 4.3%④，环境舆论态势总体趋于平稳。

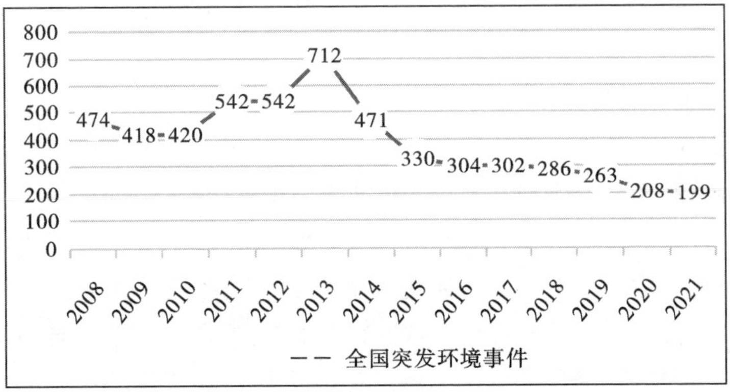

图 8-1　全国突发环境事件数量（2008—2021 年）

图 8-1 显示，2013 年是我国环境发展态势和环境治理的转折点。从 2008 年至 2013 年，我国突发环境事件处于上升阶段，主要源于快速的工业化和城市化进程以及环境监管的滞后。随着生态文明建设战略的制定、相关法规政策的实施和环境治理的不断加强，2014 年之后，环境事件下降趋势开始显现，持续至今，总体趋于缓和平稳。这期间，政府加强了对企业的环境监管，实施了更为严格的环保法规，同时加大了对突

---

① 中国人大网. 国务院关于 2018 年度环境状况和环境保护目标完成情况的报告 [R/OL].（2019-04-21）[2022-04-25]. https://www.mee.gov.cn/ywgz/zcghtjdd/sthjghjh/201909/t20190923_748251.shtml.

② 中国人大网. 国务院关于 2019 年度环境状况和环境保护目标完成情况与研究处理水污染防治法执法检查报告及审议意见情况的报告 [R/OL].（2020-04-26）[2022-04-25]. http://www.npc.gov.cn/npc/c30834/202005/96a10e30f77a45948a04179edb64eb61.shtml.

③ 中国人大网. 中国人大网. 国务院关于 2020 年度环境状况和环境保护目标完成情况、研究处理土壤污染防治法执法检查报告及审议意见情况、依法打好污染防治攻坚战工作情况的报告 [R/OL].（2021-04-26）[2022-04-25]. http://www.npc.gov.cn/npc/c30834/202104/3686107825e44b5d9d735ee05a580837.shtml.

④ 中国人大网. 国务院关于 2021 年度环境状况和环境保护目标完成情况的报告 [R/OL].（2022-04-18）[2022-04-25]. http://www.npc.gov.cn/npc/c30834/202204/7235ffaa4b1547a3860e7196c80b003a.shtml.

发环境事件的应急处置和预防措施。公众环保意识的提高也推动了环境管理的改善。这些努力使得突发环境事件的发生率逐渐下降，对社会的不利影响得到一定程度的遏制。然而，需要注意的是，由于我国仍然处于快速发展的阶段，环境问题仍然存在一些新的挑战。持续加强环境监管、提高公众环保意识、加大科技创新力度等方面的努力仍然是当前和未来的重要任务。

2. 基础设施媒介赋能：环境风险沟通的新视野

环境风险是高度不确定性的，它不仅是“实在”的，同时也是媒介化社会建构的产物，并不存在有关风险的单一的认知，不同类型的智能媒介将以其自身逻辑影响和重构风险定义①。在媒介化社会中，智能媒介不再只作为环境风险的传播中介，而是越来越能动地参与到环境风险沟通、风险建构以及公共理性的培育中来，它既是风险差异与基于差异的沟通的推动因素，亦为风险治理的重要节点。在传播与社会进步的尺度上，智能化平台媒介如何发挥正向赋能功能，如何以技术行动者的方式促进国家的生态文明建设将成为战略性问题，需要持续关注。

近年来，数字技术产生的“震惊效果”导致传播实践经历翻天覆地的变革。学者延森将数字技术称为“元技术（meta-technology）”，指的是数字计算机所代表的技术形态，它不仅仅是一种特定的媒介工具，而是整合和超越了以往各种媒介形式的技术平台②。在延森看来，数字计算机不仅复制了先前所有的表征与交流媒介的特征，而且将它们重新整合于一个统一的软硬件物理平台上。数字媒介将文本、图像和声音整合于许多既有的表达类型之中，同时也产生了一些新的表达类型，如叙述、争论、游戏等。在元技术的影响下，传播再次拥有了人际传播中的互动与多元化的交流模式的特征。

在信息网络交织、虚拟与现实交融的时代，数字传播引领着学者们重新审视传播的本质和媒介的作用。传播不再仅仅是信息的传递，媒介也不再是简单的工具，数字传播逐渐演变成一个复杂的系统。数字技术，尤其是互联网，正成为引领这一转变的关键因素，“一种物质载体能够实现多

---

① 李春雷. 风险、技术与理性：媒介治理的逻辑脉络［J］. 广州大学学报（社会科学版），2022，21（5）：28-32.

② 延森. 媒介融合：网络传播、大众传播和人际传播的三重维度［M］. 刘君，译. 上海：复旦大学出版社，2012.

种不同的传播实践，而一些传播行为则可以存在于不同的媒介载体上”①。这说明数字传播已不再局限于抽象的符号交流，而是深深扎根于物质之中，不断塑造着我们的思维、行为和社会结构②。因此，媒介物质性的问题需要得到深入探讨。在既有的关于互联网的研究中，绝大部分聚焦在内容与非物质层面，对物质性的关注相对不足。随着数字媒介的广泛普及，便携设备和智能系统的不断演进，身体与媒介形成更为实质的物理联系，这一趋势更引发对媒介物质实体的重新审视③。媒介物质性如何作用于生态环境系统就是其中一个复杂而重要的问题，环境的治理与生态文明建设必须充分重视媒介物质的广泛中介性与技术物质遍在性，充分挖掘物的媒介意义与生态意义。

在传播学演进过程中，基础设施的概念日益凸显，这是媒介物质性研究转向的体现。数字媒介在现代社会中扮演着重要角色，然而，人们往往只注意到表面上的互联网、社交媒体和应用程序等数字平台，而忽略了支撑这一切的庞大基础设施网络。具体而言，基础设施不仅包括连接世界的光纤电缆，还涉及高效存储和处理信息的服务器建筑，以及确保移动通信的电话塔等④。这些物质基础构成了数字媒介的实体基石，为用户提供了在线交流、信息传递以及数字体验的平台。尽管数字媒介的外在形式是虚拟的、抽象的，但其背后的基础设施却是切实可感的每当我们发送一条社交媒体消息、观看一段在线视频或者使用某个应用程序时，背后都是复杂的服务器网络、数据存储系统和传输设备在默默地运转。这些看似不可见的物质构建着数字媒介的实际框架，它们的可靠性和高效性直接决定了我们在数字空间中的体验质量。因此，基础设施的稳健性不仅仅是数字媒介生态系统的技术问题，更是社会日常生活的基础。从这个意义上，环境风险的沟通与生态文明建设战略需要包含对媒介基础设施建设的考量，推进

---

① 延森. 媒介融合：网络传播、大众传播和人际传播的三重维度［M］. 刘君，译. 上海：复旦大学出版社，2012.

② 曹小杰. 媒介物的隐身：理解互联网文化及其治理的物质性：电脑作为方法［J］. 新闻记者，2022（3）：3-13.

③ 黄显. 技术变迁下的媒介中介与人的媒介化生存［J］. 青年记者，2023（20）：13-17.

④ BRIGGS A，BURKE P. A social history of the media：from Gutenberg to the Internet［M］. Oxford England：Polity Press，2020.

生态意义的媒介信息网络传输与基础性运作。

在数字媒介的运作中，除了显性的硬件基础设施，那些潜在于数字媒介“黑箱”内的底层操作规则和自动运行机制也至关重要。这些规则包括了操作系统、软件架构、数据标准、网络通信协议、算法等。尽管这些规则并没有具体的物理实体，但它们以一种抽象而实质的形式物质性存在，即“非物质形态但却具有物质特性的事物”，构成了数字媒介的基本“数码物”①。这种“数码物”在数字媒介的自动运作中发挥着关键的作用。它们形成了数字媒介生态系统的基础，为数字平台的正常运行提供了不可或缺的支持。这个“黑箱”并非取决于人类的直接认知和操控，而是展现出数字媒介作为一种拥有自主性的“物”的特性。数字媒介的这种自主性并非指它具有独立思考的能力，而是指它在其设计和运行的规则框架内，能够自主执行特定的任务和功能②。这种自主性的体现使得数字媒介不再被动地只是人类交流的工具，而成为社会运作中主动参与的一部分。例如，有关算法可供性的研究证明，算法具有一定的自主性和能动性，它们不仅仅是接受数据输入和产生数据输出的工具，而且是能够在特定环境中主动运行和执行程序的行动者。这种能动性使得算法在数字媒介中形成一种实质性的参与，甚至形成算法偏见③。学者皇甫博媛提出，物质性以个性化理念为核心，贯穿于用户对算法物质属性的认知，并与用户的使用体验交织在一起。当算法在社交媒体平台中选择性地推送信息、过滤内容或为用户定制个性化体验时，它们展现了在特定目标和规则下的自主决策。这种自主性的体现不仅影响着信息的传递和呈现，还可能在一定程度上塑造用户的认知和观点。可以说，数字媒介通过其自动运行的“黑箱”机制，实质性地介入社会现实和文化体系的日常运转。其“形式物质性”赋予了数字媒介更为复杂的角色，它不完全是被动的工具，不必然作为由人类赋予意义的符号表征，而是作为一套技术系统，对于塑造社会结构、影响文化

---

① 章戈浩，张磊. 物是人非与睹物思人：媒体与文化分析的物质性转向 [J]. 全球传媒学刊，2019 (2)：103-115.

② 黄显. 技术变迁下的媒介中介与人的媒介化生存 [J]. 青年记者，2023 (20)：13-17.

③ 皇甫博媛. “算法崩溃”时分：从可供性视角理解用户与算法的互动 [J]. 新闻记者，2021 (4)：55-64；王茜. 可供性视角下的算法研究：韩国中央大学申东熙教授访谈 [J]. 青年记者，2019 (36)：77-79.

形态产生了实质性的影响。

在互联网研究领域，数字平台因其全面融入人们生活的特性，常被视为一种基础设施，支撑着日常的信息交流和社会互动。然而，平台基础设施的重要性不仅仅体现在不同应用服务对个体生活的广泛影响，更关键的在于其背后隐藏的数据基础设施①。这种数据基础设施以一种看不见的数据流动的形式，将各种平台嵌套在一个复杂的技术系统中，成为平台社会形成的核心。具体而言，数据基础设施包括三个主要的技术架构：海量数据流入、存储并形成分析“数据湖（Data Lake）”；汇集所有用户数据形成消费者数据平台（Customer Data Platform）；对数据进行筛选、分类、预设与洞察，形成数据管理平台（Data Management Platform），三者互联互通，完成对用户需求的匹配、满足和再生产②。简言之，平台并非仅仅是提供服务的工具，而是构建在数据基础设施之上的可编程计算系统。在数字平台内部，潜藏着一个数据中台，这个中台不仅拥有看不见的技术功能，还积累了大量的数据。这种数据流动不仅形成了平台应用之间的联动关系，更将平台转变为一个具有计算能力的系统。这样的设计使得平台拥有了自主性和可编程性，能够更灵活地适应用户需求和社会变迁。数据基础设施的存在使得平台不再是简单的工具，而是一个动态的、能够主动参与社会运作的系统。其计算能力和自主性使得平台在社会互动和信息传播中发挥着更为深远的作用。由此，研究者提出了平台“隐蔽可供性”的概念，突出数据基础设施对外部跨平台表现出的“可编程”“可创设”“可连接”“可共享”和“可限制”等诸多可供力。总而言之，数字平台是一个隐藏着复杂数据基础设施的计算系统。这种数据基础设施不仅在应用软件中发挥关键作用，还通过隐蔽的可供性影响着个体用户。这种隐蔽性展示了数字媒介作为实体物质的复杂性和深远影响，对数字平台的研究需要更多地关注这种隐蔽的数据基础设施，以全面理解数字平台在当代社会中的角色和影响。

学者陈昌凤等从传播平台演化的视角，从 Web 1.0、Web 2.0 到 Web 3.0 的三个阶段，梳理了中国全面接入互联网的三十年间各阶段的变迁特

---

① 马中红，胡良益. 数据基础设施：作为纵深维度的隐蔽可供性研究 [J]. 国际新闻界，2022，44（8）：6-27.

② 张磊，孙晗. 物质性与实践性：基于界面分析的手机主屏幕管理研究 [J]. 福建师范大学学报（哲学社会科学版），2022（5）：59-71.

征及其难题与困境，总结了中国传播平台经历“门户网站—社会化媒体—数智基础设施”的形态变迁，以及从“内容聚合”到“关系连接”再到“服务集成”的属性转化。她指出，互联网从一个技术概念已延伸为具备经济、政治、社会、文化的综合性意涵，在互联网变迁过程中，交融了一个或隐或显的技术社会化结构。平台和平台化因此成为数字传播研究领域最有张力的研究对象，蕴含丰富的技术内涵和社会集合度，并且随着互联网的不同阶段而迭代。目前我们需要扎实推进基础设施化的互联网建设，筑牢发展根基，形成良序的网络生态①。李彪等学者继而探讨风险社会中平台媒介机制的复杂作用，特别着眼于平台中反映社会共同关注、具备公共性潜质的“热搜”功能，提出热搜作为注意力配置装置的治理本质，并指出了热搜注意力机制配置的缺陷。在此基础上，他们提出了对热搜的内外部矫正路径，从内部重建以风险的公共价值为导向的透明热度机制，从外部强调政府对风险事实的回应、风险图景的补充与风险关系的管理②。这些研究和探讨都对智能媒介如何赋能环境风险善治与生态文明建设具有重要启发作用。

三、构建数字融通的风险沟通体系

基础设施媒介与媒介智能化给人们带来知识生产和认知方式的革命性创新，并开辟出更广阔的交往空间和全新模式。人们有理由期待，媒介技术的变迁对社会发展的赋能潜力，不仅必将推进风险的善治与生态文明建设，而且将推进数字文明时代的加速到来。其中，有两个基本问题需要得到探讨。首先，在媒介重大变迁的前提下，公众的认知资源以及技术配置发生了重要变化，新的技术公众正在不断生成，这是迈向数字文明的基本盘。其次，应深刻认识基础设施媒介与平台媒体的两面性，发挥其正向作用和风险前瞻功能，规避技术迷思，促进数字社会善治。

善治（good governance）即良好的治理，是相对于“不良治理”的概念，蕴含着明显的价值判断。20 世纪 90 年代以来，在经济全球化的带动下，善治理论作为一种新型政府分析治理的框架广泛传播，并被视为治理

① 陈昌凤，袁雨晴. 平台演化：中国互联网 30 年与传播变迁［J］. 新闻与写作，2024（4）：15-24.

② 李彪，曹时雨，张瀚文. 平台热搜的“注意力配置”：集体风险认知与媒介化治理［J］. 传媒观察，2024（5）：5-15.

的基本目标①。1999年，普伦普特里（Tim Plumptre）和格雷厄姆（John Graham）提出：善治包括法治、政治开明（公开）、政策稳定、公平宽容、公共参与、司法独立、财政透明、杜绝腐败、积极和信息公开、行政合格等内涵。中国学者俞可平将善治理论引入中国，他在《善治：一种新的政治分析框架》《治理与善治》《增量民主与善治》《中国治理变迁30年》《民主与陀螺》等一系列著作中对“治理”和“善治”进行了全面和深入的研究，并将善治定义为使公共利益最大化的社会管理过程②，善治的本质特征在于它对公共生活的合作管理③，主要由合法性、透明性、责任、法治、有效、回应、参与、稳定、公正和廉洁十个要素组成④。善治理论在不同学科领域的应用体现了其理论指导和分析框架的双重功能。在公共管理领域，善治理论强调创新思维和方法的引入⑤，优化管理流程和提升服务质量。在社会学领域，善治研究重点在于政府、市场和社会三者间的协调与合作⑥。在环境研究领域，善治研究则着重用来分析环境政策的制定和执行，以及如何推动环境正义。

国内善治理论研究主要聚焦于两个方面：一是对善治理论要素的讨论以及挖掘其中国化内涵⑦；二是探讨从治理到善治的具体路径和实践应用，如法制和协同治理等。有学者指出，中国语境的“善治”超越了西方学者

---

① 俞可平. 全球治理引论［J］. 马克思主义与现实，2002（1）：20-32.

② 俞可平. 治理和善治引论［J］. 马克思主义与现实，1999（5）：37-41.

③ 俞可平. 治理和善治：一种新的政治分析框架［J］. 南京社会科学，2001（9）：40-44.

④ 俞可平. 增量民主与善治［M］. 北京：社会科学文献出版社，2005：146-152.

⑤ 闫函. 城市社区网络治理的结构与功能研究［D/OL］. 长春：吉林大学，2024[2024-12-30]. https://kns.cnki.net/kcms2/article/abstract?v=32-8vZI681KVIKYP9A7hpHyHUX8GUG85fr2M0RClyQMQTRILeu7zPDwQM3GrsL_IvrkbBgz6yPJMlukvjhG_SFRhoBdgHk_Q4CEIdibbQ_KQS6omBCR0ob8kWUqs_11GRV8H85Fy4cDV1P2IqjUYmD5P1H5SIGS5yaFzrP96Sji10IZtMWJfIKuhJ_0IG6wr&uniplatform=NZKPT&language=CHS.

⑥ 王永梅. 善治的理论溯源［D/OL］. 南京：南京航空航天大学，2015[2024-01-31]. https://kns.cnki.net/kcms2/article/abstract?v=32-8vZI681JYbIl83JbsajxOJ-cbybzidfU-SvLUxWT-JxXNM2V27T8951UE3HNx2pX_CKdP83FoHs3I6gjWOBfa1SRKfGlpjlxbLVzBxv560ZbUoFeBizR4pcs9zGTUOkmhwnrz_ktM31xsyx98zZ9N7cmiR3UnZ9ZU2vnI5kiNwo3MfrnoOVjGZN4736p7VHvGYIc2PIQ=&uniplatform=NZKPT&language=CHS.

⑦ 俞可平. 民主与陀螺［M］. 北京：北京大学出版社，2006：77-85.

赋予的语义，其基本特质侧重以人为本、依法治理和公共治理[①]。学者邓大才对自治、法治与德治三者关系进行研究，探讨如何通过组合达到最大的善治[②]。在实践方面，俞可平强调善治不受政府范围的限制，适用于公司、社区、地区、国家和国际社会。中国的善治研究不限于政府治理领域，还拓展到教育、农村问题等研究方向。然而，现有研究对政府以外的其他参与主体的分析较少。在新闻传播领域，一些研究者运用善治理论对特定社会情境下的传播问题展开研究，比如张权、燕继荣关注网络舆情的突变性和多元主体对治理的作用[③]。

环境善治的概念随着全球环境问题的日益严峻而逐渐受到重视。随着经济全球化和环境全球化的推进，环境问题成为全球性挑战，各国开始寻求更为有效的环境治理模式。中国在面临环境污染和生态破坏的双重压力下，也开始探索环境善治的路径。学者朱留财等对环境善治进行了较为深入的研究，定义了环境治理和环境善治，强调政府、企业部门和公民社会部门根据一定的治理原则和机制进行更好的环境决策，并力求环境绩效、经济绩效和社会绩效最大化和可持续发展性[④]。传统环境治理主要关注物质源头治理，而现代环境治理则强调对人们思想和行为的源头治理，侧重于环境意识、环境观念和环境认识的主观世界的治理[⑤]。林美萍将环境善治总结为一种多中心的环境治理模式，强调环境治理的主体不能单单只有政府，也应该让市场和公民社会参与到环境治理中来，发挥他们的积极作用来共同治理环境。她提出衡量环境治理是否达到环境善治的四大标准：合法性与法治性、透明性与公众参与、责任性与有效性、稳定性与公正性[⑥]。随着时代的发展和人们对技术的理解，新的行动者如技术和平台也

① 张文显. 法治与国家治理现代化 [J]. 中国法学，2014 (4)：5-27.

② 邓大才. 走向善治之路：自治、法治与德治的选择与组合：以乡村治理体系为研究对象 [J]. 社会科学研究，2018 (4)：32-38.

③ 张权，燕继荣. 中国网络舆情治理的系统分析与善治路径 [J]. 中国行政管理，2018 (9)：21-29.

④ 朱留财. 从西方环境治理范式透视科学发展观 [J]. 中国地质大学学报（社会科学版），2006 (5)：52-57.

⑤ 朱留财. 应对气候变化：环境善治与和谐治理 [J]. 环境保护，2007 (11)：62-66.

⑥ 林美萍. 环境善治：我国环境治理的目标 [J]. 重庆工商大学学报（社会科学版），2010，27 (2)：88-91.

应被引入治理主体范畴，数字技术与平台、算法与人工智能如何施动于环境风险的沟通，如何助力于环境善治和生态文明建设，是一个需要持续关注并展开深入研究的新问题。

1. 数智平台条件下的风险沟通

现代风险的显著特点之一是主观建构性①。当风险社会遇见平台社会，风险话语权的分配逻辑发生了变化，公众常常能够借助互联网场域获取风险知识，并自主构建风险认知。但互联网媒介不是风险信息的“搬运工”，而是会不停修饰、变化和自我生成的技术-商业复合体，并有可能定义出新的风险②。因为“在高度媒介化的社会里，普通人无法脱离媒介来理解什么是‘真实’，因为正是媒介将‘真实’带至‘在场’和‘当前’，同样，普通人也无法脱离媒介来认识什么是‘风险’，因为正是媒介设定了议题，使风险从不可见变得可见”③。换句话说，在媒介化社会，环境风险的呈现与媒介可见性高度相关，媒介可见性越高，风险的主观建构就越突出，风险越容易被看见和被讨论。贝克所提出的风险社会将演变为深度媒介化（deep mediatization）了的风险社会。

在社会意义上，“看见”是社会交往的前提，“互相看见”是人类互动最基本的类型④。媒介技术的使用让社会互动产生了“跨越时空”的延伸，各种具有强烈视觉性的媒介符号（如文字、图像、音视频）成为人类传播行为的表征。媒介技术的核心逻辑之一就是符号维度的“可见性”，只有将物理环境中不可见的联系和内容被转化为可见、可追溯和可衡量的数据与信息，才能在跨越时空的背景下实现人与人之间的“互相看见”，达成交流与理解。但是，媒介可见性并非自然显现的，而是在传播过程中被管理和塑造的，谁拥有传播的权力，谁就拥有定义可见性的权力。在学者周葆华看来，可见性具有相当强的“媒介物质性”，与媒介技术架构密不可分⑤。在传

---

① 亚当，贝克，房龙. 风险社会及其超越：社会理论的关键议题［M］. 赵延东，马缨，等译. 北京：北京出版社，2005：3.

② 蒲晓红，赵海堂. 互联网使用对公众风险感知的影响机制：基于政府回应视角［J］. 中国行政管理，2021（5）：146-154.

③ 马凌. 媒介化社会与风险社会［J］. 中国传媒报告，2008（2）：38-44.

④ BRIGHENTI A. Visibility：A category for the social sciences［J］. Current sociology，2007，55（3）：323-342.

⑤ 周葆华. 算法、可见性与注意力分配：智能时代舆论基础逻辑的历史转换［J］. 西南民族大学学报（人文社会科学版），2022，43（1）：143-152.

统媒体的技术环境中，大众媒介利用框架、把关和议程设置等方式来塑造环境风险，在这一过程中，新闻媒体成为风险可见性的决策者，它们通过垄断渠道来决定公众注意力的分配，以此决定公众应该以何种方式去认知风险。而数字技术的发展让可见性不再被大众媒介垄断，新媒体环境下的任何人都拥有了“看见”与“被看见”的权力。多元主体共同参与到环境风险的表达和建构中，争夺风险定义权，共同塑造环境风险的可见性。从这个角度来看，在数字平台和深度媒介化社会，环境风险的建构过程其实也是媒介可见性的生成过程。这意味着，新型媒介的技术特征和平台可供性对风险的感知、传播与风险沟通具有重大影响。

在社会学家汤普森（John B. Thompson）看来，一旦文字和图像经由媒体变得可见，它们就会产生意义并产生特定的解释框架，引发一系列公众反应①。在大众媒体时代，风险管理者为减轻公众风险感知，减少环境风险事件的发生，努力控制风险的可见性，对环境风险进行选择性呈现。而互联网在一定阶段内是“基本上无法控制的公共空间”，互联网的媒介可见性十分不确定，也难以受管理者控制。这一结论在本书的案例研究部分已得到充分印证。在数字时代，风险可见性“无处不在”，无时不在生成之中，每个数字用户都可以“以自己的方式”来构建风险。有关环境风险的文字、图片、音视频等不断涌现，过往在世界其他角落未曾被察觉的、大大小小的环境风险事件都被发布到互联网的公共空间中。因此，在公众心目中，一系列直接或间接经历的环境风险融合成一幅世界日益动荡的图景。公众将这些风险事件“联系起来”，加之自身环境风险经验和有关环境事件的媒介交流创造了一种集体感觉，认为世界正在经历一场史无前例的环境危机，随之而来的是对环境风险的不安，甚至是厄运感②。例如，学者 Capstick 等人发现，在互联网时代，大量环境风险事件的呈现会提高人们对环境风险的担忧③。随着越来越多的环境风险的曝光和呈现，

---

① THOMPSON J B. Shifting boundaries of public and private life [J]. Theory, culture and society, 2011, 28 (4): 49-70.

② MOSER S C. Speaking to the heart of the matter: the emergence of a humanistic environmental communication [M] //HANSEN A, COX J R. The Routledge handbook of environment and communication. London: Routledge, 2022: 455-468.

③ CAPSTICK S, WHITMARSH L, POORTINGA W, et al. International trends in public perceptions of climate change over the past quarter century [J]. Wiley interdisciplinary reviews: climate change, 2015, 6 (1): 35-61.

风险管理者将更难控制和管理风险可见性，公众的风险感知可能会因风险可见性的递增而无限放大。

尽管风险管理者对媒介可见性的控制权被削弱，风险的定义权被交给了广大公众。但在智能平台环境中，环境风险的可见性实际上逐渐由智能机器主导，变成了一个计算机程序运行的过程。其中“热点算法”的出现最具代表性，热度越高，越会被算法推荐给更多用户，内容可见性就会越高。而算法所衡量的热度实际上就是内容的数据指标，通过操控数据指标就可以操纵可见性。“数据买卖（购买粉丝、点转评等热度指标）”因而成为互联网时代中屡见不鲜的生意，谁流量好，谁就拥有定义可见性的权力。正如学者周葆华所言，“从可见到不可见，可以是舆论的自然演化，也可能是权力实践的结果”①。环境风险的可见性也是一种权力实践，能被公众“看到”的风险都是经由算法过滤后予以呈现的。在信息爆炸的当下，普通日常的生活场景已不再具有吸引力；相反，大量博人眼球的极端风险事件经由热点算法被推荐给更多人。甚至为求流量，有关环境风险的虚假信息也频频出现。对于普通公众而言，他们只会感觉到为何这些极端恶劣的、令人侧目的环境风险在频频出现，并对环境风险的感知更加强烈，但并不会意识到风险的可见性可能已经被人操控。借由此，风险管理者或许可以通过“限流”“拉黑”等防御性手段来减少一些极端甚至虚假风险信息的可见性，也可以努力提高风险内容创作质量，累积流量，借用算法的力量放大自身声音的可见性，以影响公众风险认知。

在环境风险传播中，除了风险信息本身的内容，还必须关注风险信息是在何种媒介场景中传播的②。环境风险感知是在传播过程中被建构的，与信息传递的媒介环境有很大的关系。当下，智能平台成为用户进行风险信息浏览和感知环境风险的重要途径，而不同平台的技术环境、文化背景、组织方式等都具有不同程度的差异，这意味着每个平台的环境风险传播都各有特点，对公众风险感知的影响程度也有所不同。其中，“可供性”（affordance）作为理解平台环境与用户之间关系的关键术语受到研究者们

---

① 周葆华. 算法、可见性与注意力分配：智能时代舆论基础逻辑的历史转换[J]. 西南民族大学学报（人文社会科学版），2022，43（1）：143-152.

② BALOG-WAY D，MCCOMAS K，BESLEY J. The evolving field of risk communication [J]. Risk analysis，2020，40（S1）：2240-2262.

的关注，被用来解释某些行为为何会在特定平台中发生①。在环境风险传播中，平台可供性可以用来解释为何同一环境风险事件，在不同的平台产生了不同的表现形式，用户在不同平台感知到的风险为何大不相同。

不同类型的平台的可供性会对人们进行环境风险信息的获取、感知，甚至是行动产生不同的影响。表 8-3 展示了目前在环境风险传播中五种代表性的社交平台。

表 8-3　不同类型的平台及在环境风险沟通中的运用

平台类型	举例	在环境风险沟通中的运用
社交网络平台	微信、Facebook②	连接公众、志愿者和环境风险管理机构，帮助他们共享信息，进行社会支持等。
视频共享平台	抖音、B站、YouTube③	通过交换图片和视频来增强实时环境风险感知，使风险信息广泛传递与可视化感知。
博客/微博平台	新浪微博、Twitter④	快速传达风险建议、发出警告、传播实施与共享情感等。
协作知识共享平台	知乎、百度百科、Wiki⑤	及时更新有关环境风险的信息，澄清偏误，加强对于风险的科学认知等。
专业危机管理平台	Crisis mappers⑥ Crisis Commons⑦	绘制环境风险地图，精准沟通，动员志愿者力量参与救援等。

① 匡文波，邓颖. 媒介可供性：社交平台赋权粉丝社群的情感表达［J］. 江西社会科学，2022，42（7）：168-176.

② Facebook（脸书，现改名 Meta），美国社交网络服务平台，于 2004 年 2 月 4 日上线，是著名的照片分享站点。

③ YouTube，Google 公司旗下的视频平台，在全球有超 20 亿注册用户，月活跃用户总数曾达 19 亿。

④ Twitter（推特，已改名 X），美国微博服务公司，最初规定可使用不超过 140 个字符发布动态消息，被形容为“互联网的短信服务”。

⑤ Wiki（维基），是一种开放且可供多人协同创作的超文本系统，支持面向社群的协作式写作。

⑥ Crisis mappers（危机地图绘制者），是基于移动网络的应用程序，提供参与式地图和众包事件数据、航空和卫星图像、地理空间平台、高级可视化、实时模拟以及计算和统计模型，为快速响应人道主义紧急情况提供有效的预警。

⑦ Crisis Commons（危机公地），由危机应对组织、政府机构和公民的志愿者组成的全球社区，构建和使用技术工具来帮助应对灾难，提高恢复能力和危机响应能力。

社交网络平台将人们联系到一起，可以在环境风险事件发生之后共享风险信息，进行情感支持等；内容共享媒体允许公众上传环境风险的视频或图片等视觉性内容，以此来增强公众的风险感知；博客/微博平台以其简单文字快速传播的特点让公众可以在第一时间了解到风险，并进行实时更新；协作知识共享平台使公众能够对环境风险提出疑问并得到不同用户的解答，帮助人们进行风险认知；专业危机管理平台可以在风险发生后采用专业手段绘制风险信息，并汇集志愿者力量。不同类型的社交平台的可供性在环境风险信息的传播中产生了不同的效果。

数字平台和算法的功能和潜在影响是多元化的，既可能激化公众的风险焦虑、操纵风险的可见/不可见与认知偏向，也可能作为一种技术手段赋予风险管理者更大的隐性控制权力，使风险的民主沟通实质上走向消亡或者不可能；还可能作为技术行动者转译风险沟通的过程和意义，促进风险信息沟通的精准、高效和意见的平衡协调，发挥智能媒介的赋能作用。这取决于技术的社会使用、技术向善走向和媒介伦理的规范性引导。数字平台可供性差异会导致环境风险传播路径和面向的差异，不同平台吸引不同的使用者，不同使用者又有不同的动机和偏好，由此产生关于环境和风险的认知偏向。但同时，研究者亦发现，数字平台（如协作知识生产与知识共享平台）对于环境风险的科学认知、有效沟通与平衡传播具有正向潜力。不同类型平台的多元存在和交互使用也有一种拉平认知差异的潜力，社会公众经过一定的观念磨合、信息交换与沟通对话，可能在整体意义上实现认知上的提升和突破，取得共识，从而迈向融合性的风险沟通体系。

2. 从数字共通到数字融通：风险沟通体系的构建

环境风险传播是一个多方涉事者共同参与的社会化过程，除了政府、企业、媒体、专业机构之外，公众也参与环境风险治理并享有和组织机构对等的地位①。环境风险传播研究致力于观察风险信息在专家、风险管理部门（政府）、环保团体和公众之间的流动，尤其强调“专家如何将真相告知民众”，其最终目的在于引导政府、企业与民众之间建立新的伙伴关系，并促成良性对话②。在早期风险传播研究中，专家、政府以及公众的

① 郅慧，周敏. 2022年风险传播研究综述［J］. 教育传媒研究，2023（1）：34-36.

② 曾繁旭，戴佳. 中国式风险传播：语境、脉络与问题［J］. 西南民族大学学报（人文社会科学版），2015，36（4）：185-189.

关系被刻画为线性模型，即由专家作出风险评估，政府制定应对政策，公众则处于获取信息的位置①。但在媒介变迁的场景下，社交媒体、智能媒体与平台型媒体的兴起使得公众自主地参与环境风险政策制定并作出反馈，进而形成双向沟通的机制，民间话语的执行者（公众）开始积极主动地生成信息、分享信息，并对风险决策形成话语影响力。由此，民间风险话语与官方风险话语之间的博弈与张力在一段时期愈演愈烈②。

由于利益诉求和情感表达的向度不同，不同相关方有明显不同的风险判断标准和话语表达体系。具体而言，专家在进行风险评估时，会依靠数据指标判断风险大小，并将之与社会正常运转状态的相应指标进行比较，多采用客观、理性的话语表达方式。而大众在感知风险时，则倾向于采用直觉/捷思判断，大多采用主观、感性的话语表达方式。即使政府、专家在网络中的表达努力表现出更多“人情味”，甚至进行“官方玩梗”，主动运用民间话语表达方式进行信息的传递和观点输出，以减轻话语冲突。然而，政府/专家和公众之间的风险判断标准始终存在矛盾。这提出了数字时代风险沟通要解决的核心问题，即：既要对风险有理性科学的判断，也要采取适当的话语策略兼顾大众化的认知与情绪。正是由于公众的风险认知逻辑与科学理性决断的标准始终存在落差，更凸显了风险沟通的必要性，以及政府作为风险责任方的重要性③。

环境风险沟通的过程，在一定程度上也是科学传播的过程。学者Fähnrich 等人基于数字媒体的发展，构建了科学传播的新框架（图 8-2），此框架为进入数字媒介化社会后的环境风险沟通提供了一些启示④。

这个传播框架指出，在宏观层面，科学传播的行动者首先应包括政府和社交媒体/平台。社交媒体/平台需要接受政府监管，并履行企业的职责

---

① 黄懿慧. 风险沟通：打造专家—公众共通话语体系［J］. 全球传媒学刊，2022，9（2）：1-3.

② 李春雷，贾立平. 突发事件中传统媒体沟通党媒意见与网上舆论的进路研究：基于“什邡事件”的实地调研分析［J］. 国际新闻界，2015，37（11）：90-104.

③ 黄懿慧. 风险沟通：打造专家—公众共通话语体系［J］. 全球传媒学刊，2022，9（2）：1-3.

④ FäHNRICH B，WEITKAMP E，KUPPER J F. Exploring “quality” in science communication online：expert thoughts on how to assess and promote science communication quality in digital media contexts ［J］. Public understanding of science，2023，32（5）：605-621.

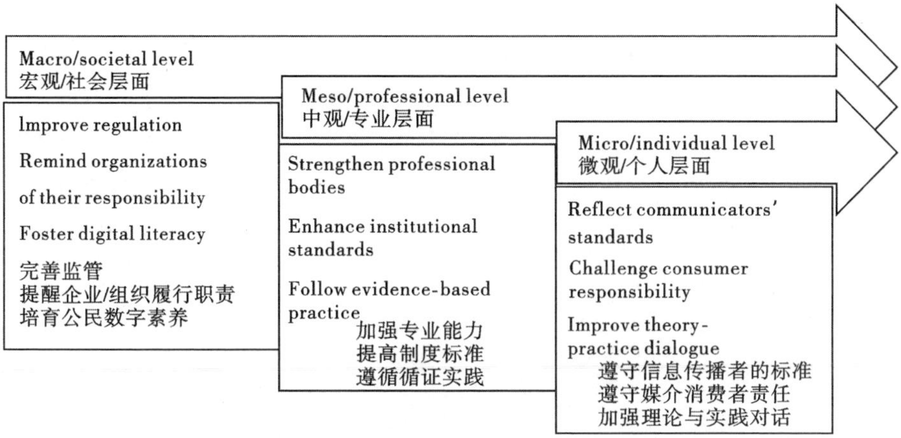

图 8-2　不同行动者在科学传播中的角色和责任①

和义务，如完善内容审核制度，保障公众的可见性权力。政府应通过学校和更广泛的公众教育，培养和提高公众的数字素养，培育公共理性。在中观层面上，科学传播的行动者应包含专家、科学传播协会和科学机构等，他们提供专业知识和建立专业标准。在专业意义上，科学传播的实践应以社会科学证据为基础，尽量避免反科学的、虚假的、情绪化的言论出现。在微观个体层面上，科学传播行动者包含普通公众、社会组织、意见领袖这类广泛的传播主体，他们应遵循传播规范、提供多元价值观、积极推动多元对话的产生。多元主体讨论环境问题的最终目的不仅为了解决问题本身，还应思考环境所处的更为广阔的社会场域。在媒介化社会，如何调整好多元主体间的生产和利益关系成为未来环境治理研究的重点。在社会趋于多元化、复杂化的背景下，多元环境主体应在理性的基础上“以言行事”，营造协商对话的空间与条件，相互理解，互为参照，为实现良好而卓有成效的风险沟通而努力②。

与科学传播框架相类似，公共关系学者黄懿慧绘制了一个专家/科学家—政府—公众共通的话语体系（图 8-3），作为风险沟通的理想模型。在

① FäHNRICH B，WEITKAMP E，KUPPER J F. Exploring “quality” in science communication online：Expert thoughts on how to assess and promote science communication quality in digital media contexts [J]. Public understanding of science，2023，32 (5)，605-621.

② 陈虹，潘玉. 从话语到行动：环境传播多元主体协同治理新模式 [J]. 新闻记者，2018 (2)：90-94.

这个模型中，政府、专家/科学家、公众以独立行动者的身份参与到环境风险沟通中来，并形成稳定的三角结构，公众可以向政府和专家/科学家反馈民意，扭转线性模型中公众的受动地位。同时，作为信息的收集以及分发站，媒体的作用不可忽视。尤其是在虚假消息盛行的当下，发挥公共媒体的守门人角色更加重要，媒体一方面要为公众提供更为准确真实的消息；另一方面也要为专家/科学家、政府与公众的双向沟通搭建信息桥梁，发挥舆情反馈作用。

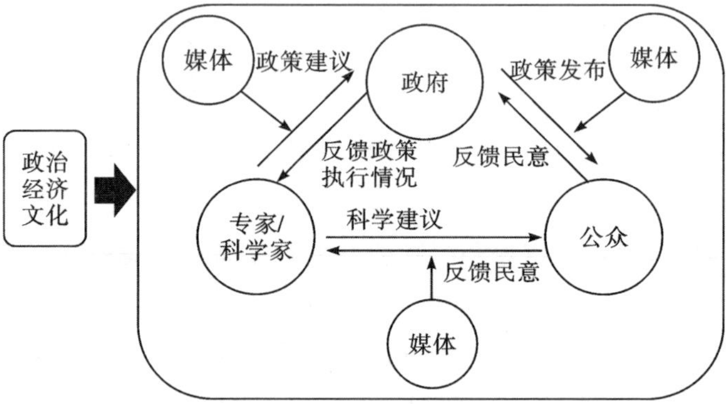

图 8-3 专家/科学家—政府—公众的共通话语体系①

如图 8-3 所示，政府在风险沟通体系中应居于核心地位。众多风险研究表明，政府信任在风险沟通中具有重要作用。政府信任不仅能有效降低民众对风险的恐慌、担心等负面情绪，还能提高民众对于政府政策或建议的顺从度，从而达到降低风险的负面影响以及发挥稳定社会的效果②。简言之，政府信任是建立专家/科学家—政府—公众共通话语体系的基石，能起到转化风险以及催化的作用③。学者蒲晓红和赵海堂在研究互联网使用对公众风险感知的影响机制时发现，互联网使用对政府信任具有显著的负向影响，即公众使用互联网的频率越高，政府信任就越低，公众的风险

① 黄懿慧. 风险沟通：打造专家—公众共通话语体系［J］. 全球传媒学刊，2022（2）：1-3.

② 黄懿慧，王啸，方慧妍，等. 政府信任对公共健康风险管理的影响基于长生生物疫苗事件的创设情境研究［J］. 公共管理学报，2019，16（4）：83-95.

③ HUANG Y H C，LU Y，CHOY C H Y，et al. How responsiveness works in mainland China：effects on institutional trust and political participation［J］. Public relations review，2020，46（1）：101855.

感知度就越高①。也就是说，在互联网兴起之后，政府在风险沟通中所面临的挑战更为复杂，政府角色趋于被动。大众传媒的角色也很难充当守门人和沟通桥梁，而是作为话语来源之一汇入网络的“众声喧哗”之中。环境风险沟通不再只是政府、专家、公众三者的对话与互动，环保组织、企业、公众等多元主体都参与到风险沟通中。学者师曾志就指出，我国的环境传播呈现一个多重话语与行动交流的局面，宏观、微观、中观多层面交汇，形成复杂、混合、多面、虚拟、变动的新兴的绿色公共文化空间②。

以上各种论述与模型都为构建新时代的风险沟通体系提供了重要启发和思路。但笔者认为，在智能媒介时代，除了作为传播主体的人，数字平台、算法与媒介基础设施作为技术行动者的存在也不容忽视，它们作为示能者和非人类行动者实际上也都参与了风险沟通，共同塑造风险议题，并生成建基于新理念与新逻辑的沟通潜能。

学者吴飞、傅正科指出，数字时代的社会交往与沟通出现了一个新的契机，即“数字共通”。这种新共通性具体阐述为：数字传播技术实现了人与物的连接，使得在线交往呈现出多元、流动而混杂的特征；理性对话与情绪性互动杂糅在一起，私人领域与公共领域的边界深度消融，社会精英与普罗大众皆成为网络节点；不同节点存在着彼此的承认和认同，但也存在着差异和矛盾。“数字共通”假设是将社会看成由流动、活跃、异质的行动者网络构成的动态联通体，是各种权力围绕公共利益争夺可见性与话语权的舆论场，是一个倡导开放的、复数的对话与情感共鸣的世界。吴飞指出，“数字共通”假设旨在探索人类命运共同体建构的数字社会动力学，从宏观上延续人是一种关系性存在的哲学思考，从微观上为解释网络空间的运行规律提供了一种新路径③。这些阐述为在智能媒介时代构建新的风险沟通体系提供了启发。

数字共通假设的提出是基于数字时代带来巨大的变化。吴飞认为，数字化进程使得原有的公共领域理论失去了部分解释力，必须重新建构一个

---

① 蒲晓红，赵海堂. 互联网使用对公众风险感知的影响机制：基于政府回应视角[J]. 中国行政管理，2021（5）：146-154.

② 师曾志. 沟通与对话：公民社会与媒体公共空间：网络群体性事件形成机制的理论基础 [J]. 国际新闻界，2009（12）：81-86.

③ 吴飞，傅正科. “数字共通”：理解数字时代社会交往的新假设 [J]. 新闻与传播研究，2023，30（6）：22-35.

“数字共通”模型来替代公共领域的功能。而笔者认为，这个数字共通假设过于强调了不同社会主体在数字世界的主观能动性和行动意愿，但是忽略了媒介技术的基础设施潜能、架构能力以及技术对社会边界的消融效果。也就是说，它仍然是一个人文主义主观模型，强调了人作为沟通主体的重要性、沟通意愿和认知潜力，其目标是为哈贝马斯的沟通理性查漏补缺，但缺乏对技术以及技术行动者崛起的足够评估和深刻认识，因而可能存在前瞻性不足的缺憾。新技术带来的可能不是“共”，而是“融”，即社会边界的消融，是重构秩序，以及二进制对社会系统的编程和数字化编码的主导。

基于上述探讨，结合本章关于媒介基础设施的阐述，笔者将数字共通假设推进为“数字融通”，借鉴学者黄懿慧所提出的“共通话语体系”模型并进行改造，重新构建一个更具技术潜能和更符合数字化潮流的新体系：“数字融通的风险沟通体系”，如图 8-4 所示。

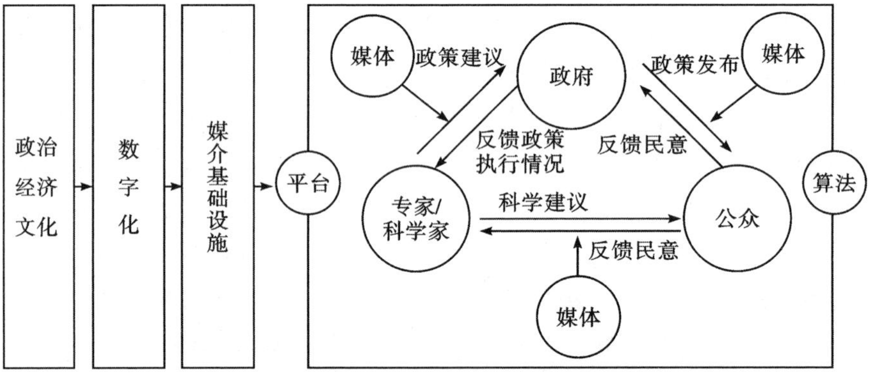

图 8-4　构建数字融通的风险沟通体系

在这个新的模型中，原有的“风险沟通话语体系”作为一个模块被嵌入数字化进程和媒介基础设施化的社会技术进程之中。专家、政府、公众和媒体的四元角色及其活动被集成到数字平台和算法的行动框架，受到新技术-权力的示能、影响或制约；平台算法成为风险沟通的隐性、透明化“背景”，人类行动因而凸显为“图形”。而当人类行动主体因为种种认知偏误和非理性局限陷入话语分歧、利益斗争和极化分裂，风险沟通体系“停摆”或者沟通“阻滞”时，媒介基础设施与人类行动者的关系就会出现“倒置”，媒介物质技术系统凸显为“图形”，而暂时削弱人类行动者的行为角色，从而达到风险沟通体系运转的目标。在这里，媒体以及平台、算法的关系并不泾渭分明，或彼此异质对立，而是形成了一个融合态的扩展的媒介生态系统，作为技术行动者和媒介基础设施共同参与和形塑风险沟通过程。

基础设施是广泛共享而不可或缺的“社会-技术”系统，能长期为经济生产和居民生活提供服务，例如交通、水利、电、通信设施等，它们的特点是可靠性、共享性和不易察觉性等①。基础设施没有绝对的边界与先验经验，它是一个被技术牵引并由技术组织装配的社会底座系统，其特征包括嵌入性、透明性、可及性等，它有技术准入门槛，与实践惯例相连，并在出现故障时方才可见②。基础设施可以模块化建设并且即插即用。约翰·彼得斯认为技术和数字媒体是一种演进意义的基础设施，是“隐匿在表面之下的基础设施型媒介”和“后勤型媒介（logistical media）”，它们可以组织和校对社会方向，将人、物与制度连接整合成网络并协调关系，甚至能够发出指令③。换言之，媒介基础设施是可以类比交通、水电、通信技术网络的基础设施，又比这类基础设施更具整合性和施动力，它们由物质设备、技术代码或者传输协议灵活组配，并经由数据转化加工来整合人类实践，对人类世界的介入度更深。

媒介基础设施兼具技术性与社会性双重属性，体现媒介技术嵌入社会政治、经济、物质生产和文化生产的过程，并形成技术路线，本质上是“技术-文化”实践的结果，在当今世界，它们以平台、算法与人工智能模型的形式发挥着基础性作用，成为重构社会秩序的行动者。正是在此种意义上，本书提出，人类行动者和技术行动者将形成“共轭”合作的技术-社会关系，以“数字融通”为逻辑动态，迈向一个媒介基础设施化的风险沟通新体系。

在方法论的意义上，媒介基础设施不仅可作为研究对象，更是一个具有“元概念”色彩的分析工具。它强调的不仅是“对媒介基础设施的研究”，更是“媒介基础设施式的研究”④。笔者所构建的“数字融通的风险

---

① 胡翼青，胡欣阅. 作为语言基础设施的 ChatGPT［J］. 新闻记者，2023（6）：21-27.

② STAR S L. The ethnography of infrastructure［J］. American behavioral scientist，1999，43（3）：381-382.

③ 彼得斯. 奇云：媒介即存有［M］. 邓建国，译. 上海：复旦大学出版社，2020：37-43.

④ SANDVIG C. The internet as infrastructure［M］//DUTTON. The Oxford handbook of internet studies. Oxford，England：Oxford University Press，2013：90-99.

沟通体系”正是基于这种媒介基础设施式的思维。当然，这个新的体系也仍然是一个理论假说，一个既有现实基础、技术准入条件又向未来性敞开的前瞻性构想。随着数字社会实践的深入展开，这一沟通体系假说将得到现实的持续检验，并在实践中推进，不断走向完善和发展。

媒介的基础设施化为环境风险沟通提供了全新的技术逻辑、沟通情境与行动前提。数字平台的出现对风险沟通体系的构建提供了新的技术示能，“数字融通体系”的提出则为未来时代的风险沟通与对话提供了丰富的想象空间。对这一体系的持续阐述将有助于我们进一步拓展思路，更新视域，探索出能够真正有效破解现实难题的风险沟通体系，实现风险科学理性与社会理性的平衡协调。

平台媒体的兴起与智能媒介发展存在广泛的技术迷思和负面性，这一点亦需要得到充分重视。特别是当商业性平台成为国家的数字基础设施，失控的智能技术成为迈向数字文明的基石时，人们更应当慎思明辨，提高警惕，区分机遇与挑战。风险制度主义提示，风险是现代生产力体系无可避免的暗面。平台媒体的勃兴和媒介基础设施化一方面可以助力解决社会风险，但无疑又生成了新的技术风险，为这个悖论重重的风险社会增添新的复杂性和不确定性。概略来说，这种新的技术风险主要包括以下方面。

第一，传播的风险：算法黑箱与虚假信息。

人工智能与算法运行具有不透明性与一定程度的不可知性。智能传播中诸多的公共议程由算法所设置，在商业和资本的介入下，智能技术的挪用还对于事实真相的传播暗含着一定的认知风险，技术滥用更是对信息真实性、个体权利、社会信任造成一定损害。算法黑箱化的过程不仅会改变环境新闻的样态、环境新闻生产的格局，而且带来“流量工厂”驱逐优质新闻、定制推送固化社会分层、技术平台“反向收编”严肃新闻机构的风险。

在算法的加持下，智能传播环境中虚假信息的传播速度更快，出现“病毒式传播”现象。通用人工智能（AIGC）的勃兴或将驱使人们进入一个真假难辨、充满机器幻觉的信息空间，这将给人们的认知和思维带来极大挑战。封闭在圈层中的群体很容易触及虚假信息，大语言模型则可能制造更智能化的虚假或误导信息，并利用其进行舆情操控。而智能媒体平台在当下普遍缺少配套的审查算法与机制来应对这些状况。

第二，新媒介的权力迷思：算法的两面性。

在《牛津英语词典》中，迷思（myth）是一种纯粹虚构性的叙事，通常涉及超自然的人物、行动或事件，体现了一些与自然或历史现象有关的流行观念。学者莫斯可认为，迷思是那些能够激活个体和社会的叙事，能够为人们提供途径，使他们得以超越平凡的日常生活；它们能够提供通向另一种现实的入口，这种现实以崇高的许诺为特征①，而它的背后是情感压倒理性的“技术崇拜”。随着新媒介技术的快速发展和普及，人们对其所带来的便利和创新产生了迷信式的崇拜，不断让渡出自己的认知权力与社会决策权力。

人类技术的每一次进步带来了巨大的变革和影响，但其迷思性也显而易见。而在众多技术迷思中，有关赛博空间的迷思尤为突出。“赛博空间”（cyberspace）一词，是由科幻作家威廉·吉布森（William Gibson）创造的，他在《神经漫游者》中描绘了一个由电脑定义的包括斗争、快乐、痛苦在内的生活范畴的世界②，其中人类大部分行为发生在由物质和电脑代码组成的另一个世界中。赛博空间的本质在于利用数字技术作为传播手段，为人们提供了一种全新的沟通和互动方式。在“赛博迷思”中，数字技术突破了时空限制，人们能够与世界上任何一个地区的人进行交流，并制造出平等社会。这一迷思相信技术使人们更加平等地接近权力，从而改变风险政治。但事实证明，人类权力结构的转变并非仅由技术驱动，数字技术的发展产生新的数字鸿沟，甚至深化现有的社会分化③。智能媒介和算法的出现带来新的希望，但也可能只是延续人类曾有过的技术迷思。

第三，智能媒介的公共责任。

媒体是显示世界的传播者、中介者和塑造者，也是整个国家和社会的媒体，其肩负的责任和使命重大。无论是传统媒体还是智能媒体，都承载着特定的权力和利益，反映着制作者的观点、偏见和意图，包含媒体所有

---

① 莫斯可. 数字化崇拜：迷思、权力与赛博空间［M］. 黄典林，译. 北京：北京大学出版社，2010：3.

② 吉布森. 神经漫游者［M］. DENOVO，译. 南京：江苏凤凰文艺出版社，2013.

③ 黄月琴，黄宪成. “转发”行为的扩散与新媒体赋权：基于微博自闭症议题的社会网络分析［J］. 新闻记者，2021（5）：36-47；高艺，吴梦瑶，陈旭，等. “可见性”何以成为生意?：交友类 App 会员制的监视可供性研究［J］. 国际新闻界，2022，44（1）：137-155.

者的立场、政治和经济利益、文化背景等。媒体如何讲述、传达环境与风险信息，不可避免地会影响或改变公众所理解的社会及其意义。正因如此，智能媒体的公共责任，无论在理论研究和社会实践当中都是一个严肃的课题。

在当下，算法驱动的自动化新闻驱使环境信息数量出现指数级增长，并批量作用于公众的风险认知，势必对风险沟通的信息供给和认知导向造成深刻影响。自动化新闻生产还可能促使深度伪造的虚假信息规模达到前所未有的程度，这些方面都将改变现有的公共传播机制。公众在平台媒体环境中表达和传播信息看起来变得非常容易，但在数据化逻辑与算法过滤机制的影响下，个体声音实际很难汇聚成公众舆论，除非破圈共振达到舆论阈值，否则智能媒体反而将个体或群体分隔成诸多信息孤岛，形成茧房效应。由于媒介交互的复杂性和算法中介链条的存在，用户的数字轨迹反过来会影响数据的流向和流量生产，这将使得公众产生认知循环，而平台机制的任何微小调整都可能会对信息传播和认知偏向产生截然不同的影响。在数字技术世界，由于大数据的加持，识别与预测环境风险可能变得更加容易，但也可能使公众风险认知和表达受到多种权力机制的影响。可见，平台智能媒体一体多面，在未来扮演着极为关键的角色。

媒体的公共责任是指媒体在社会中担负的道德、社会和政治责任，以及对公众利益的承诺和义务，包括：提供准确、客观、全面的信息，确保公众获得真实、及时的信息及其分析，帮助公众了解事实真相，形成理性客观的判断；发挥舆论引导和社会监督的作用，监督政府、企业和其他权力机构的行为，推动风险沟通、社会改革和进步。智能媒体同样应当成为公众利益的代言人和捍卫者，关注社会弱势群体的权益，为公共利益发声，促进社会进步。智能媒体的公共责任还包括促进公众参与和社会互动，为公众提供平等的言论空间和参与机会，鼓励公众参与公共事务的讨论和决策，促进社会多元化、包容性和和谐发展①。只有这样，智能媒体的平台化与基础设施化才能成为推动历史进步的力量，有益于人们的沟通与赋能。

研究者指出，数字技术与数字文明的追求绝不止于效率、数据和流量利益，更在于为社会确立、维护正确的价值观②。随着对技术认知的深化，

---

① 梁建增. 略论新闻媒体的社会责任［J］. 新闻战线，2007（11）：38-41.

② 许向东，王怡溪. 智能传播中算法偏见的成因、影响与对策［J］. 国际新闻界，2020，42（10）：69-85.

人们逐渐开始对算法“祛魅”，对平台加以反思，并着手优化机器运算规则和规范智能媒介的实践方向。在此之外，我们还应看到，数字平台和算法的本质仍然是信息的生产与传播，无论在属性上还是实践上，它们都已深刻烙下了“媒体”的特征，故必须承担信息基础设施和公共传播的责任，遵循人类的价值伦理和传播规范。正是在此种意义上，智能媒介的价值对齐与技术向善必须得到重视和强调。放眼未来，道阻且长，机遇与风险同在。我们既要拥抱新的数字文明，也应因势利导，坚守人类福祉与主体性，着重协同人类与技术行动者的能动性，为社会治理与现代化建设贡献新的力量。